编　委

郝文杰	全国民航职业教育教学指导委员会副秘书长、中国民航管理干部学院副教授
江丽容	全国民航职业教育教学指导委员会委员、国际金钥匙学院福州分院院长
林增学	桂林旅游学院旅游学院党委书记
丁永玲	武汉商学院旅游管理学院教授
史金鑫	中国民航大学乘务学院民航空保系主任
刘元超	西南航空职业技术学院空保学院院长
杨文立	上海民航职业技术学院安全员培训中心主任
范月圆	江苏航空职业技术学院航空飞行学院副院长
定　琦	郑州旅游职业学院现代服务学院副院长
黄　华	浙江育英职业技术学院航空学院副院长
王姣蓉	武汉商贸职业学院现代管理技术学院院长
毛颖善	珠海城市职业技术学院旅游管理学院副院长
黄华勇	毕节职业技术学院航空学院副院长
魏　日	江苏旅游职业学院旅游学院副院长
吴　云	上海旅游高等专科学校外语学院院长
穆广宇	三亚航空旅游职业学院民航空保系主任
田　文	中国民航大学乘务学院民航空保系讲师
汤　黎	武汉职业技术学院旅游与航空服务学院副教授
江　群	武汉职业技术学院旅游与航空服务学院副教授
汪迎春	浙江育英职业技术学院航空学院副教授
段莎琪	张家界航空工业职业技术学院副教授
王勤勤	江苏航空职业技术学院航空飞行学院副教授
覃玲媛	广西蓝天航空职业学院航空管理系主任
付　翠	河北工业职业技术大学空乘系主任
李　岳	青岛黄海学院空乘系主任
王观军	福州职业技术学院空乘系主任
王海燕	新疆职业大学空中乘务系主任
谷建云	湖南女子学院管理学院副教授
牛晓斐	湖南女子学院管理学院讲师

高等职业学校“十四五”规划民航服务类系列教材

民航概论

主　编◎ 范月圆

副主编◎ 杨星月　郭玉洁　刘　潇　王　鹏　李鹏程

胡夏婷　许翠玉

華中科技大學出版社

http://press.hust.edu.cn

中国·武汉

内 容 提 要

本书为高职教育航空运输类专业教材，系统介绍了民航的基本概念、基础知识以及民航系统在管理、经营策略等方面的新技术和新发展动态。全书共八个项目，内容包括：民用航空系统、民用航空器、民航运输管理、民航机场、空中交通管理、通用航空、航空运行环境、民航法规。本书还根据航空运输类专业岗位工作特点设置了任务实施、任务评价等模块，学生依据相应的要求完成课堂活动即可通过学习考核。

本书既可以作为高职院校航空运输类专业学生学习民航基础知识的教材、教师的教辅资料，也可以作为各大涉航企业员工业务培训的参考资料。

图书在版编目(CIP)数据

民航概论 / 范月圆主编 . -- 武汉 : 华中科技大学出版社, 2024. 8. -- ISBN 978-7-5772-1009-4

Ⅰ. V2; F56

中国国家版本馆CIP数据核字第20245L46D3号

民航概论

Minhang Gailun

范月圆　主编

策划编辑：胡弘扬

责任编辑：聂筱琴　胡弘扬

封面设计：廖亚萍

责任校对：王亚钦

责任监印：周治超

出版发行：华中科技大学出版社（中国·武汉）　　电话：(027)81321913

武汉市东湖新技术开发区华工科技园　　邮编：430223

录　　排：孙雅丽

印　　刷：武汉开心印印刷有限公司

开　　本：787mm×1092mm　1/16

印　　张：15.5

字　　数：352千字

版　　次：2024年8月第1版第1次印刷

定　　价：49.80元

本书若有印装质量问题，请向出版社营销中心调换

全国免费服务热线：400-6679-118　竭诚为您服务

版权所有　侵权必究

INTRODUCTION
出版说明

民航业是推动我国经济社会发展的重要战略产业之一。"十四五"时期，我国民航业将进入发展阶段转换期、发展质量提升期、发展格局拓展期。2021年1月在北京召开的全国民航工作会议指出，"十四五"末，我国民航运输规模将再上一个新台阶，通用航空市场需求将被进一步激活。这预示着我国民航业将进入更好、更快的发展通道。而我国民航业的快速发展模式，也对我国民航教育和人才培养提出了更高的要求。

2021年3月，中国民航局印发《关于"十四五"期间深化民航改革工作的意见》，明确了科教创新体系的改革任务，要做到既面向生产一线又面向世界一流。在人才培养过程中，教材建设是重要环节。因此，出版一套把握新时代发展趋势的高水平、高质量的规划教材，是我国民航教育和民航人才建设的重要目标。

基于此，华中科技大学出版社作为教育部直属的重点大学出版社，为深入贯彻习近平总书记对职业教育工作作出的重要指示，助力民航强国战略的实施与推进，特汇聚一大批全国高水平民航院校学科带头人、"双师型"骨干教师以及民航领域行业专家等，合力编著高等职业学校"十四五"规划民航服务类系列教材。

本套教材以引领和服务专业发展为宗旨，系统总结民航业实践经验和教学成果，在教材内容和形式上积极创新，具有以下特点：

一、强化课程思政，坚持立德树人

本套教材引入"课程思政"元素，树立素质教育理念，践行当代民航精神，将忠诚担当的政治品格、严谨科学的专业精神等内容贯穿于整个教材，旨在培养德才兼备的民航人才。

二、校企合作编写，理论贯穿实践

本套教材由国内众多民航院校的骨干教师、资深专家学者联合多年从事乘务工作的一线专家共同编写，将最新的企业实践经验和学校教科研理念融入教材，把必要的服务理论和专业能力放在同等重要的位置，以期培养具备行业知识、职业道德、服务理论和服务思想的高层次、高质量人才。

三、内容形式多元化，配套资源立体化

本套教材在内容上强调案例导向、图表教学，将知识系统化、直观化，注重可操作性。华中科技大学出版社同时为本套教材建设了内容全面的线上教材课程资源服务平台，为师生们提供全系列教学计划方案、教学课件、习题库、案例库、教学视频和音频等配套教学资源，从而打造线上线下、课内课外的新形态立体化教材。

我国民航业发展前景广阔，民航教育任重道远，为民航事业的发展培养高质量的人才是社会各界的共识与责任。本套教材汇集了来自全国各地的骨干教师和一线专家的智慧与心血，相信其能够对我国民航人才队伍建设、民航高等教育体系优化起到一定的推动作用。

本套教材在编写过程中难免存在疏漏、不足之处，恳请各位专家、学者以及广大师生在使用过程中批评指正，以利于教材质量的进一步提高，也希望并诚挚邀请全国民航院校及行业的专家学者加入我们这套教材的编写队伍，共同推动我国民航高等教育事业不断向前发展。

华中科技大学出版社

2021年11月

PREFACE
前言

近年来,我国民航业发展保持强劲态势,我国正在由民航大国向民航强国迈进,我国的民航市场已成为全球极具发展潜力和活力的航空运输市场。2021年6月,中国民航局发布了《2020年民航行业发展统计公报》,相关数据显示我国民航运输总周转量、旅客周转量、货邮周转量均已位居世界第二。根据中国民航局、国家发展改革委、交通运输部印发的《"十四五"民用航空发展规划》,预计到2025年中国民航旅客运输量达9.3亿人次。我国首款按照国际通行适航标准自行研制的、具有自主知识产权的喷气式干线客机C919大型客机,于2022年9月29日获得中国民航局颁发的型号合格证。2022年12月9日全球首架C919交付,并于2023年5月28日圆满完成首次商业飞行,这有望带动航空产业及高端制造业的长期发展。航空产业的稳定快速发展必然需要大量人才来支撑,因此各大高校航空运输类专业的招生人数逐年递增。根据各大高校航空运输大类下设的各专业的人才培养方案体系可知,民航概论课程为必修的专业基础课程。当下,围绕民航企业发展新方向、新技术,编写一本民航概论教材非常有必要。

本书主要特点如下:

一是以知识体系重组、课程体系重构为目标,构建项目化教学内容。打破传统教材章节体系架构,根据民航运输行业产业链架构,对原有知识内容进行重组。全书分八个项目,每个项目包含若干任务。每个任务包含任务描述、知识储备、任务实施、任务评价等模块,其中,任务实施中设计了多个课堂活动,并引入航空运输岗位工作实例,让学习内容情景化。

二是以纸质教材为根基,依托互联网和信息化技术,整合立体化教材资源。本书力求将线上与线下、近程与远程、动态与静态相结合,体现数字化、立体式教材的特点,相关数字资源以二维码的形式体现,将理论知识点生动呈现，方便学生自主学习。

三是积极响应“政、校、行、企”协同政策，体现内容多元的特点。本书介绍了航空产业新技术、新模式、新工艺等内容，对接行业各岗位工作标准，通过任务实施等模块，让学生了解行业新规范。

四是有机结合课程思政，在内容中融入思政元素，培养学生的民航职业素养，厚植学生的航空报国情感，贯彻落实立德树人的根本任务。编者根据航空运输行业相关岗位工作标准，设置了不同的课堂活动，引导学生依据相关要求完成课堂活动，培养爱岗敬业的素养。

本书的统编工作由范月圆、杨星月完成。项目一由郭玉洁编写，项目二由范月圆、杨星月编写，项目三由刘潇编写，项目四由王鹏编写，项目五由李鹏程编写，项目六由胡夏婷编写，项目七由李鹏程、杨星月、王鹏、胡夏婷编写，项目八由许翠玉编写。中国南方航空集团有限公司的陈思涵，镇江大路通用机场的姜文渊、张涛等专家对本书的编写提出了宝贵意见，在此一并表示感谢。由于民航技术发展迅速，加之编者水平有限，书中内容难免存在不足之处，诚恳希望读者批评指正，使本书能更好地为广大读者服务。

编者

CONTENTS
目录

项目一 民用航空系统

项目目标

○ 知识目标

(1) 了解民航系统的组成及重要的航空组织。

(2) 了解世界民航业的发展史。

(3) 了解中国民航业的发展史。

○ 能力目标

能结合民航业发展史,分析当下民航业的现状和未来发展趋势。

○ 素质目标

(1) 树立民航全局观,培养民航服务意识和对民航工作岗位的热爱。

(2) 树立对我国民航业发展成果的自豪感,以及对我国民航业未来发展的自信心。

知识导图

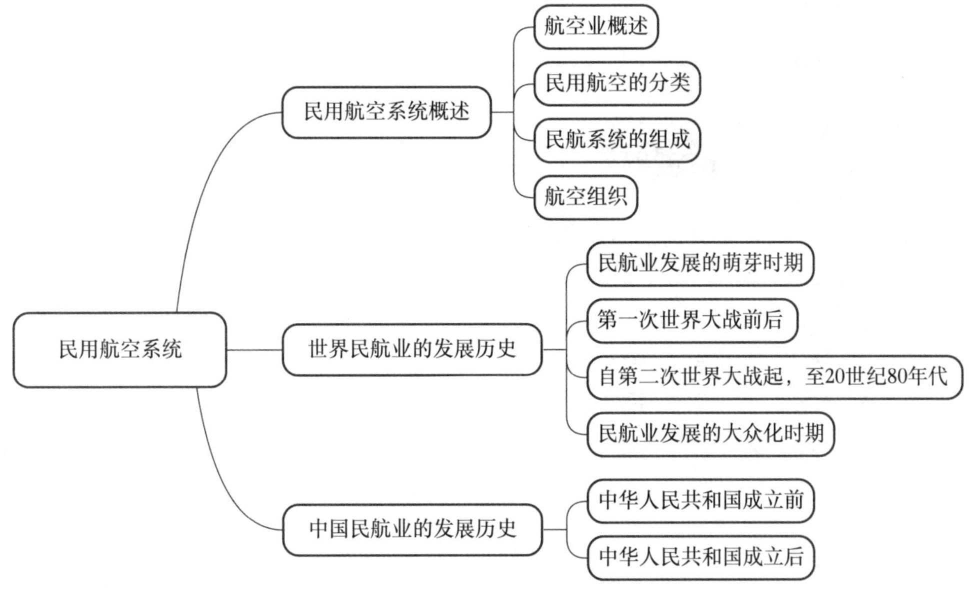

任务一 民用航空系统概述

任务描述

民用航空系统是一个很庞大的系统,只有各个部分协调运行才能保证民用航空事业的发展稳步前进。本任务主要对民航系统的组成及重要的航空组织进行介绍。

知识储备

一、航空业概述

航空业是指航空器在地球大气层中的飞行活动，以及与此相关的科研教育、工业制造、公共运输、专业作业、航空运动、国防军事、政府管理等众多领域。航空领域包括航空制造业、军事航空业和民用航空业三个部分。

航空制造业是涉及飞机、直升机及其他航空器（如无人机等）的研发、生产和服务的高科技产业。它的核心组成部分包括航空器制造、航空发动机制造、机载设备制造以及其他相关的支持服务，如航空维修与大修、航空材料与工艺、航空工业管理、航空试验与测试等。

军事航空业是指执行空中军事活动任务的航空活动，它是一个国家国防力量的重要组成部分，如空军执行的战斗飞行和训练飞行，武警执行的反恐飞行和消防飞行，海军执行的搜救飞行等。

民用航空业是指使用各类航空器从事非军事性质的航空活动。这个定义明确了民用航空业是航空业的一部分，同时以"使用"航空器界定了它与航空制造业的界限，用"非军事性质"表明了它与军事航空业的不同。

二、民用航空的分类

民用航空主要分为商业航空和通用航空两部分。

（一）商业航空

商业航空，也称为"公共运输航空"，是指以航空器进行经营性的客货运输的航空活动。"经营性"表明商业航空进行的航空活动属于商业活动，以营利为目的。"客货运输"表明商业航空进行的航空活动属于运输活动，相关航空部门属于交通运输部的组成部门，航空运输与铁路运输、公路运输、水路运输和管道运输共同组成国家交通运输系统。

（二）通用航空

通用航空是指使用民用航空器从事公共航空运输以外的民用航空活动，包括从事工业、农业、林业、渔业和建筑业的作业飞行，以及医疗卫生、抢险救灾、气象探测、海洋监测、科学实验、教育训练、文化体育等方面的飞行活动。

（1）工业航空：包括使用航空器进行与工矿业有关的各种活动，具体的应用有航空摄影、航空遥感、航空探矿、航空吊装、石油航空、航空环境监测等。

（2）农业航空：包括为农业、林业、牧业、渔业等行业服务的航空活动。其中，农业航空在森林防火、灭火以及撒播农药方面的作用是其他作业方式无法替代的。

（3）航空科研和探险活动：包括新技术的验证、新飞机的试飞以及利用航空器进行的气象天文观测和探险活动。

(4) 飞行训练:包括培养各类飞行人员(除了空军驾驶员)的学校和俱乐部的飞行活动。

(5) 航空体育运动:包括使用各类航空器开展的体育活动,如跳伞、滑翔机、热气球以及航空模型运动。

(6) 公务航空:包括政府和大企业的高级行政人员用单位自备的航空器进行的公务活动。跨国公司的出现、企业规模的扩大,使越来越多企业自备公务飞机,公务航空逐渐发展成为通用航空的重要组成部分。

(7) 私人航空:包括使用私人航空器进行的航空活动。

三、民航系统的组成

民航系统是一个以飞行为中心,由监管机构、运行机构、保障机构以及其他企事业单位等组成的庞大而复杂的系统,要求能够对各组成部分进行迅速协调和统一调度。

(一) 监管机构

民航监管机构是由政府设立的,其目的是确保民航生产和运营符合国家安全标准和法规,维护民航运行的安全和秩序,维护国家领空主权、参与民航活动的主体和地面第三人的合法权益。我国民航监管机构主要包括中国民用航空局(简称"中国民航局",英文简写为"CAAC")和中国民用航空地区管理局两级机构组成。如图 1-1-1 所示。

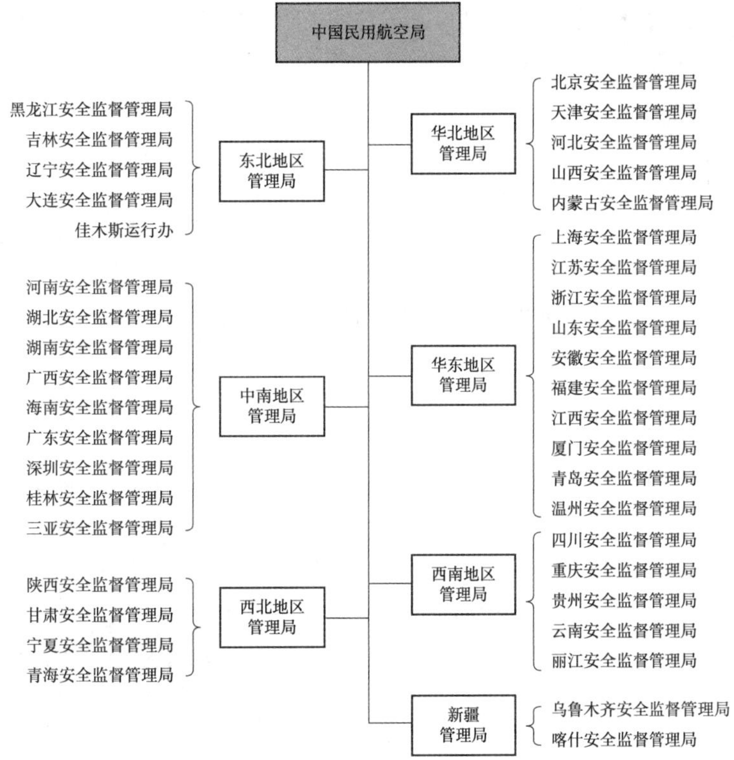

图 1-1-1 中国民用航空局的地区管理局

中国民用航空局管理的内容主要包括：

(1) 制定民用航空各项法规、条例，并监督这些法规、条例的执行。

(2) 对航空企业进行规划、审批和管理。

(3) 对航路进行规划和管理，并对日常的空中交通实行管理，保障空中飞行安全、有效、迅速地进行。

(4) 对民用航空器及相关技术装备的制造、使用制定技术标准并进行审核、发证，监督安全，调查处理民用飞机的飞行事故。

(5) 代表国家管理国际民航的交往、谈判，参加国际组织的活动，维护国家的利益。

(6) 对民航机场进行统一的规划和业务管理。

(7) 针对民航业的各类专业人员，制定相应的工作标准，颁发执照，并进行培训、考核。

(二) 运行机构

民航运行机构主要包括进行民用航空活动的各类航空企业、民航机场、空中交通管理机构和现场指挥机构。

1 民航企业

民航企业，是指从事与民航业有关的各类企业，其中最主要的是运输航空企业，即常说的运输航空公司，它们利用航空器从事生产运输，是民航业生产收入的主要来源。其他类型的航空企业，如油料供应企业、航材企业、航空销售企业等，都是围绕着运输航空企业开展活动的。截至2022年底，我国共有运输航空公司66家，其中，国有控股公司为39家，民营和民营控股公司为27家。在全部运输航空公司中，全货运航空公司为13家，中外合资航空公司为9家，上市公司为8家。

2 民航机场

机场既是民用航空与整个社会的结合点，也是一个地区的公众服务设施。机场既带有营利的企业性质，也带有为地区公众服务的事业性质，因而世界上大多数机场是由地方政府管辖的半企业性质的机构。目前，机场主要是指提供航空运输服务的机场，称为“航空港”(简称“空港”)。使用空港的一般是较大的运输飞机，空港要有为旅客服务的区域(候机楼)和相应设施。

3 空中交通管理机构

空中交通管理机构是为确保空中交通安全、正常、高效而设立的服务设施，包括空中交通管制服务、飞行情报服务和告警服务。空中交通管制服务的目的是防止航空器与航空器相撞，以及防止在机动区内航空器与障碍物相撞，维护和加快空中交通的有序流动。飞行情报服务的目的是向飞行中的航空器提供有助于安全有效地实施飞行的建议和情报。告警服务的目的是向有关组织发出需要搜寻援救航空器的通知，并根据需要协助该组织或者协调该项工作的进行。

中国民用航空局空中交通管理局(ATMB)是负责全国空中交通服务、民用航空通信、导航、监视、航空气象、航行情报的职能机构。该局实行中国民航局制定的空域使用和空管

发展建设规划，组织协调全国航班时刻和空域容量等资源的分配和执行工作，监控全国民航空管系统运行状况，并负责专机、重要飞行活动和民用航空器搜寻救援空管保障工作。此外，该局还领导管理民航七大地区空管局及其下属的民航各空管单位。

（三）保障机构

民航保障机构主要包括飞机维修企业、油料供应企业、航材企业、航空信息服务企业、航空服务企业、飞行校验部门等。

1 飞机维修企业

飞机维修企业是指专业从事民用航空器维修、保养和改造工作的机构。在中国，存在多家飞机维修企业和相关企业，如北京飞机维修工程有限公司、广州飞机维修工程有限公司、国美联航空维修有限公司等。

2 油料供应企业

我国主要的油料供应企业为中国航空油料集团有限公司（简称“中国航油”）。中国航油是集航空油品采购、运输、储存、检测、销售、加注于一体的航油供应商。截至2017年12月，中国航油控股、参股20多个海内外企业，构建了遍布全国的航油、成品油销售网络和完备的油品物流配送体系，在全球280多个机场为460多位航空客户提供航油加注服务，在23个省、自治区、直辖市为民航业及社会车辆提供汽柴油及石化产品的批发、零售、仓储及配送服务，在长三角、珠三角、环渤海湾和西南地区建有大型成品油及石化产品的物流储运基地。

3 航材企业

我国的航材企业以中国航空器材进出口集团公司为代表。中国航空器材进出口集团公司是以民用航空产品进出口业务为主的综合性服务保障企业，经营范围包括飞机、发动机、航空器材、各种设备、特种车辆的进出口、租赁、维修、寄售，以及与民用航空有关的各种工业产品和原材料的进出口业务。

4 航空信息服务企业

我国的航空信息服务企业以中国民航信息集团有限公司（简称“中国航信”）为代表。中国航信是专业从事航空运输旅游信息服务的大型国有独资高科技企业，构建了支撑民航信息化发展的订座、离港、分销、结算四大商务信息系统，截至2024年5月，其服务范围延伸至300多个国内城市、100多个国际城市，为40余家国内航空公司、20余家海外航空公司、240余个国内机场、140余个海外机场提供信息系统服务。

5 航空服务企业

航空服务企业通常指的是提供民用航空服务的公司或机构。我国主要的航空服务企业有中国航空服务有限公司、浙江航空服务有限公司、山东通用航空服务股份有限公司等。

6 飞行校验部门

中国民用航空飞行校验中心是中国唯一的民用航空飞行校验机构，主要职责是协助中国民航局主管部门草拟民航飞行校验规章和发展规划，负责国内民用和军民合用机场以及航路通信导航、监视、目视助航设备和飞行程序的飞行校验。

（四）其他企事业单位

其他企事业单位包括民航高等院校、医院、研究单位、航空体育活动单位，以及拥有飞机的个人和企事业单位等。

（五）民航从业人员

民航从业人员主要包括从事民航活动的空勤人员和地面保障人员。空勤人员包括航空器驾驶员、乘务员和安全员。地面保障人员包括飞行签派员、空中交通管制员、航空电信人员、航空气象人员、航空情报人员、飞行程序设计人员、现场指挥人员、机务维修人员、机场安保人员等。

四、航空组织

（一）国际航空组织

1 国际民航组织（International Civil Aviation Organization，ICAO）

国际民航组织前身为根据1919年《巴黎公约》成立的空中航行国际委员会（ICAN）。第二次世界大战对航空器技术发展起到了巨大的推动作用，使得世界上形成了一个包括客货运输在内的航线网络，但随之也引起了一系列亟须国际社会协商解决的政治和技术方面的问题。因此，在美国政府的邀请下，52个国家于1944年11月1日至12月7日参加了在芝加哥召开的国际会议，签订了《国际民用航空公约》（《芝加哥公约》），按照公约规定成立了临时国际民航组织（PICAO）。

1947年4月4日，《芝加哥公约》正式生效，国际民航组织也因而正式成立，并于5月6日召开了第一次大会。同年5月13日，国际民航组织正式成为联合国的一个专门机构。

国际民航组织的宗旨在于制定国际航行的原则，发展相关技术，促进国际航空运输的发展，以便实现下列各项目标：

（1）确保国际民航安全、有序地发展。

（2）鼓励用于维护和平的航空器的设计和操作技术研发。

（3）鼓励发展与国际民航应用相关的航路、机场和航行设施。

（4）满足全世界人民对安全、正常、有效和经济的航空运输的需要。

（5）防止因不合理的竞争而造成经济上的浪费。

（6）保证缔约国的权利充分受到尊重，所有缔约国均有经营国际空运企业的公平的机会。

（7）避免缔约国之间的差别待遇。

(8) 促进国际航行安全。

(9) 普遍促进国际民航各方面的发展。

以上九条主要涉及国际航行和国际航空运输两个方面。前者为技术问题,强调安全性;后者为经济和法律问题,强调公平合理、尊重主权。强调这两方面的问题是为了保证国际民航安全、正常、有效、有序地发展。

国际民航组织的标识见图1-1-2。

图1-1-2 国际民航组织的标识

2 国际航空运输协会(IATA)

国际航空运输协会是一个由世界各国航空公司所组成的大型国际组织,于1945年4月在古巴哈瓦那成立,总部设在加拿大的蒙特利尔,执行总部设在瑞士的日内瓦。

国际航空运输协会的宗旨是维护全世界人民的利益,促进航空运输朝着安全、正常、经济的方向发展,为直接或间接从事国际航空运输工作的各空运企业提供合作的途径,与国际民航组织以及其他国际组织通力合作。

国际航空运输协会的活动包括:

(1) 协商制定国际航空客货运价。

(2) 统一国际航空运输规章制度。

(3) 通过清算所,统一结算各会员间以及会员与非会员间联运业务账目。

(4) 开展业务代理。

(5) 进行技术合作。

(6) 协助各会员公司改善机场布局和程序、标准,以提高机场运营效率等。

国际航空运输协会的标识见图1-1-3。

图1-1-3 国际航空运输协会的标识

(二) 国内航空组织

1 中国航空运输协会(CATA)

中国航空运输协会是依据我国有关法律规定,以民用航空公司为主体,由企事业法人和社团法人自愿参加结成的、具有行业性的、不以营利为目的的、经中华人民共和国民政部核准登记注册的全国性社团法人,成立于2005年9月26日。

该协会的基本宗旨包括:遵守国家法律法规和各项方针政策;按照社会主义市场经济体制要求,努力为运输航空企业服务,为会员单位服务,为旅客和货主服务,维护行业和运输航空企业的合法权益,促进中国民航事业健康、快速、持续地发展。

2 中国民用机场协会(CCAA)

中国民用机场协会成立于2006年8月,是由全国民用机场、相关企事业法人单位和社团法人自愿结成的具有全国性、行业性、非营利性的社会组织,业务主管单位为中国民航局。该协会的宗旨包括:按照“共同参与、共同分享、共同成就”的指导思想,以服务会员为本,加强行业自律,发挥桥梁与纽带的作用,促进机场行业安全、持续、健康发展;遵守国家法律法规和各项方针政策,践行社会主义核心价值观,弘扬爱国主义精神,遵守社会道德风尚,自觉加强诚信自律建设。

3 中国民用航空维修协会(CAMAC)

中国民用航空维修协会是由中国境内涉及民用航空维修的企事业单位和个人依据我国有关法律规定自愿参加结成的具有全国性、行业性、非营利性的社会组织。

该协会的基本宗旨包括:贯彻执行行业规章和有关政令,在政府主管部门与企业之间发挥桥梁与纽带的作用;制定行业自律规定,规范行业行为,促进行业发展,协调同业关系,提升行业竞争力,为航空公司和其他用户提供优质服务;维护会员单位的利益和业内工作者的权益;促进与国际维修业同行的交流与合作。

任务实施

○ 课堂活动1

请以小组为单位,在教师所准备的地图中用不同颜色划分出我国民航七大分区,以及中国民用航空各地区管理局所负责的具体区域,并标注各地区管理局的驻地城市。

○ 课堂活动2

浏览中国民航局官网,点击菜单栏中的“关于民航”栏,了解民航概况,通过相关链接浏览你所在的地区管理局的内设机构、主要职责、安全管理制度、政策法规、运输生产情况等内容,梳理并分享你所获得的信息,并结合以下材料,谈一谈你的想法。

2024年1月份华东地区机场运输生产情况

2024年1月,华东地区47个机场共完成旅客吞吐量3220万人次,同比增长50.3%;其中,国内航线旅客吞吐量为2936.6万人次(其中港澳台航线旅客吞吐量为92.6万人次),国际航线旅客吞吐量为283.4万人次。货邮吞吐量为61.7万吨,同比增长35.4%,其中,国内航线货邮吞吐量为30.2万吨(其中港澳台航线货邮吞吐量为4.5万吨),国际航线货邮吞吐量为31.5万吨。飞机起降26.7万架次,同比增长32.2%,其中,运输飞机起降24.7万架次。

○ 课堂活动3

请说出下列标识所代表的航空组织的中文名称,并写出相应的英文名称。

(　　)　　　　(　　)　　　　(　　)

任务评价

评价标准	标准分值	自评得分	互评得分	师评得分
遵守课堂纪律,按要求完成课堂活动	30分			
在课堂活动1中,能正确标注驻地城市	35分			
在课堂活动2中,能精准分析材料,并提出自己的见解	20分			
在课堂活动3中,能正确认识航空组织标识	15分			
得分合计	100分			
总评(自评×20%+互评×20%+师评×60%)				

任务拓展

2023年,以"绘就智慧民航发展新蓝图"为主题的智慧民航发展论坛在北京举行,重点聚焦智慧监管、智慧运行、智慧出行、智慧物流四大典型应用场景。请查阅相关资料,具体谈谈智慧民航在我国的应用现状。

任务二 世界民航业的发展历史

任务描述

飞行是人类自古以来的梦想,经过人类长期的探索和勇敢的尝试,当今的航空技术已得到了极大的发展和突破。航空业已经逐渐成为人们生活不可或缺的一部分。本任务主要对世界民航业的发展历史进行介绍。

知识储备

一、民航业发展的萌芽时期

1782年,蒙哥尔费兄弟制成了世界上第一只热气球,并于1783年9月19日进行了试飞试验,如图1-2-1所示。热气球下面系着一个用柳条编织的吊篮,将第一批"乘客"——一只山羊、一只鸭和一只鸡载至520米高空,在飞行了8分钟、3.2千米后,热气球载着小动物安全着陆。同年11月,两个法国人乘热气球上升到900米高空,留空20多分钟,随风飘移约10千米,由此揭开了人类飞行的序幕,实现了人类几千年来关于飞向天空的梦想。

图1-2-1　1783年蒙哥尔费兄弟的热气球升空表演

1801年,"空气动力学之父"——英国的乔治·凯利爵士(见图1-2-2)着手研究风筝与鸟的飞行原理,并于1809年试制了一架滑翔机。他记述道:滑翔机不仅将他载至天空中,还持续飞行了几米远。但在后来的试验中,这架滑翔机被撞毁了。1847年,已是70多岁的凯利制作了一架大型滑翔机,两次把一名10岁的男孩子带上天空,一次是从山坡上滑下,另一次是用绳索拖曳升空,飞行高度为2—3米。4年后,由人操纵的滑翔机第一次脱离拖曳装置飞行成功,凯利的马车夫成为第一个离地自由飞翔的人,飞行了约500米。凯利对飞行原理、空气升力,以及机翼的角度、机身的形状、方向舵、升降舵、起落架等方面进行了科学的研究和试验,他首次把飞行从冒险的尝试上升为科学的探索。

图1-2-2　乔治·凯利

1903年12月17日,美国的莱特兄弟(见图1-2-3)所设计制造的"飞行者1号"(见图1-2-4)试飞成功,"飞行者1号"当天最佳飞行成绩为飞过260米、留空59秒。莱特兄弟的成功飞行,开创了动力飞行的新纪元。莱特兄弟沿用并发展了李林塔尔的滑翔机原理,1900—1902年,他们除了进行了1000多次滑翔试飞,还自制了200多个不同的机翼,进行了上千次风洞试验,修正了李林塔尔的一些错误飞行数据,设计出了有着较大升力的机翼截面形状。"飞行者1号"作为世界上第一架动力飞机,在航空史上留下了深刻的烙印。因此,莱特兄弟也被誉为"飞机之父"。

20世纪初,欧洲也有人从事飞机的研究工作。法国的桑托·杜蒙和布莱里奥(见图1-2-5)分别于1906年、1909年成功地试飞了他们自己设计的飞机。1909年7月25日,在飞越英吉利海峡的飞行竞赛中,布莱里奥驾驶"布莱里奥"XI型单翼机首次飞越了英吉利海峡,全程近40公里,飞行时间37分钟。布莱里奥成为世界上第一个乘飞机飞越英吉利海峡的人,这一次飞行也是历史上第一次国际航行。

图1-2-3 莱特兄弟

图1-2-4 “飞行者1号”

图1-2-5 布莱里奥

二、第一次世界大战前后

飞机出现后的最初十几年,其主要作为一种娱乐工具用于竞赛和表演。但当第一次世界大战爆发后,这个“会飞的机器”逐渐被派上了用场:先是用于侦察,为陆军部队做“耳目”;继而装上机枪,专门用于空中格斗;后来又带上炸弹,去轰炸敌方的地面阵地。此外,有的飞机专门执行对地面部队的攻击任务。这样,在第一次世界大战的硝烟中,诞生了一群“铁鸟”侦察机、战斗机、轰炸机、强击机和教练机。飞机便以这样的形式与战争紧密联系起来。

第一次世界大战初期,参战各国约有飞机1500架。到了第一次世界大战末期,各国在前线作战的军用机达到8000多架。在历时4余年的第一次世界大战中,参战各国用于作战的飞机有十几万架之多。

第一次世界大战使得各国将航空科学技术和航空工业作为发展重点。第一次世界大战后,飞机逐渐从军用转为民用,各国开始设计和制造专用的运输机,航空业务由起初的邮递发展到客货运输。欧洲各国和美国的航空企业和飞行员开始开辟民用航线。经过几年的努力，遍布欧美的空中航线网络基本建成，同时欧洲一些强国的政府极力支持民用航空的发展。1919年初，德国率先开通国内的民航运输，同年8月英国和法国开通了定期的空中客运，正式揭开民用航空的发展序幕。

三、自第二次世界大战起，至20世纪80年代

第二次世界大战又一次刺激了飞机制造业的发展，这一时期喷气式发动机被创造出来并最早应用于军用飞机。第二次世界大战结束后，民航客机的发展开始进入"喷气式时代"。同时，服务于战争需要所建造的大型机场遍布世界各地，为第二次世界大战后民航业的迅速发展提供了很大的帮助。世界民航史上第二次"军转民"浪潮出现。

20世纪30年代后期，带有活塞式发动机的螺旋桨式飞机的最大平飞速度已达每小时700余公里，俯冲时接近音速。在这种条件下，飞机会发生剧烈抖振，不稳定，甚至会因为出现操纵故障而损毁。当时人们把这种现象称为"音障"。涡轮喷气式发动机和喷气式飞机的诞生，为突破音障开辟了道路。1947年10月14日，美国贝尔X-1火箭试验机在12800米高空达到1078公里/小时的速度（马赫数为1.015），首次突破了音障。喷气式飞机的诞生和突破音障，使飞机的发展进入超音速飞行领域。

最初使用的喷气式民航客机是英国的"子爵号"，它装有4台涡轮螺旋桨式发动机，1950年7月29日在伦敦—巴黎的航线上投入飞行。第一架装配纯涡轮喷气式发动机的喷气式民航客机是英国的有着4个喷气式发动机的"彗星号"（见图1-2-6），它于1949年开始设计，于1952年5月2日开始在航线上投入使用。"彗星号"体现出了喷气式民航客机的一系列优势，包括飞行速度更快、乘坐舒适度更高，潜在的优势还有航程更远、载客量更大等。不过，在1953年5月2日至1954年4月8日期间，投入使用的"彗星号"接连发生事故，如有一架"彗星号"在印度加尔各答起飞后坠毁，有两架"彗星号"在地中海上空飞行时神秘失踪。相关调查发现，当飞行高度发生变化时，喷气式民航客机的密封机舱因不断受到增压和减压而产生金属材料疲劳效应，最终导致飞机在空中解体。"彗星号"虽遭失败，但已经显示出喷气式民航客机的优越性，"彗星号"的相关教训也使得此后设计的喷气式民航客机着力避免出现类似的问题。例如，波音公司吸取了"彗星号"的教训，研制出性能更为优异的波音707喷气式民航客机，使该公司一跃成为民航飞机领域的"霸主"，并确立了喷气式民航客机的历史地位。

图1-2-6　第一架喷气式民航客机——"彗星号"

20世纪60年代，由于喷气式发动机技术的改进，第二代喷气式民航客机安装了高涵道比的涡轮风扇发动机，这种发动机的耗油率低、发动机噪声小，使得喷气式民航客机变得更加经济和舒适。这一类飞机包括美国的波音727、DC-9，法国的“快帆”，英国的“三叉戟”和苏联的伊尔-62。

20世纪70年代出现的喷气式民航客机以宽机身为主要特征，增大了飞机的载客量，提升了舒适性。1970年1月，美国带有4个发动机的巨型喷气式民航客机波音747开航，其总重约373吨，客舱可并排乘坐10人，最大载客量超过500人。七八十年代又有几种宽机身民航客机问世，其中包括由法国、英国、联邦德国、荷兰和西班牙五国合作研制的带有双发动机的空客A300，美国的带有3个发动机的DC-10和L-1011“三星”，以及苏联的带有4个发动机的伊尔-86。

20世纪80年代的喷气式民航客机有美国的带有双发动机的波音767和欧洲的空客A310，可用于中短程和中远程的航线，其主要特点是耗油率低、有较高的经济性。

四、民航业发展的大众化时期 

喷气式飞机与民航业的结合，使整个民航运输业发生了根本性的变化，标志着全球民航业的发展进入了大众化运输的新时代。以飞机为运输手段，实现旅客、货物的空间位移为社会政治、经济活动以及人们的日常生活提供了极大便利。在巨大的需求和利润驱使下，各国航空公司积极开拓市场，参与国际竞争。发达国家涌现了大量航空公司，并最终形成数十个大型航空公司。发展中国家也把参与国际航空市场作为国家地位的象征，全力支持本国航空公司的发展，航空运输市场发展一片繁荣。而航空运输市场的快速发展又刺激了航空工业的发展，载客量越来越大、技术越来越先进的飞机不断投入市场。

全球多地机场的旅客吞吐量也在不断攀升。为适应快速增长的空运需求，全球许多航空公司都在加紧采购飞机，新飞机的订单量实现较快增长。英国航空航天、国防、安全和空间行业组织（ADS Group）此前发布的报告显示，2023年上半年，全球飞机订单达到创纪录的1667架，同比增长129%。飞机制造商在2023年上半年共交付飞机582架，较2022年同期增长超过13%。不少国家还在不断扩大机场等方面的基础设施建设。2023年11月，阿联酋阿布扎比国际机场新航站楼正式投入使用，该航站楼占地面积约74万平方米，设计年旅客吞吐量达4500万人次。泰国曼谷素万那普机场新航站楼SAT-1于2023年9月进行试运行，预计2024年正式投入使用。届时，素万那普机场的年旅客吞吐量将从现在的4500万人次提升至6000万人次。马来西亚、印度尼西亚等国也纷纷增加投入，扩大机场建设规模。

根据国际航空运输协会的预测，2024年全球航空客运量将突破47亿人次，预计收入将达到9640亿美元，而货运也将呈现较快增长势头，预计收入将达到1110亿美元。从目前的数据来看，2024年全球航空公司所投入的运力将超过2019年，实现10%左右的正增长，其中亚太地区的表现最为亮眼，年增长率接近30%，而北美地区虽然有所减弱，但增长率依然在10%以上。从2024年开始，全球航空市场的增长将变得更加常态化。

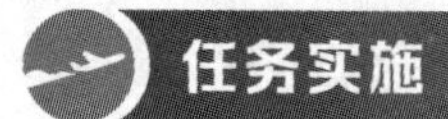

任务实施

○ 课堂活动1

请查阅相关资料，找出世界民航业发展史上各个时期的代表性机型，并以小组为单位进行分享，以更好地了解世界民航业的发展变革之路。

○ 课堂活动2

请识别下列标识所代表的飞机制造公司，查询它们之间的竞争关系，以及各自的发展历史。

○ 课堂活动3

根据世界航空业的发展历史，我们可以看到相关航空技术的不断突破和创新，还能感受到人类对于探索航空的勇气和冒险精神。请谈谈世界民航业发展史上最令你印象深刻的人物。

任务评价

评价标准	标准分值	自评得分	互评得分	师评得分
遵守课堂纪律，按要求完成课堂活动	30分			
在课堂活动1中，收集的机型准确、种类丰富	30分			
在课堂活动2中，能够正确认识飞机制造公司的标识	20分			
在课堂活动3中，能够主动分享心得体会	20分			
得分合计	100分			
总评（自评×20%＋互评×20%＋师评×60%）				

任务拓展

当前国际民航领域科技创新的一个主要方向为推动绿色低碳发展。作为全球生态文明建设的重要参与者和贡献者，中国作出了“力争2030年前实现碳达峰，2060年前实现碳中和”的重大战略决策。近年来，我国发布了《“十四五”生物经济发展规划》《“十四五”民航绿色发展专项规划》《“十四五”可再生能源发展规划》等政策文件，制定了相关法律法规，对包括航空业在内的重点领域的减碳工作作出总体部署。请查阅相关资料，谈谈现行的航空减碳举措都有哪些。

任务三　中国民航业的发展历史

任务描述

百年来，中国民航业的发展体现出从无到有、从小到大、从弱到强的非凡转变。如今，伴随着经济社会的稳定发展，中国民航业在全球行业内迅速崛起。本任务主要对中国民航业的发展历史进行介绍。

知识储备

一、中华人民共和国成立前

1909年9月21日，冯如驾驶着自制的飞机——“冯如1号”，在美国奥克兰上空翱翔了800多米，并安全着陆，揭开了中国航空史的第一页。该飞机从机翼、方向舵、螺旋桨到内燃机等大小部件全部自制，这次试飞距离是飞机发明者美国莱特兄弟1903年首次试飞距离的3倍多，使西方国家为之震惊和羡慕。冯如的成功，向全人类展示了中国人的能力，为中国在世界早期航空史上赢得了极大的荣誉。

自从有了飞机以后，中国人便开始了对中国航空事业的艰难探索。在经过北洋政府和国民政府两个时期的艰难发展后，至中华人民共和国成立前，我国国内航线已连接40多个城市，民航业从业人数多达6000余人。

二、中华人民共和国成立后

（一）初创时期（1949—1978年）

1949年11月，中国民用航空局设立。初创时期的中国民航业规模很小，仅有12架小型飞机和3条国际航线、9条国内航线。1950年8月1日，中国民航业开辟了两条国内航线：一条是天津—北京—汉口—重庆，另一条是天津—北京—汉口—广州。此后，又以重庆为基地，先后开辟了重庆—成都、重庆—贵阳、重庆—昆明3条国内航线，以及重庆—西昌的地方航线。1952年7月17日，中国人民航空公司正式成立，将重庆—汉口的航线延伸到北京和上海，后来又开辟了广州—昆明和广州—湛江2条航线。至此，在国民经济恢复时期，北京、上海、广州三大城市与西南边远地区有了航空交通联系。“一五”期间，中国民航业增开了18条国内航线。1955年以后，西南地区以成都为基地，逐步扩展航线，先后开辟了成都—重庆—昆明、成都—重庆—贵阳、成都—重庆—昆明—南宁—广州3条国内干线，同时还开辟了广州—湛江—海口、乌鲁木齐—库车—阿克苏—喀什—和田、乌鲁木齐—阿勒泰3条地方航线。截至1957年，中国民航业开辟了国内航线23条，通航城市达36个，通航里程为22120公里。1978年，中国航空旅客运输量仅为231万人，运输总周转量为3亿吨公里。

（二）稳步发展时期（1978—1987年）

1980年3月5日，中国民用航空局成为国务院直属机构，不再隶属于空军，实行企业化管理，在管理体制上开始进行重大改革。1980年，中国民航业购买了波音747SP型宽体客机；1983年，波音747-200、波音737、MD-80型客机到货；1985—1987年，中国民航业又相继购买了波音767、波音757、空客A310等型号的飞机，共100多架，使中国民航业使用的运输飞机达到国际先进水平。

中国民航业的航线网络也得到了完善。到1987底，西安西关机场与国内26个城市已有36条国内航线通达，构建了以西安为中心的西北地区辐射航线网络。此外，中国还注重对外贸易和旅游的发展。1978年10月，广州至香港有了包机飞行。1980年，中国民航业正式开辟了从北京、上海、广州、杭州至香港的航线。1981年以后，又增开了天津、昆明到香港的航线。至1987年，中国民航业共开辟航线327条，通航里程387102公里，比1978年增长1.6倍，航空运输总周转量达到20.2亿吨公里，旅客运输量和货邮运输量分别为1310万人次和29.87万吨，分别比1978年增长了约5.8倍、4.6倍和3.6倍。

国际方面，截至1987年，中国民航业共开辟了至缅甸、日本、法国、罗马尼亚、埃塞俄比亚、南斯拉夫、瑞士、菲律宾、泰国、美国、英国、澳大利亚、新加坡、科威特、意大利、土耳其、加拿大等24个国家的39条国际航线，通航里程达到14.9万公里。同时，有21个国家的航空企业的班机与中国通航。

（三）重组扩张时期（1987—2002年）

1987年，中国民航业开始了以“政企分开、简政放权、机场与航空公司分设”为主要内容的第二轮重大管理体制改革，组建了6家国家骨干航空公司，分别为中国国际航空公司、中国东方航空公司、中国南方航空公司、中国西南航空公司、中国西北航空公司、中国北方航空公司，同时，在原有基础上组建了华北、华东、中南、西南、西北和东北六大地区管理局。1993年，中国民用航空局改称“中国民用航空总局”①，为国务院直属机构。

国家社会经济的发展和民航体制的改革，推动中国民航业进入一个新的发展时期。自1988年后，我国民航运输总周转量在相当长一段时间内保持着20%左右的年递增量，这种发展速度在世界上是少有的。我国民航运输总周转量在世界上的排名位次，由1978年的第37位上升为1991年的第15位，到2002年则上升为第5位。2002年，我国民航运输总周转量为165亿吨公里，旅客运输量为8594万人次，货邮运输量为202万吨，我国成为世界瞩目的民航大国。

①“中国民用航空总局”这一名称仅1993—2008年使用。

(四)迅猛发展时期(2002年至今)

2002年中国民航业再次重组,组建六大民航集团公司,分别是中国航空集团公司、中国东方航空集团有限公司、中国南方航空集团有限公司、中国民航信息集团公司、中国航空油料集团有限公司、中国航空器材进出口集团公司,成立后的集团公司与中国民航总局脱钩,交由中央管理。

2004年10月2日,在国际民航组织第35届大会上,中国以高票首次当选该组织一类理事国。

在这一时期,中国民航局完成了监管机构改革,下设7个地区管理局,分别是华北地区管理局、东北地区管理局、华东地区管理局、中南地区管理局、西南地区管理局、西北地区管理局、新疆管理局。按照政企分开、属地管理的原则,将中国民航局直接管理的机场下放所在省(自治区、直辖市)管理,而北京、西藏的机场继续由中国民航局管理。

截至2020年,我国已与128个国家或地区签署了双边航空运输协定,与64个国家保持定期客货运通航。

2021年全国民航工作会议明确,中国民航业将围绕"一带一路"倡议,打造西安、郑州、昆明、乌鲁木齐等"空中丝绸之路"核心节点。

2022年,我国境内运输机场(港澳台地区数据另行统计,下同)共有254个,其中定期航班通航运输机场有253个,定期航班通航城市(或地区)有249个。

2023年,国内航线客运规模已超过疫情前水平,比2019年增长1.5%,在各类交通运输方式中恢复速度最快。运输航空责任原因征候和严重征候万时率分别较2019年下降71.2%和69%;在通用航空飞行量较2019年增长27.5%的情况下,通用航空事故万架次率较2019年下降42.1%;在空防安全方面,连续21年保持零责任事故。民航全力确保每个航班的安全起落,以高水平安全保障民航高质量发展。

中国民航局2024年发布的《新时代新征程谱写交通强国建设民航新篇章行动纲要》指出:到21世纪中叶,全面建成保障有力、人民满意、竞争力强的一流航空运输强国。民航在行业安全、设施装备、技术创新、管理水平、服务能力等方面达到世界领先水平,民航安全管理体系、基础设施体系、航空服务体系、科技创新体系和行业治理体系世界一流,是践行"人享其行、物畅其流"的典范。

任务实施

○ 课堂活动1

请认真阅读以下素材,结合自身专业,说说C919国产大型客机的首航带给我们哪些启示。

大国重器之一——C919大飞机

2023年5月28日,中国东方航空集团有限公司使用中国商飞首架交付的C919大型客机(见图1-3-1)执飞MU9191航班。C919国产大型客机从上海虹桥国际机场起飞,成功降落在北京首都国际机场，圆满完成了首次商业飞行。从2023年5月28日商业首飞开始，到2023年12月31日，中国东方航空C919机队累计执行商业航班655班，累计承运旅客近8.2万人次。C919国产大型客机自2007年立项到2023年实现商业首飞，从研制、投产、交付，到最终商用，风雨兼程十余载，最终翱翔于蓝天，这意味着我国在工业制造业领域上实现了新的突破，是我国民航大飞机事业发展的重要里程碑。

图1-3-1　C919国产大型客机

○ **课堂活动2**

登录民航博物馆官网(http://www.caacmuseum.cn/)，在首页点击“馆藏精选”“数字博物馆”“科普知识”等，浏览相关信息(如“数字博物馆”中的机型介绍)，并与其他同学进行讨论、分享。

○ **课堂活动3**

近几年，我国低空经济快速发展，已有许多省(自治区、直辖市)将其作为推动经济转型升级和培育新的经济增长点的抓手。低空经济是指以各种有人驾驶和无人驾驶航空器为主，以载人、载货及其他作业等多场景低空飞行活动为牵引，辐射带动航空器研发制造、市场运营、综合保障以及延伸服务等全产业链的综合性经济形态。请查阅相关资料，说说我国低空经济的发展前景与挑战。

任务评价

评价标准	标准分值	自评得分	互评得分	师评得分
能够准确梳理我国民航业的发展脉络	30分			
能够完成网站浏览任务，并主动分享收集到的信息	35分			
能够完成网站浏览任务，进行信息梳理与分析	35分			
得分合计	100分			
总评(自评×20%+互评×20%+师评×60%)				

任务拓展

登录中国民航局官网(http://www.caac.gov.cn/),点击“信息公开”中的“统计数据”,查找最新的年度民航行业发展统计公报,从运输效率、经济效益等角度对统计数据进行分析。

线上答题:项目一

项目二 民用航空器

项目目标

○ 知识目标

(1) 熟悉飞机的机体结构及相应的功能;了解飞机发动机的工作原理,以及飞机发动机在飞行安全中的作用。

(2) 熟悉飞机的飞行原理和飞行过程;了解飞机的飞行操纵。

(3) 了解飞机的各个系统。

(4) 了解航线飞机的分类。

○ 能力目标

(1) 能够辨认飞机结构,并说出其对应的名称和功能;能够解释升力产生的原因。

(2) 能够绘制飞机飞行轨迹图并区分各飞行阶段;能够解释飞机平衡、稳定性、操纵性三者之间的关系。

(3) 能够说出飞机的各个系统的名称及内容。

(4) 能够说出目前主要的飞机机型分类。

○ 素质目标

(1) 将敬畏生命、敬畏规章、敬畏职责的民航精神植根于心,培养爱岗敬业、乐于奉献的品质。

(2) 感悟中国航空技术发展的速度,坚定为民航强国建设而努力奋斗的信念。

知识导图

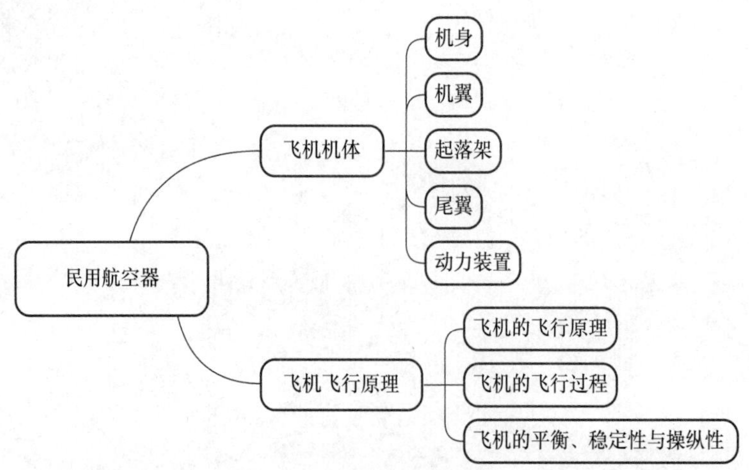

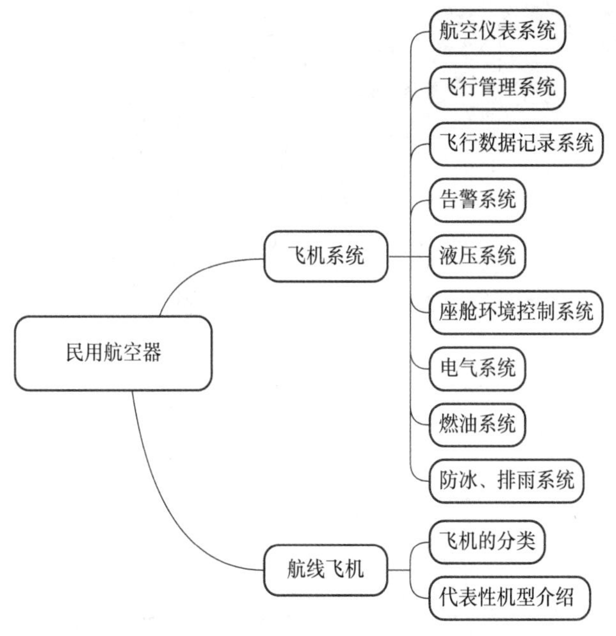

任务一 飞机机体

任务描述

作为20世纪初极为重大的发明之一，飞机自发明以后，逐渐成为现代文明发展不可缺少的工具。它深刻影响了人们的生活，开启了人们征服蓝天的历史。本任务重点讲解飞机的机体结构及相应的功能等知识。

知识储备

飞机自问世以来，其结构形式不断改进，其类型不断增多。到目前为止，除了极少数有着特殊形式的飞机，大多数飞机一般由以下五个主要部分组成，即机身、机翼、起落架、尾翼和动力装置，各部分有着相应的功用。

一、机身

机身可以分为机头、前部机身、中部机身以及后部机身，如图2-1-1所示。机头部分主要安置驾驶舱；前部机身包含前舱门、卫生间、衣帽间、广播系统等相关设施；中部机身主要用于安排客舱、货舱、行李舱；后部机身为飞机后舱门和飞机尾翼所在部位。机身的机头部分呈向下的圆弧状，可以保证在飞行过程中尽可能减小飞机阻力；机身尾部向上抬起，防止飞机在起飞时仰角过大，进而导致机身尾部触地。

图 2-1-1　飞机机身[①]

根据机身内部构造的不同,可以将机身分为梁式机身(见图 2-1-2)、半硬壳式机身(见图 2-1-3)和硬壳式机身(见图 2-1-4)。

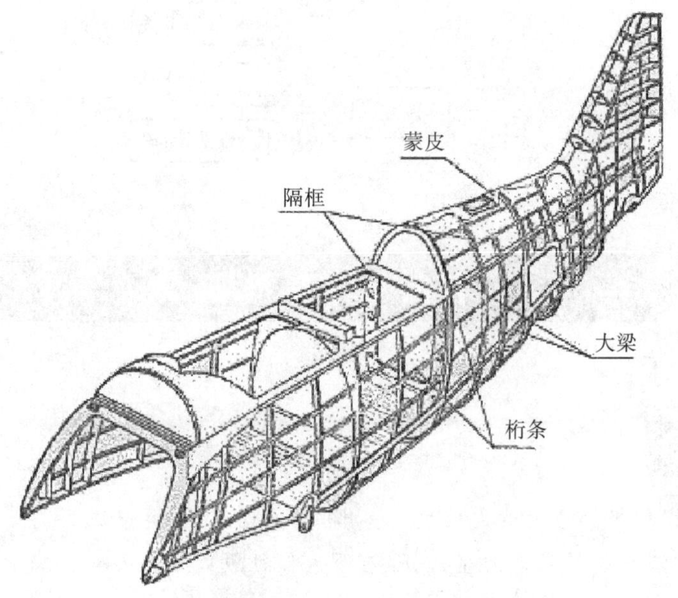

图 2-1-2　梁式机身

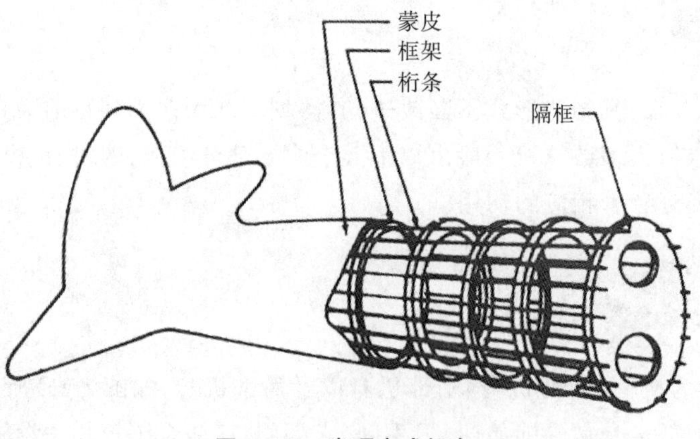

图 2-1-3　半硬壳式机身

①图片来源于网络。本书在编著过程中使用了部分网络图片,在此向这些图片的版权所有者表示诚挚的谢意!由于客观原因,我们无法联系到您。如您能与我们取得联系,我们将在第一时间更正任何错误或疏漏。

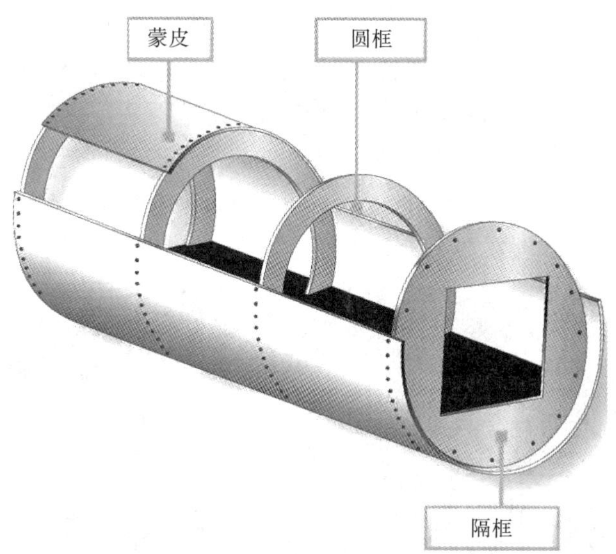

图 2-1-4 硬壳式机身

二、机翼

机翼的主要作用是产生升力，除此之外，还可以安装航空发动机、起落架、油箱等部（附）件，机翼上还有一些可操控的附加翼面，如襟翼、缝翼、副翼、扰流板等。

（一）机翼的分类

1 按照机翼的数量分类

（1）单机翼。

由单机翼构成的飞机称为“单翼机”（见图 2-1-5），可进一步分为带撑杆的单翼机和不带撑杆的张臂式单翼机两类，其中后者更为常见。

图 2-1-5 单翼机

与双翼机相比，单翼机具有飞行阻力小、结构简单等特点，不过最早的单翼机由于受到材料的限制，安全性能不高，随着铝合金应用于航空领域，单翼机才快速替代双翼机，成为主流机型。

(2) 双机翼。

由双机翼构成的飞机称为“双翼机”(见图 2-1-6),可进一步分为两副机翼正常上下配置的翼机和两副机翼前后配置的翼机。双翼机的应用主要是为了解决飞机发展初期,发动机功率低所导致的升力不足的问题。双翼机的两个翼面使得机翼总面积较大,可以保证飞机在低速条件下产生足够的升力。但双翼机也存在显著的缺点:随着飞机速度不断提高,双翼机的支柱和张线所产生的阻力会越来越大,双翼机也因此逐渐被淘汰。

图 2-1-6　双翼机

(3) 多机翼。

为了进一步获得较大的升力,有的设计师为飞机增加了更多的翼面,我们可以将由三副及以上的机翼构成的飞机统称为“多翼机”(见图 2-1-7)。

图 2-1-7　战斗机福克 DR-1

2 按照机翼的位置分类

按照机翼位置的不同,可以将机翼分为上单翼、中单翼、下单翼。

(1) 上单翼。

上单翼多用于运输机,如图 2-1-8 所示。上单翼的布局会导致飞机起落架变高、飞机重量加重等,这些特点不适用于战斗机等机型;而运输机自身重量远大于起落架重量,同时上单翼兼具向下视界广阔、干扰阻力小、不占用机身空间等优点,因此上单翼常用于运输机机型。

图 2-1-8　上单翼飞机

(2) 中单翼。

中单翼多用于战斗机,如图 2-1-9 所示。中单翼的布局虽然会占用机身的空间,但是也形成了中单翼飞机的气动阻力最小、翼身融合结构受力好、起落架较上单翼的起落架低等优点,因而常用于战斗机等机型。

图 2-1-9　中单翼飞机

(3) 下单翼。

下单翼常用于民用客机,如图 2-1-10 所示。与上述两种布局相比,下单翼是空气阻力最大的布局,但是其起落架短、重量轻、易于收放,以及迫降时更能保证旅客安全等特点,使其常用于民用客机。

图 2-1-10　下单翼飞机

3 按照机翼与机身的角度分类

按照机翼与机身的角度的不同,可以将机翼分为平直机翼、前掠翼、后掠翼三种。

（1）平直机翼。

平直机翼属于较早研发出来的机翼类型。随着飞机发动机的改进、飞行速度的提高，飞机在高速飞行时，平直机翼的上表面会出现激波，因而大大增加了飞行阻力。为了解决这些问题，对于前掠翼以及后掠翼的研究相继展开。

（2）前掠翼。

所谓“前掠翼”，是指机翼的前、后缘均向前伸展。前掠翼虽然解决了飞行阻力的问题，但是其翼稍位于翼根之前，会导致飞行时翼稍相交于翼根之处产生弯曲扭转的问题（气动弹性发散），因此并未广泛应用。但是这种翼型也有其优点，即可以从根本上克服翼尖失速的问题。前掠翼飞机如图2-1-11所示。

图2-1-11　前掠翼飞机

（3）后掠翼。

后掠翼在目前的战斗机机翼布局中极为常见，它减小了飞机在高速飞行时的阻力，同时，其翼稍不会像前掠翼一样产生弯曲扭转，但是也存在一定的问题，如压力差促使附面层内的空气向翼尖方向流动，进而使得翼尖失速，同时，机翼面积小容易导致低速下升力不足等问题。

（二）机翼的结构

机翼不仅需要给飞机提供升力，在飞行时，其还需要承受几乎整个机身的重量，因此，机翼内部结构也要足够坚固。民航客机的机翼结构多采用双梁单块式，由翼梁、前墙、桁条、翼肋、蒙皮等构件组成，受力构件包括纵向翼肋、加强翼肋、横向翼梁、前后墙、桁条、蒙皮等，如图2-1-12所示。

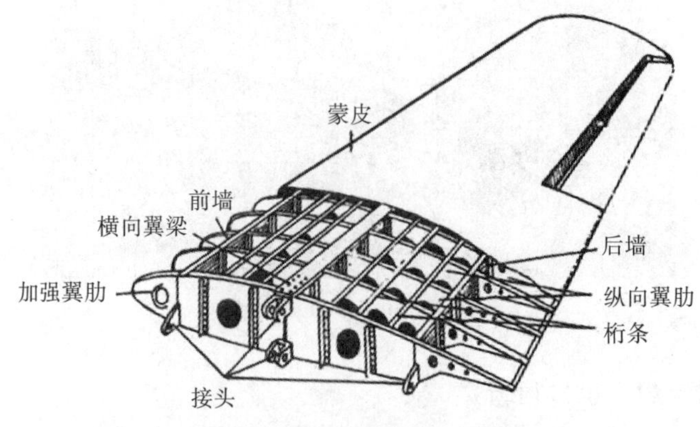

图2-1-12　机翼内部结构

（三）机翼上的活动翼面

1 襟翼和襟翼整流罩

襟翼（见图2-1-13）一般安装在机翼后缘靠近机身的翼面，可以绕轴向后下方偏转。襟翼的主要作用包括：一是提高失速迎角，使飞机不容易失速，二是使飞机获得更大的升力。一般在飞机起飞、降落等低速的情况下才会放下襟翼，如果在高速巡航阶段强行放下襟翼，只会增加飞机的飞行阻力和油耗，甚至还会对飞机结构造成损伤。

图2-1-13　襟翼

襟翼整流罩（见图2-1-14）里面是襟翼传动装置，这些机械装置主要起到控制襟翼的作用，襟翼向下弯曲就是靠襟翼整流罩里面的机械装置来完成的。

图2-1-14　襟翼整流罩

当飞机起飞时，将襟翼以较小的角度打开，主要起到增加升力的作用，可以缩短飞机在地面的滑跑距离，如波音737起飞时，通常放襟翼5°。当飞机降落时，将襟翼以较大的角度打开甚至全开，既可以使飞机的升力和阻力同时增大，还可以增加失速迎角，以利于降低着陆速度，使飞机不容易失速，缩短滑跑距离，如波音737降落时，通常放襟翼30°为着陆做准备。

前缘襟翼（见图2-1-15）与后缘襟翼相反，安装在机翼前缘，也在飞行中起重要作用。

飞机通过改变前后缘襟翼来改变翼剖面，如图 2-1-16 所示。例如，超音速飞机的机翼前缘很尖，整体厚度较薄，放下后缘襟翼后，其翼型弯度增加，机翼前缘与空气来流的相对迎角变大，产生局部气流分离，导致飞行不稳。

图 2-1-15　前缘襟翼

适合高速飞行的翼剖面

适合低速飞行的翼剖面

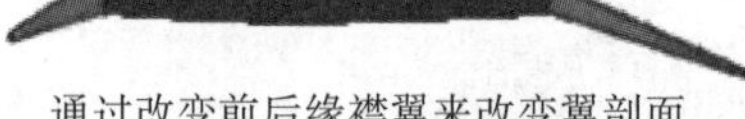

通过改变前后缘襟翼来改变翼剖面

图 2-1-16　翼剖面

前缘襟翼可以改变相对角度，使气流更平滑地流过机翼，减少失速情况的发生。同时，前缘襟翼也能增大机翼弯度，进一步提高升力、增大临界迎角。前缘襟翼的种类很多，如普通前缘襟翼、克鲁格襟翼（见图 2-1-17）、前缘吹气襟翼等。克鲁格襟翼常位于机翼前缘根部，从下面向上打开，像个大钩子，结构简单可靠，增升效果良好。

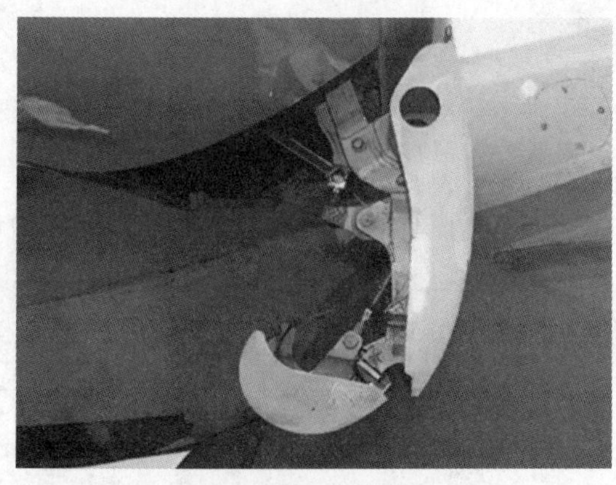

图 2-1-17　克鲁格襟翼

2 前缘缝翼

在飞机增大迎角或是放下襟翼的时候，高速气流会在上表面接近机翼后缘部分产生分离，造成不规则涡流的产生，这个涡流会导致升力的下降。这时候，我们就需要前缘缝翼的帮助了。

前缘缝翼（见图2-1-18）也安装在前缘，离前缘襟翼很近。它打开时会与基本机翼前缘表面形成缝隙，将机翼下表面的气流引导到上表面，吹散因增大迎角或打开襟翼而在机翼后缘产生的涡流，保证机翼能提供足够的升力，使飞机不容易失速。

图2-1-18 前缘缝翼

在前缘缝翼闭合时（相当于没有安装前缘缝翼），随着迎角的增大，机翼上表面的分离区逐渐向前移，当迎角增大到临界迎角时，机翼的升力系数急剧下降，飞机容易失速。当前缘缝翼打开时，它与机翼前缘表面形成一道缝隙，下翼面压强较高的气流通过这道缝隙得到加速而流向上翼面，增大了上翼面附面层中气流的速度，降低了压强，消除了这里的分离旋涡，从而延缓了气流分离，避免了大迎角下的失速，使得升力系数提高。前缘缝翼与气流的关系如图2-1-19所示。

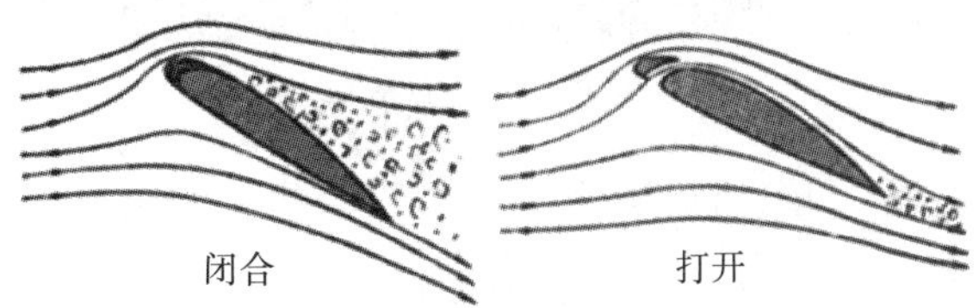

图2-1-19 前缘缝翼与气流的关系

尤其在飞机起飞时，机头仰角较大，飞机有可能因为突然失速而坠机。利用前缘缝翼增大临界迎角，可以有效地缓解这种情况，同时，还能降低进场速度、提高降落性能。

现代客机的前缘缝翼没有专门的操纵装置，一般随着襟翼发生相应的动作改变，在飞机即将进入失速状态时，前缘缝翼会根据迎角的变化而自动开关。

3 副翼

副翼（见图2-1-20）主要用于横向操纵飞机，使机翼产生滚转力矩，通常安装在机翼后缘外侧部分。

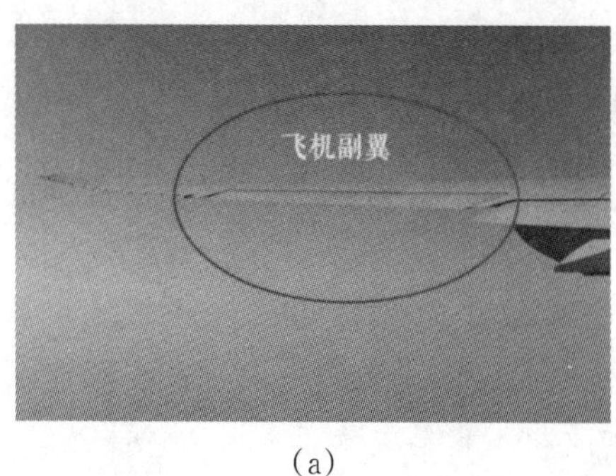

(a)

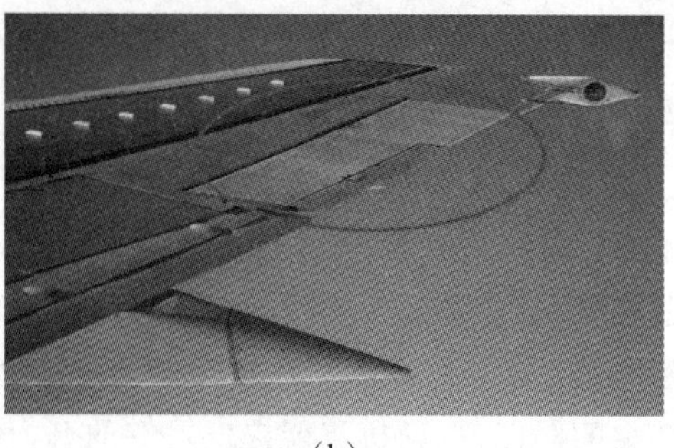

(b)

图 2-1-20 副翼

当飞机在空中转弯时,我们能看到左右机翼产生倾斜的坡度,这就是由左右副翼产生的差动力矩,是与飞机垂尾方向舵配合产生的。

如果一侧副翼卡阻在向下位,那么起飞后飞机就会向一侧偏转,无法控制,这时飞行员只能将另一侧副翼放下,来抵消偏转扭矩。这种情况会造成极大安全隐患。

4 扰流板

扰流板(见图 2-1-21)又称"减速板",顾名思义,其作用是帮助飞机减速。在飞机落地时,我们可以看到飞机机翼上有一些板翘起来了,这些板就是扰流板。翘起来的扰流板增大了机翼的迎风面积,进而增大了飞机阻力,使飞机减速。

图 2-1-21 扰流板

扰流板通过液压系统升起,当扰流板打开时,流过机翼的气流被改变,卸除飞机机翼的升力,同时阻力增加,使飞机速度、高度都降低。

扰流板分为飞行扰流板和地面扰流板,一般呈左右对称分布。飞行扰流板既可以在地面使用,也能够在空中使用;地面扰流板只能够在地面使用。飞行扰流板在空中单独使用一侧时,可以产生与副翼相当的作用。飞机降落时,将飞行扰流板、地面扰流板全部打开,可以使飞机在更短的距离内停下来。

三、起落架

起落架是航空器中重要的、具有承力兼操纵性的部件,在航空器安全起降过程中,担负着极其重要的使命。起落架是飞机起降、滑跑、滑行和停放所必需的支持系统,是飞机的主要部件之一，其性能的优劣直接关系到飞机的使用安全。

起落架主要由机轮和减震装置构成，可分为固定式起落架和开放式起落架。起落架的主要作用包含以下四个方面。

其一，承受飞机在地面停放、滑行、起降、滑跑时的重力。

其二，承受、消耗和吸收飞机在着陆与在地面运动时的撞击和颠簸能量。

其三，通过刹车系统实现飞机在滑跑与滑行时的制动，确保飞机能够安全停止。

其四，通过起落架，飞行员可以在滑跑与滑行时操纵飞机，实现飞机的转向和移动，从而控制飞机的方向和路径。

(一) 起落架的类型

起降条件不同，所需配置的起落架也不同，可以简单地将起落架分为滑橇式、浮筒式、轮式。

滑橇式起落架多用于在雪上起降飞机，如图 2-1-22 所示，这是因为在雪地上轮子很难获得抓地力。

图 2-1-22 装有滑橇式起落架的飞机

在水上起降的飞机需要巨大的浮筒提供浮力来支撑机身重量，如图 2-1-23 所示。有的型号(如我国大型水陆两用飞机 AG600)的飞机，其机身也可以起到浮筒的作用。

图 2-1-23 装有浮筒式起落架的水上飞机 DHC-3

轮式起落架是极为常见的起落架，如图 2-1-24 所示，所有的干线和支线客机都应用了这类起落架，其行走机构为轮子。

图 2-1-24　放出轮式起落架的新加坡航空空客 A350-900

(二) 起落架的布局

轮式起落架的布局可以粗略地分为以下几种:后三点式、前三点式、多柱式、自行车式,以及在运输机中常见的机身式。

后三点式起落架的主起落架在前,一个转向起落架在后,如图 2-1-25 所示。其结构简单,并且在降落着地时三个起落架同时触地,由于相对于前三点式起落架的缺点,其在现代商用飞机中几乎见不到了。

图 2-1-25　装有后三点式起落架的 DC-3

前三点式起落架布局为转向起落架在前,主起落架在后,如图 2-1-26 所示。其在地面上可以一直保持转向能力,且使飞机保持水平状态,因此这类飞机的发动机在喷气时不会灼伤跑道。窄体客机均应用此种起落架布局。

图 2-1-26　装有前三点式起落架的空客 A320

两个主起落架无法支撑重型宽体客机的重量，因此在前三点式起落架的基础上发展了多柱式起落架，如图 2-1-27 所示，其主起落架有 3—4 个。

图 2-1-27　装有多柱式起落架的空客 A380

一些飞机（如 U-2 侦察机）由于机身过于修长，无法容纳两个主起落架，只好设计为一前一后共两个起落架，此为自行车式结构，如图 2-1-28 所示。

图 2-1-28　装有自行车式起落架的 U-2 侦察机

运输机采用上单翼布局，不像下单翼的客机在机翼下可以连接起落架，因此只能将起落架装在机身两侧，这便是机身式起落架，如图 2-1-29 所示。

图 2-1-29　装有机身式起落架的超重型运输机 An-225

(三)起落架的功能

起落架不仅需要承受飞机在陆地(或者水上)时的重量,还要在降落时吸收、缓冲来自地面的冲击。飞机在地面作业时,起落架还要承担转向的作用,这项功能一般由前起落架来实现,但是一些重型客机的主起落架也可以转向,如波音747和空客A380。

此外,飞机在降落时速度为140节,这部分动能需要在降落过程中被快速消耗掉,这也是起落架轮刹车的一部分功能。飞机在飞行时不需要起落架,若起落架处于机身外,会增加飞行阻力,因此在飞机飞行时,需将起落架收回机身内。客机起落架都有收回功能,其机械结构由液压驱动。此外,有些飞机的部分起落架在飞机起飞后会被直接抛弃,来减轻飞机的重量,如U-2和ME-163。

四、尾翼

飞机的尾翼由水平尾翼(平尾)和垂直尾翼(垂尾)两部分组成,如图2-1-30所示。

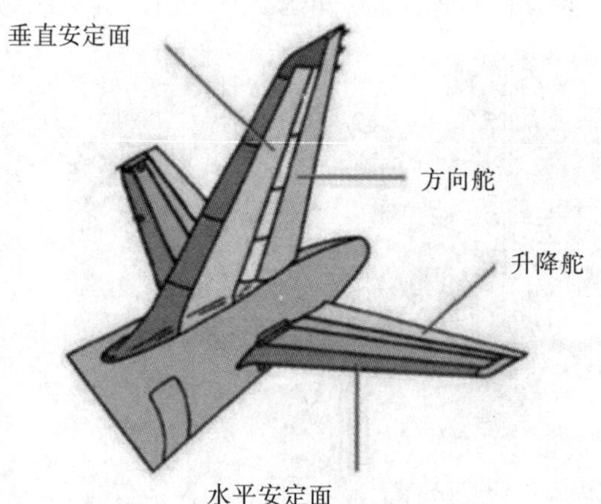

图2-1-30 飞机尾翼的组成

(一)水平尾翼

水平尾翼由水平安定面和升降舵两部分组成,如图2-1-31所示,其中,前面面积较大的翼面叫作“水平安定面”,后面面积稍小的翼面叫作“升降舵”,它们的主要功能是控制飞机的俯仰角度,确保飞机处于最佳飞行姿态。一般情况下,飞机的重心和机翼受到的升力中心并不会重合,重心位于升力中心的前面,因此,这两个力会产生力矩,使飞机低头。而飞机的水平尾翼其实是一个倒置的小机翼,它在飞行时能产生向下的升力,为飞机提供一个反向的力矩,使飞机能够保持水平飞行。若一架飞机在飞行时突然失去了水平尾翼,就会一头栽向地面。

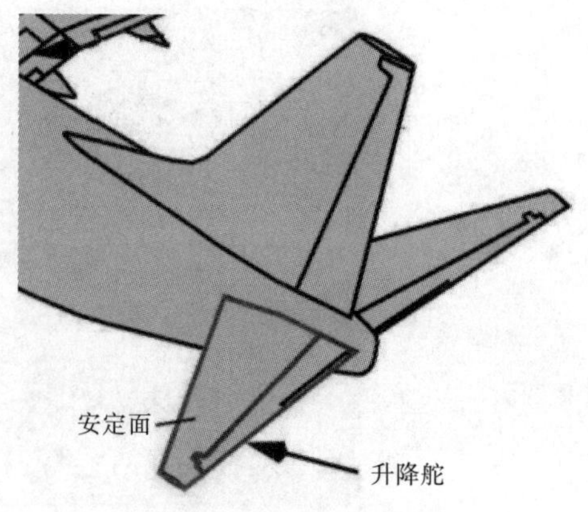

图2-1-31 水平尾翼的组成

水平安定面可上下小幅度偏转，它的作用面积大，升力也大，反应时间较慢，主要作用是配平飞机，通俗点来说，就是提供一个与重力相反的力矩，使飞机在飞行时具有水平静稳定性。

升降舵的作用是控制飞机爬升或下降。升降舵可偏转角度较大，作用面积小，附加升力小，但反应快。飞行员在驾驶舱内通过向前推动驾驶杆或向后拉杆来控制升降舵的偏转角度，从而给正在水平飞行的飞机提供一个附加力矩，使飞机抬头爬升或低头下降。

此外，绝大多数飞机的升降舵翼面的后缘，还有一片铰接的小翼面，即配平片，见图2-1-32，可上下偏转。飞行中的飞机，会受到速度的变化、机上人员的走动、颠簸、燃油消耗等因素的影响，受力情况也会发生相应改变，进而导致飞行姿态改变。此时飞机的控制系统会根据实时动态自动调整配平片的角度，修正飞行姿态。这样，飞行员就不必通过不停地操作升降舵来修正飞机。同时，配平片补偿了因外界扰动而产生的舵压对操作杆反馈的杆力，有效减轻了飞行员的工作负荷。

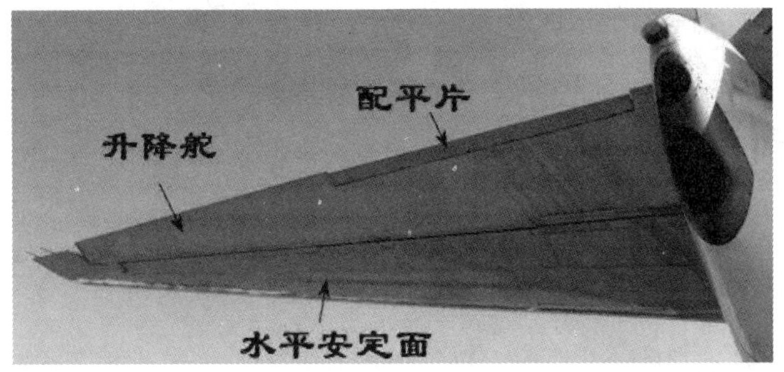

图2-1-32　配平片

（二）垂直尾翼

垂直尾翼由固定的垂直安定面和可以左右偏转的方向舵组成，如图2-1-33所示。图2-1-34为空客A380的垂直尾翼。

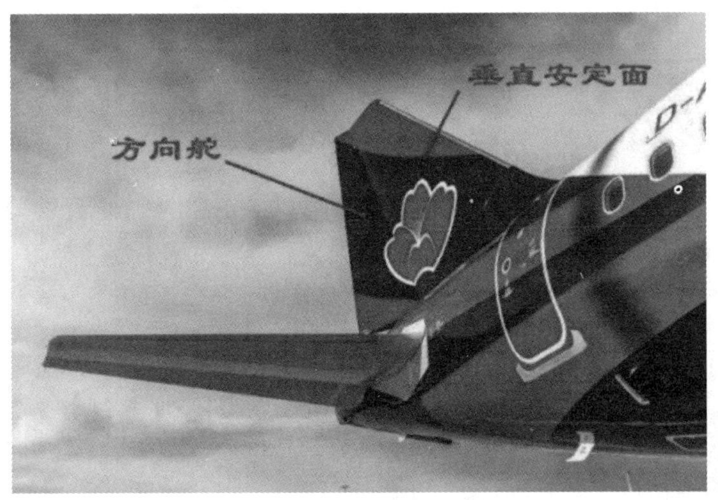

图2-1-33　垂直尾翼的组成

垂直安定面是垂直尾翼中的固定翼面部分。当飞机近似匀速直线飞行时,垂直安定面不会对飞机产生额外的力矩。但当飞机受到气流的扰动,机头偏向左或右时,此时作用在垂直安定面上的气动力就会产生一个与偏转方向相反的力矩,可以使飞机保持航向。一般来说,飞机偏航得越厉害,垂直安定面所产生的恢复力矩就越大,因此,垂直安定面的作用是维持飞机横向静稳定性。如果飞机在飞行时突然失去了垂尾,飞机不但无法控制方向,还会因气流影响而横向摆动,变得难以控制。

图 2-1-34　空客 A380 的垂直尾翼

方向舵主要用来控制飞机转向,是垂直尾翼中可偏转的翼面部分。方向舵偏转后会在飞机机尾产生一个横向力矩,并且在位于主机翼上的副机翼的配合下,使飞机横向翻滚,倾斜一定角度,从而实现飞机转向。

五、动力装置

飞机的动力装置是飞机的核心部分,由航空发动机和其他附件组成。航空发动机是动力装置的核心,而附件则包括发动机短舱、反推装置等。

航空发动机是一种高度复杂和精密的热力机械,是为航空器提供飞行所需动力的发动机。作为"飞机的心脏",航空发动机被誉为"工业之花",它直接影响飞机的性能、可靠性及经济性,是一个国家科技、工业和国防实力的重要体现。

自 1903 年问世以来,航空发动机经历了两个主要发展时期:活塞式航空发动机时期和喷气式航空发动机时期。

人类历史上第一台航空发动机是 1903 年莱特兄弟发明的 12 马力四缸汽油机,如图 2-1-35 所示。

图 2-1-35　1903 年莱特兄弟发明的 12 马力四缸汽油机

(一)活塞式航空发动机

活塞式航空发动机是一种往复式内燃机,通过带动螺旋桨高速转动而产生推力。为满足功率要求,活塞式航空发动机一般由多气缸组合而成,多个缸体同时工作带动曲轴和螺旋桨转动以产生足够动力。

1903—1945年,活塞式航空发动机作为飞机的动力装置,占据了统治地位。在两次世界大战的需求牵引下,活塞式航空发动机不断改进完善,得到迅速发展。战后,随着涡轮喷气式、涡轮螺旋桨式和涡轮风扇式航空发动机的发展,活塞式航空发动机逐渐退出了大中型飞机领域。其被取代的主要原因包括:①飞行速度限制,活塞式航空发动机外形阻力大,螺旋桨高速旋转时效率低;②工作原理限制,活塞式航空发动机的进气、加压、燃烧和排气四个工作阶段是通过活塞在一个气缸的往复运动分时依次进行的,每个气缸能发出的功率受到工质温度的限制,随着功率增大、活塞式航空发动机气缸数增多,重量急剧增加,功重比严重降低。

活塞式航空发动机具有效率高、耗油率低、价格低廉等优点,在功率需求小于200千瓦的小型低速通用飞机的应用上仍有一定优势。因此,在小型公务机、农业飞机和一些小型多用途(如森林灭火、搜索、救援、巡逻等)运输机等方面,活塞式航空发动机仍被广泛采用。

在喷气式航空发动机出现之前,活塞式航空发动机大多采用星形设计,如图2-1-36所示,其因曲轴短、战场生存能力强、结构紧凑、占用飞机空间小而被舰载机广泛使用,其余航空发动机则采用V形设计。星形活塞式航空发动机沿轴向放置在机头,输出轴直接连接桨叶,比直列式的活塞式航空发动机更合理地利用了空间,省去了减速机构和动力变向传递机构等,有利于减轻机身重量,使机体更灵活。

图2-1-36 星形活塞式航空发动机

活塞式航空发动机主要由气缸、活塞、连杆、曲轴、气门机构、机匣等组成,如图2-1-37所示。气缸是混合气(汽油和空气)进行燃烧的地方,气缸内容纳活塞做往复运动。活塞式航空发动机工作时气缸温度很高,因此气缸外壁上设有许多散热片,用来扩大散热面积。

气缸在活塞式航空发动机壳体(机匣)上的排列形式多为星形或V形。常见的星形活塞式航空发动机的气缸数量不等,如5个、7个、9个、14个、18个、24个等。在单缸容积相同的情况下,气缸数量越多,活塞式航空发动机的功率越大。

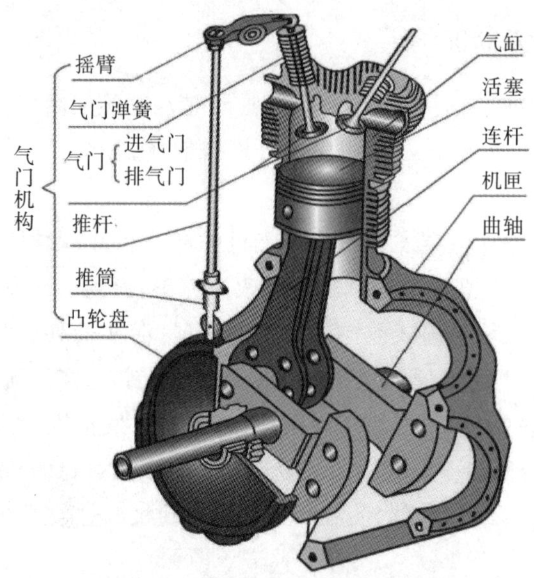

图 2-1-37 活塞式航空发动机的结构

（二）喷气式航空发动机

在喷气式航空发动机时期，航空上广泛应用的是有压气机的空气喷气式航空发动机。在有压气机的空气喷气式航空发动机中，压气机是用燃烧室后方的燃气涡轮来驱动的，因此这类航空发动机又称为“燃气涡轮式航空发动机”。按照燃气发生器出口燃气可用能量利用方式的不同，可以将燃气涡轮式航空发动机分为涡轮喷气式航空发动机、涡轮风扇式航空发动机、涡轮螺旋桨式航空发动机、涡轮轴式航空发动机。

20世纪30年代后期至20世纪40年代初，喷气式航空发动机在英国和德国的诞生，开创了航空事业发展的新纪元。现代涡轮喷气式航空发动机由进气道、压气机、燃烧室、涡轮和尾喷管组成，战斗机的涡轮和尾喷管间还设有加力燃烧室。

涡轮喷气式航空发动机仍属于热机的一种，遵循热机的做功原则：在高压下输入能量，在低压下释放能量。喷气式航空发动机和活塞式航空发动机均包含进气、加压、燃烧和排气四个阶段。不同的是，在活塞式航空发动机中，这四个阶段是分时依次进行的，如图2-1-38所示，而在喷气式航空发动机中，这四个阶段则是连续进行的，气体依次流经喷气式航空发动机的各个部分，对应着活塞式航空发动机的四个工作位置，如图2-1-39所示。

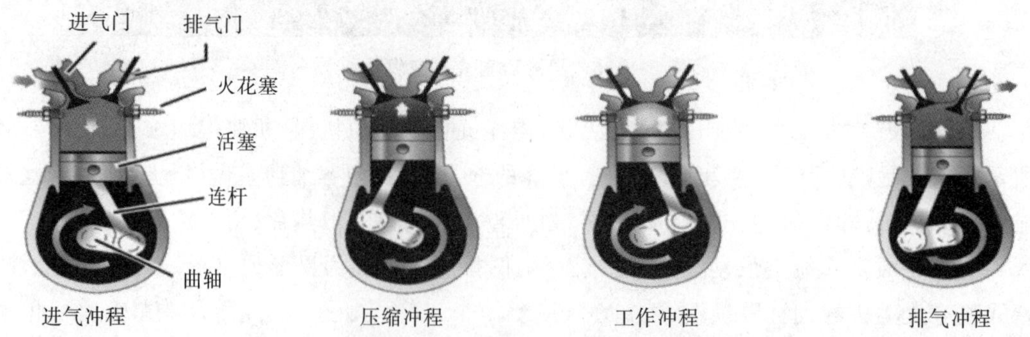

图 2-1-38 活塞式航空发动机的四个冲程

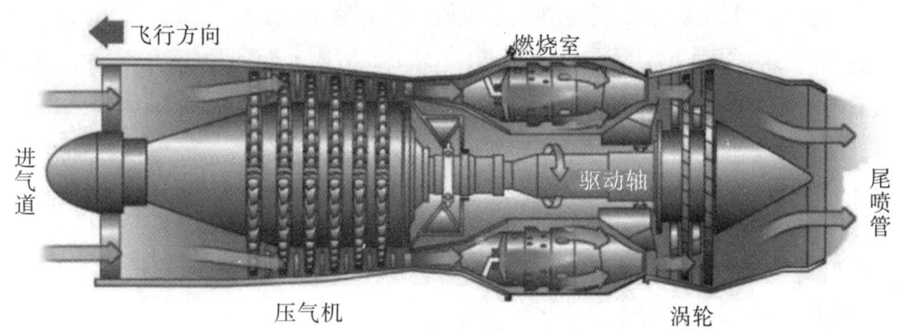

图 2-1-39　喷气式航空发动机的工作示意图

空气首先进入喷气式航空发动机的进气道,当飞机飞行时,可以看作气流以飞行速度流向喷气式航空发动机,飞机飞行的速度是变化的,而压气机能够适应的来流速度有一个范围,因此,进气道通过可调管道,将来流速度进行调整。进气道后方的压气机是专门用来提高气流压力的,空气流过压气机时,压气机的工作叶片对气流做功,增加气流的压力、温度。在亚音速飞行时,压气机是给气流增压的主要部件。

高压气体流入燃烧室与燃油混合燃烧,形成高温、高压燃气。从燃烧室流出的高温、高压燃气,流过与压气机装在同一条轴上的涡轮。燃气的部分内能在涡轮中膨胀,转化为机械能,带动压气机旋转。在涡轮喷气式航空发动机中,气流在涡轮中膨胀所做的功正好等于压气机压缩空气所消耗的功以及传动附件克服摩擦所需的功。经过燃烧后,涡轮前方的燃气能量大大增加,因而在涡轮中的膨胀比远小于在压气机中的压缩比,涡轮出口处的压力和温度都比压气机进口处高很多,喷气式航空发动机的推力就是来源于这一部分燃气的能量。从涡轮中流出的高温高压燃气,在尾喷管中继续膨胀,以高速沿发动机轴从喷口排出,这一速度比气流进入发动机的速度大得多,使发动机获得了反作用的推力。

(三) 辅助动力装置

大中型飞机和大型直升机为了减少对地面(机场)供电设备的依赖,都装有独立的小型动力装置,称为“辅助动力装置”(Auxiliary Power Unit, APU),如图 2-1-40 所示。APU 的主要作用是向飞机独立地提供电力和压缩空气,也有少量的 APU 可以向飞机提供附加推力。

图 2-1-40　辅助动力装置

APU是一个小型的燃气涡轮航空发动机,它为在地面的飞机启动主发动机提供电力和引气(高温高压空气),以及为在地面或者飞行中的飞机的空调系统及用电设备提供电力和引气。APU不产生飞机推力,因此,与主发动机相比,它的燃料消耗量大大减少。一般而言,APU主要在地面使用,在飞机起飞以后便停止工作。但当飞机在飞行过程中遇到发动机故障时,APU可重新启动,向飞机提供气源或电源,为发动机重启提供动力。因此,APU既是保证发动机空中停车后再启动的主要装备,直接影响着飞机飞行安全,又是飞机在地面时为机上人员提供舒适客舱的必要保障。

与APU相关的极为知名的行业新闻,当属2009年全美航空的"哈德逊河上的奇迹"——在起飞时,编号为1549的空客A320飞机遭受鸟击,导致双发失效。当时执飞的萨伦伯格机长利用APU提供的电力成功地控制了飞机,并使飞机安全降落在哈德逊河上,机上155名旅客和机组成员全部生还。

任务实施

○ 课堂活动1

请在图2-1-41中标出飞机各个机体结构的名称,并说出其功能。

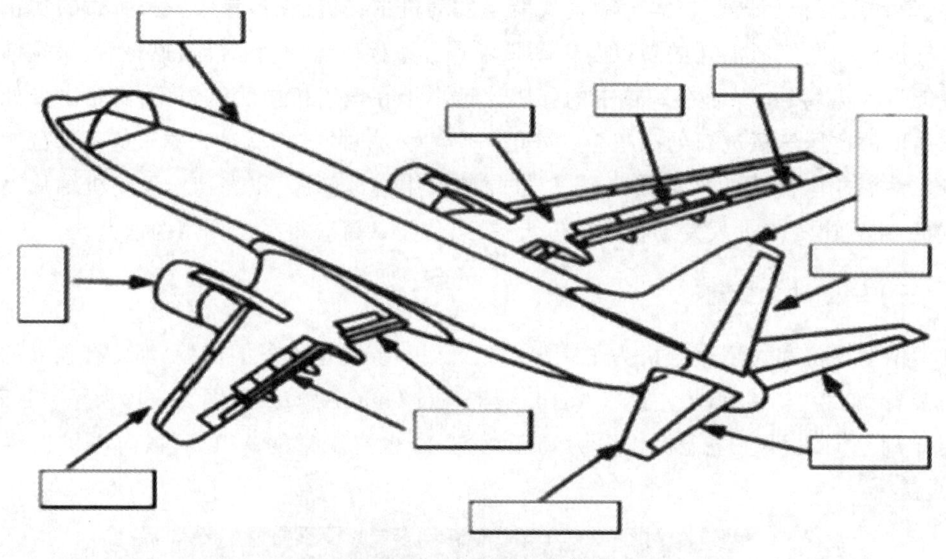

图2-1-41 飞机机体结构图

○ 课堂活动2

观看《萨利机长》电影片段,以小组为单位,讨论分析飞机的动力装置在飞行中起到什么作用?如果飞机单发失效或双发失效,会对飞行安全产生什么影响?

○ 课堂活动3

请查阅相关资料,比较分析波音737-800、空客A320,以及国产大飞机C919机体结构(见图2-1-42)的异同之处。

波音737-800

39.50米

空客A320

airasia.com

37.57米

C919

38.90米

图 2-1-42　三种机型对比

任务评价

评价标准	标准分值	自评得分	互评得分	师评得分
遵守课堂纪律，按要求完成课堂活动	30分			
在课堂活动1中，能够正确标出飞机各机体结构的名称并说出其功能	25分			
在课堂活动2中，能够认真观看电影片段，分析飞机的动力装置在飞行中的作用	20分			
在课堂活动3中，能够查阅相关资料，准确分析几种机型机体结构的不同之处	25分			
得分合计	100分			
总评(自评20%＋互评20%＋师评60%)				

任务拓展

登录中国商飞官网，查阅相关资料，梳理国产大飞机C919的发展历程，以小组为单位进行讨论分析。

任务二　飞机飞行原理

任务描述

本任务主要引导学生了解连续性定理和伯努利定理，掌握飞机飞行的基本原理、飞机飞行的各个阶段及姿态变化，理解飞机的平衡、稳定性和操纵性等与飞行控制有关的基本原理，培养规章意识、安全意识、风险意识、创新意识，树立求真务实、开拓进取的精神，学会团队合作。

知识储备

一、飞机的飞行原理

飞机之所以能够腾空起飞，是因为在飞机快速滑跑的过程中，空气为飞机提供了一个向上的升力，当这个升力大于飞机的重力时，飞机就可以起飞了。飞机的飞行体现了对力学原理的运用。一架飞机停在地面上，它只受到两个力的作用，一个是飞机自身的重力，另一个是地面对它的支持力，其中，重力垂直向下，支持力垂直向上，两个力大小相等、方向相反，因此飞机可以稳稳地停在那里，如图 2-2-1 所示。

图 2-2-1　飞机静止时的受力情况

要想使飞机飞到天上，首先需要克服重力，让飞机脱离地面。这时候就需要用另外一种力来代替地面的支撑力，这个力就是升力。当升力大于重力时，飞机会向上爬升；而当升力与重力相等时，飞机会保持一定的高度。当飞机在空中飞行时，它会同时受到四个方向的力的作用：向下的重力、向上的升力、向前的推力和向后的阻力，如图 2-2-2 所示。

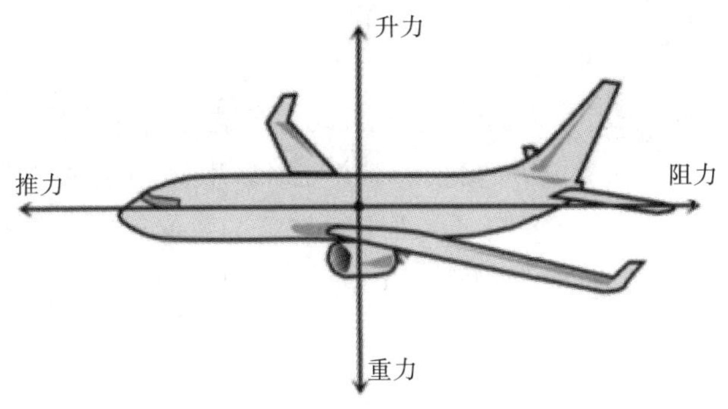

图 2-2-2　飞机处于飞行状态时的受力情况

那么,这个升力是如何产生的呢?为了弄清这个现象,我们首先需要了解流体在运动过程中遵循的两个定理:连续性定理和伯努利定理。

(一)连续性定理

当流体稳定地流过某一管道时,流体将连续不断地在管道中流动,在单位时间内,流过管道的任意横截面处的流体的质量是相等的,如图 2-2-3 所示。

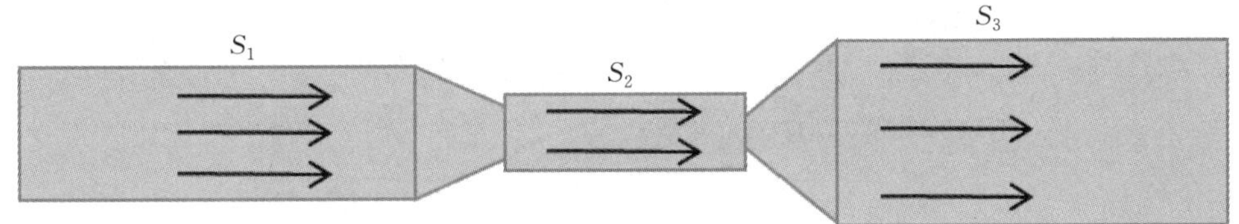

图 2-2-3　连续性定理示意图

假设流体密度为 ρ,图 2-2-3 中三个横截面分别为 S_1、S_2、S_3,单位时间为 t,流体通过这三个横截面的速度分别为 v_1、v_2、v_3,那么,这三个速度之间的大小关系是怎样的呢?

(二)伯努利定理

伯努利定理主要描述流体在流动过程中压强与流速的关系。大气静止时,流体各个横截面的大气压强相同。大气平稳、连续流动时,流速快的地方压强小,流速慢的地方压强大。流体流动过程中,可以通过改变管道横截面的面积获得不同的压强。伯努利定理实验图见图 2-2-4。

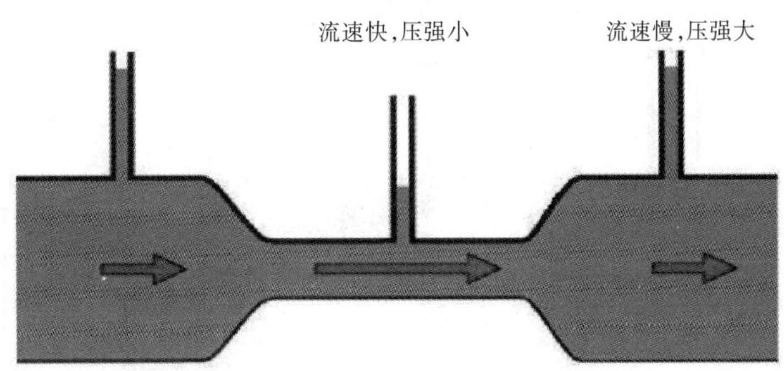

每秒流经管内各处横截面的流体体积相等

图 2-2-4　伯努利定理实验图

（三）飞机升力的产生

飞机快速向前运动时，机翼会切割空气，机翼与空气之间的相互作用会产生升力。机翼剖面有着特殊的形状——它的上方凸起，而下方相对较平，当机翼在空气中运动时，机翼上方空气流动的距离更长，在同样时间里机翼上方气流的速度更快。按照伯努利定理，气流流动的速度越快，它的压强越小，在图2-2-5中，$v_1 > v_2$，因此机翼下方的空气压力大于上方的力，机翼被向上抬升。

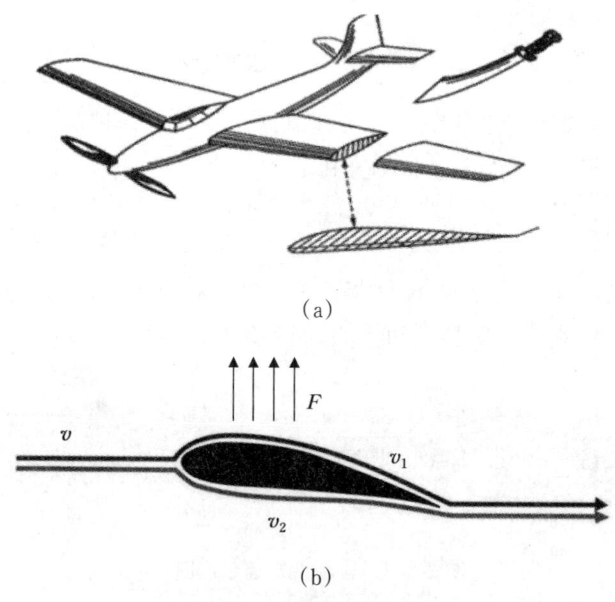

(a)

(b)

图2-2-5　机翼剖面受力

事实上，科学家们通过大量的风洞实验发现，空气团在机翼前端分离后，图2-2-5中机翼上方的气流并不是与下方的气流同时到达的，机翼上方的空气流速是机翼后方低压造成的结果，而不是产生低压的原因。当空气从机翼上表面流过时，它会在机翼表面产生吸附力，这种吸附力使机翼上方的静压力相对较小；而从机翼下方流过的空气团因机翼向上的迎角而产生较大的静压力；空气团在机翼尾端被迫向下压，从而使机翼自身产生与下压方向相反的向上分量，于是机翼被向上抬升，如图2-2-6所示。

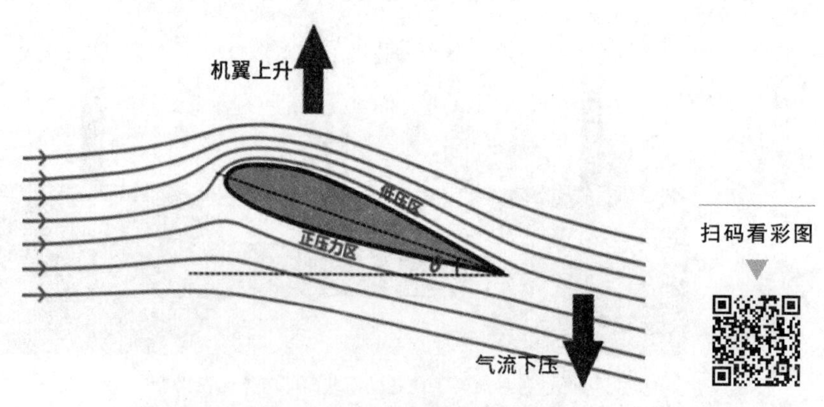

图2-2-6　机翼通过下压空气获得升力

二、飞机的飞行过程

飞机完成一次飞行任务需要依次经过起飞阶段、爬升阶段、巡航阶段、下降阶段、进近着陆阶段。

(一) 起飞阶段

一般而言，飞机由地面静止转向空中飞行的整个过程被称为“起飞阶段”。更准确地说，起飞阶段是指飞机从起飞线(此时飞机相对于地面的速度和高度都为零)开始滑跑，到离开地面并且爬升至安全高度(一般为35 ft左右)为止的加速运动过程，如图2-2-7所示。

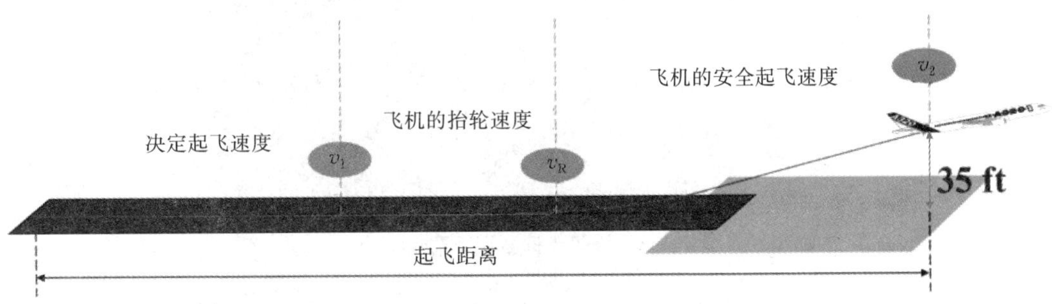

图2-2-7 起飞阶段

一般喷气式飞机的起飞过程包括三个阶段：地面滑跑阶段、抬前轮离地阶段、初始上升阶段。当得到飞机起飞命令以后，飞行员会加大飞机的油门开始滑跑，当滑跑速度达到一定数值(离地速度)时，飞行员向后拉驾驶杆使飞机的迎角增加，这样飞机的升力就随着滑跑速度和迎角的增加而增大。当升力增加到大于飞机的重力时，飞机便开始离开地面。之后，飞机继续加速爬升，当飞机爬升到离地面10—15米时，飞行员便开始收起落架以减小飞行阻力，直至飞机爬升到安全高度，起飞阶段结束。

■ 知识链接

上海虹桥国际机场跑道入侵事件

2016年10月11日，中国东方航空飞行员准备驾驶A320飞机执飞MU5643航班，由上海虹桥国际机场起飞，将147名旅客送往天津。11时54分，A320飞机在晚点了19分钟后，接到塔台指令滑出。12时03分，塔台指挥A320飞机进跑道36L，机组在执行完起飞前检查单之后进跑道。12时04分，塔台指挥A320飞机：跑道36L，可以起飞。

然而，就在A320飞机滑跑速度达到110节(每小时200公里)左右时，机长突然发现有一架A330飞机正准备横穿跑道36L，在让“中间座”询问塔台的同时，机长观察并确认A330飞机正在穿越跑道，此时副驾驶虽做出轻点刹车的动作，但A320飞机速度已达130节(每小时240公里)，接近抬轮速度，这时只有加速起飞才可能避免与A330相撞，机长最终决定以最大推力带杆起飞。

这架A330飞机为中国东方航空MU5106航班，载着266名旅客从北京飞抵上海，得到空管指令穿越跑道前往航站楼停靠。就在穿越36L跑道过程中，MU5106航班机组也发现有飞机正在滑跑起飞，便立即加速滑行以尽快脱离跑道。最终，中国东方航空A320飞机从A330飞机上空飞越，如图2-2-8所示。后续飞行正常，413名旅客与26名机组成员成功脱险。

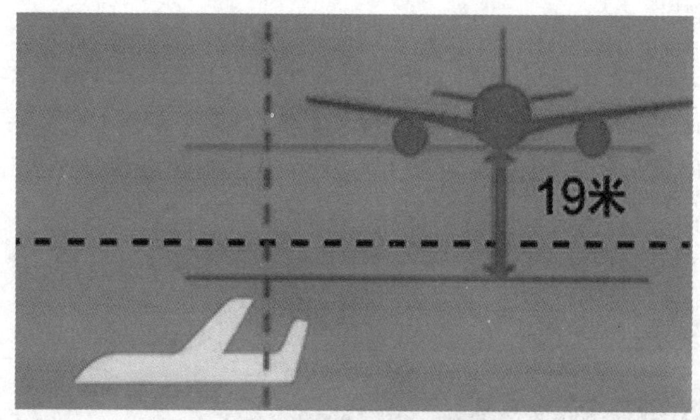

图2-2-8 两架飞机垂直距离仅19米

决定起飞速度，即v_1，对飞机起飞过程极为重要，标准操作程序中规定：即使单发失效或出现其他影响因素，也必须将飞机拉起来，否则会造成冲出跑道等严重后果。当飞机速度超过决定起飞速度以后，绝对不可以中断起飞，无论什么故障都要继续起飞，否则剩余跑道不足以使飞机停下，飞机会冲出跑道并造成事故。若飞机遇到严重故障，可以在起飞后调转方向，从起飞跑道上紧急降落，飞行员具备使飞机紧急调转的能力。

空客A320的抬前轮速度为3°/s，若机组执行过慢的抬轮速度，会降低飞机的起飞性能，增加起飞距离；若机组执行过快的抬轮速度，将存在擦机尾的风险。

（二）爬升阶段

爬升阶段也称为“上升阶段”，是飞机获得高度的最基本方法。

飞机的爬升有两种方式：第一种是以固定的仰角持续爬升，直到到达指定高度，这种方法的优点是节省时间，但其发动机的消耗较大，且耗油快；另一种方式是在飞机爬升到一定高度后，水平加速飞行，再爬升到下一个高度，这种方法虽然耗时，但其发动机的消耗小，且能节约燃料。

（三）巡航阶段

在巡航阶段，飞机的升力与重力平衡，保持高度不变，发动机推力与空气阻力平衡，保持匀速飞行，如图2-2-9所示。民航客机的巡航高度一般为1万米左右，可以根据机型、环境、飞行距离等进行调节，巡航阶段一般使用自动驾驶，短航线客机巡航高度为6000—9600米，长航线客机巡航高度为8000—12600米。

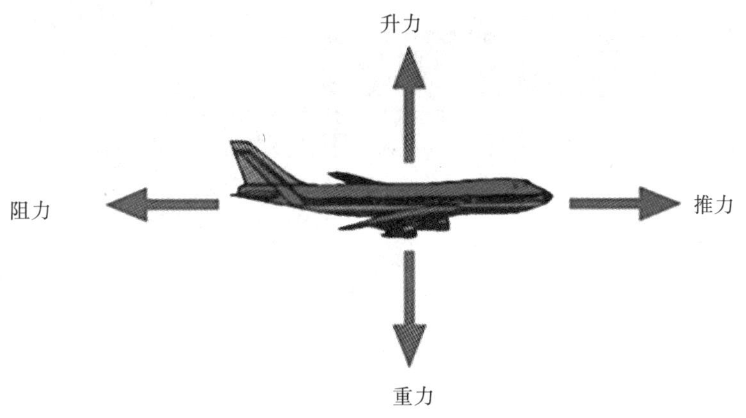

图 2-2-9 巡航阶段飞机的受力分析

(四) 下降阶段

下降阶段是指在降落前半小时，飞行员从巡航高度下降到进近着陆之前的过程，下降阶段的高度一般为1500英尺(ft)[①]。

(五) 进近着陆阶段

飞机在机场或指定空域下降到一定高度时，经管制员许可，采取进近着陆程序，继续减速下降、放下襟翼、放下起落架，降落机场滑跑，直至完全停止运动的整个过程，称为“进近着陆阶段”，如图2-2-10所示。

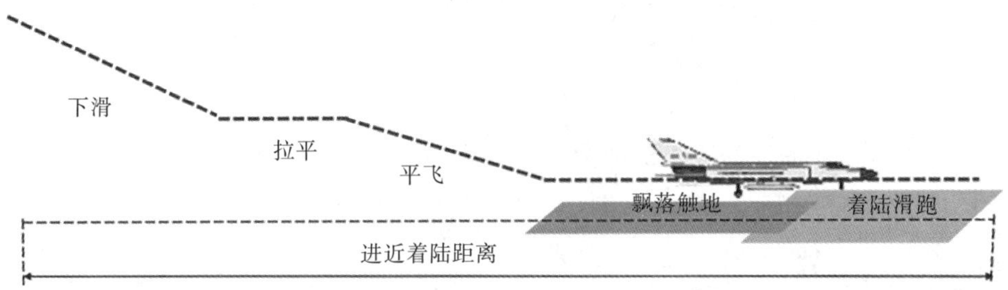

图 2-2-10 进近着陆阶段

当飞机准备降落时，飞行员将起落架放下，使飞机开始以稳定的速度沿一条近乎斜直线的航迹下滑。当飞机下滑到离地面6—12米时，飞行员向后拉驾驶杆，增大迎角，使飞机进入拉平阶段。随后飞机的航迹逐渐转为水平，同时速度逐渐减小，而后进入平飞阶段。在平飞阶段，为了使飞机在速度减小的情况下保持水平飞行，飞行员会继续增大迎角，而飞行速度会进一步减小。当迎角增加到不能再增加时，飞机在重力的作用下逐渐下沉，开始进入飘落阶段。当飞机飘落至起落架的主轮触地时，飞机便开始在地面滑跑，飞行员在这一阶段会操纵刹车和减速装置继续减速，直至飞机完全停下来。

---

①1英尺≈0.30米。

三、飞机的平衡、稳定性与操纵性 

飞行员在民航飞机的飞行过程中，会对飞机的姿态进行一定的调整，以改变飞机的航行高度和航向。飞机的三条轴线分别为横轴、纵轴、立轴，在研究飞机的姿态时，可以从这三条轴线着手，如图2-2-11所示。

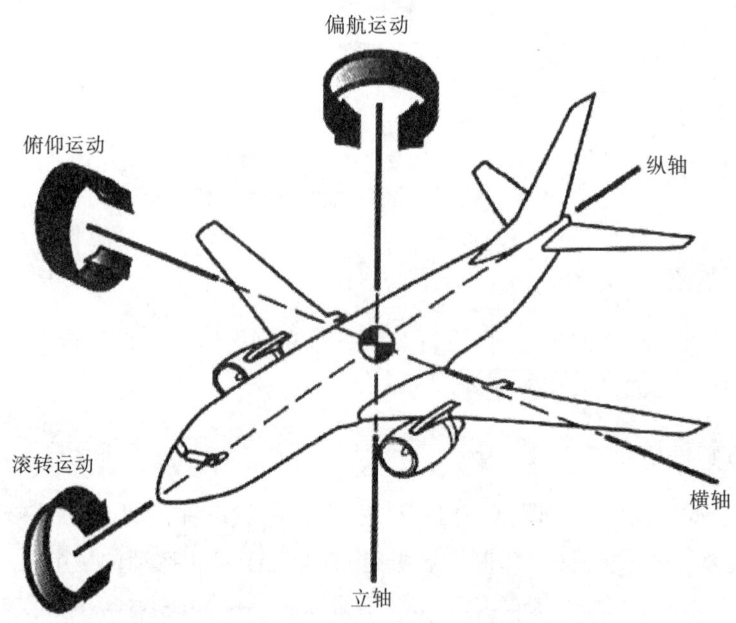

图2-2-11　飞机的三条轴线

（一）飞机的平衡

飞机的平衡主要表现为飞机的外力平衡和力矩平衡。外力平衡可使飞机保持匀速直线运动；力矩平衡可使飞机保持姿态不变。飞机俯仰平衡示意图见图2-2-12。

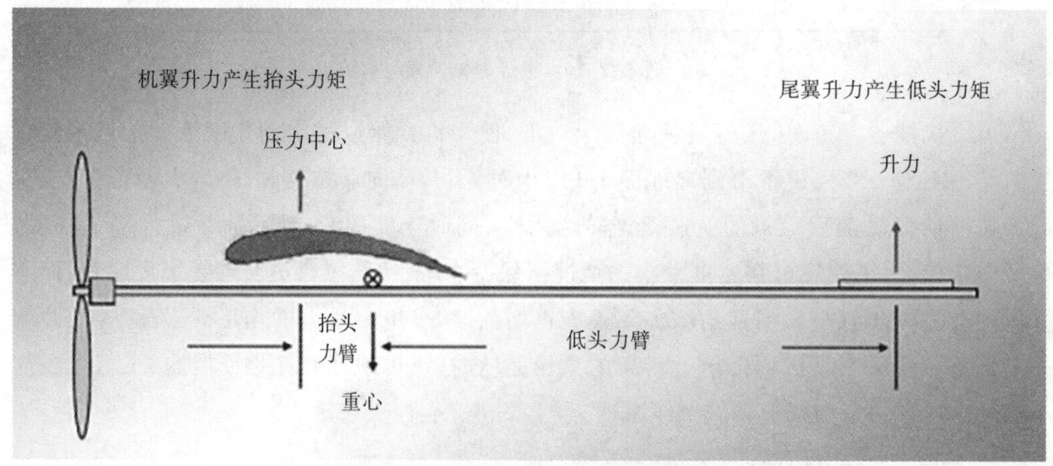

图2-2-12　飞机俯仰平衡示意图

(二)飞机的稳定性

在飞行中,飞机的飞行状态经常会受到各种各样的扰动的影响(如阵风、发动机工作不均衡、舵面的偶然偏转等),在扰动的影响下,飞机将偏离原来的飞行状态。飞机若能自动将偏离修复,恢复到原有的平衡状态,而不需要人为修正,则称"飞机是稳定的"或"飞机具有稳定性"。可以看出,稳定性好的飞机其操纵性要差一些,而操纵性好的飞机其稳定性就要差一些,因此,设计师会根据不同飞机的需求来对二者做出取舍。大型飞机和民用客机的稳定性要求相对较高,军用飞机对操纵性的要求较高。

一般来说,运动系统中的稳定性包括三种状态:稳定、随遇稳定和不稳定。小球的三种平衡状态如图 2-2-13 所示。

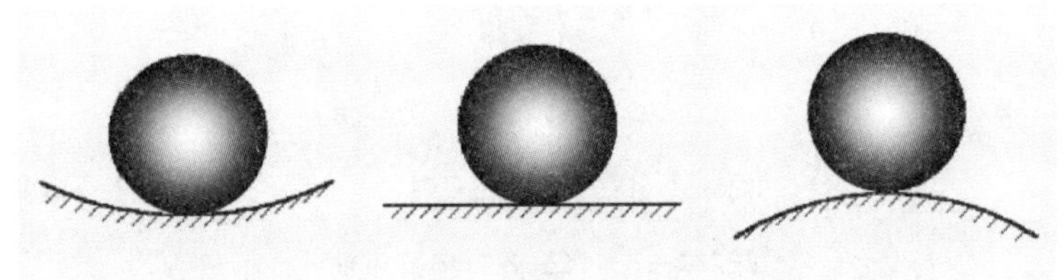

图 2-2-13 小球的三种平衡状态

1 俯仰稳定性

飞机绕横轴的稳定性称为"俯仰稳定性",也称"纵向稳定性",如图 2-2-14 所示。

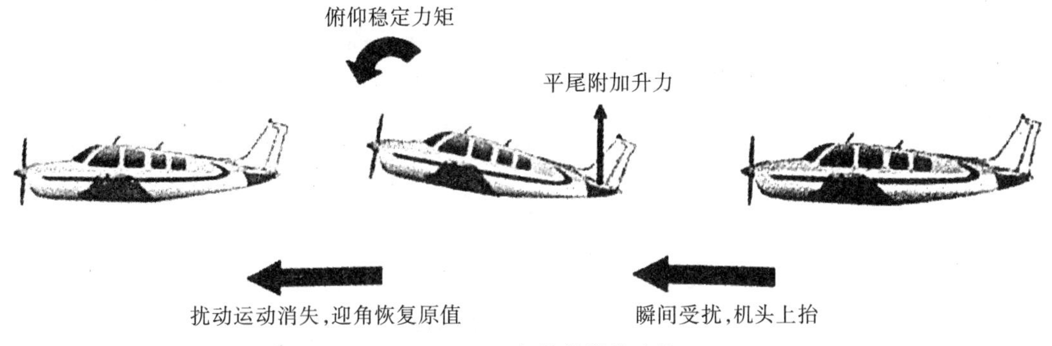

图 2-2-14 飞机的俯仰稳定性

2 方向稳定性

飞机绕立轴的稳定性称为"方向稳定性"或"偏航稳定性",如图 2-2-15 所示。在某些情况下,飞机的纵轴与飞行方向不一致,这样的飞行状态被称为"侧滑"。纵轴与飞行方向的夹角叫作"侧滑角"。飞机侧滑状态与汽车漂移时的情况类似,是指机头方向与运动方向不一致的状态。飞机的方向稳定性主要在垂直尾翼上产生。在飞机受到扰动后,方向平衡被破坏,飞机的侧滑角产生。此时相对气流直接作用于垂直尾翼,垂直尾翼受到空气动力的影响,产生与偏航方向相反的力,使飞机逐渐恢复至初始航向。

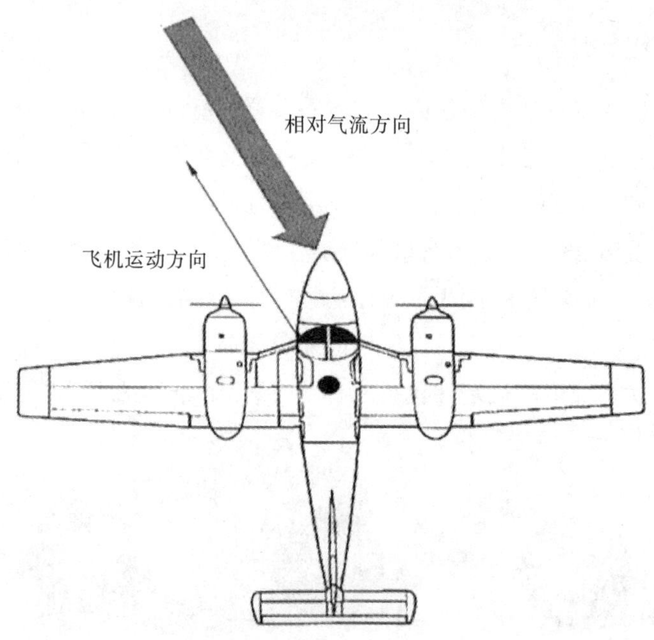

图 2-2-15　飞机的方向稳定性

3 横向稳定性

飞机绕纵轴的稳定性称为“横向稳定性”,如图 2-2-16 所示。横向稳定性能够帮助飞机在受到扰动后自动修复坡度的变化,横向稳定性的大小主要取决于机翼的上反角、后掠角和垂直尾翼等的大小。飞机在受到扰动影响后出现坡度变化,导致两侧机翼高度不同。飞机受干扰产生坡度,升力与重力形成侧向合力,导致飞机侧滑。飞机侧滑后,两翼的迎角值会发生变化,从而导致两翼的升力力矩不同,进而使飞机姿态摆正。

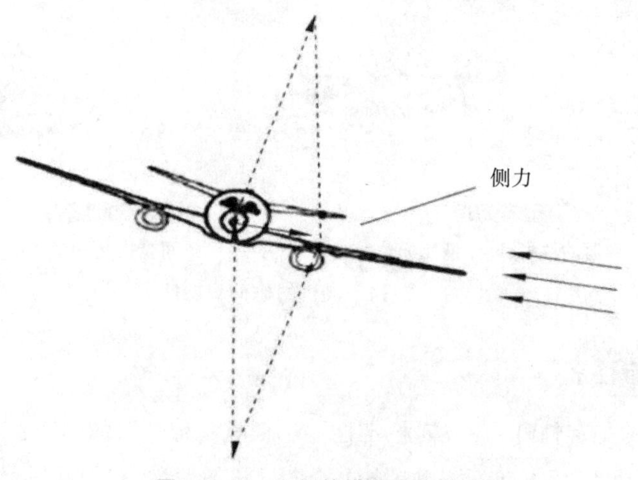

图 2-2-16　飞机的横向稳定性

(三) 飞机的操纵性

飞机的操纵性是指飞行员可以通过操纵升降舵、方向舵和副翼来改变飞机的飞行状态。飞机的操纵性与飞机的稳定性之间存在一定的联系:飞机的稳定性越强,飞机的飞行状态就越不容易被改变，飞机的操纵性就相对较弱；操纵性好的飞机具有操纵动作简单、省力的特点，飞机对飞行员的操纵动作反应快速。下面分别从俯仰操纵性、方向操纵性、横向操纵性三个方面进行介绍。

1 俯仰操纵性

俯仰操纵性是指飞行员操纵驾驶盘使升降舵发生偏转后，飞机绕横轴转动从而改变其迎角等飞行状态的特性，如图 2-2-17 所示。

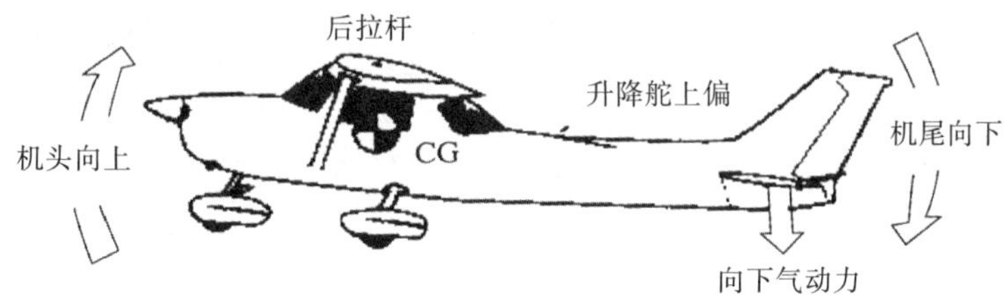

图 2-2-17 飞机的俯仰操纵性

2 方向操纵性

方向操纵性是指飞行员踩踏板、操纵方向舵后，飞机绕立轴偏转从而改变其侧滑角等飞行状态的特性。

3 横向操纵性

横向操纵性是指飞行员操纵副翼后，飞机绕纵轴转动从而改变其滚转角速度、坡度等飞行状态的特性。

任务实施

○ **课堂活动 1**

试着如图 2-2-18 所示，用嘴对两张平行放置的 A4 纸吹气，看看这两张纸会发生什么变化。可以用哪种原理来解释这种现象呢？

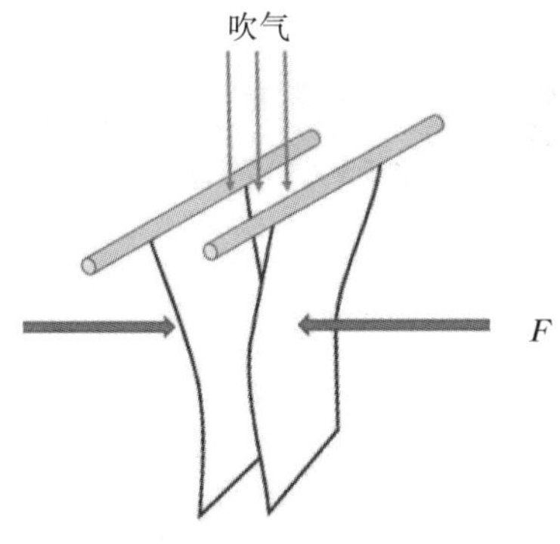

图 2-2-18 小实验

○ **课堂活动 2**

根据所学知识，在以下飞行轨迹图（见图 2-2-19）中填写各阶段的名称。

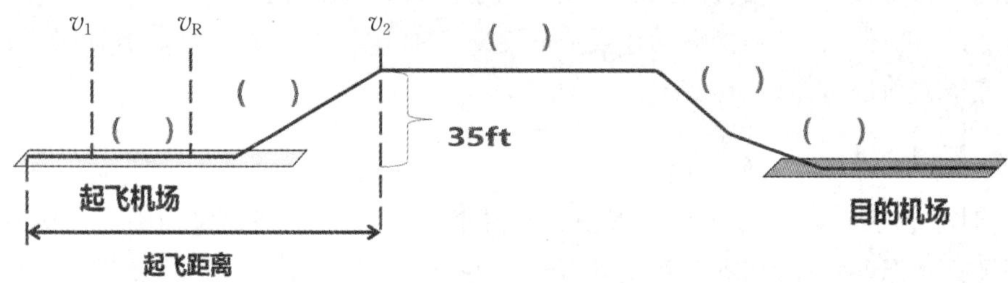

图 2-2-19 飞行轨迹图

○ **课堂活动3**

请选取一段飞常准App上的真实航班数据，分析此飞机所处的飞行阶段，并将飞行轨迹图重现。

任务评价

评价标准	标准分值	自评得分	互评得分	师评得分
遵守课堂纪律，按要求完成课堂活动	30分			
在课堂活动1中，能独立完成小实验并解释相关现象的原理	20分			
在课堂活动2中，能正确填写飞机飞行过程各阶段的名称	25分			
在课堂活动3中，能根据真实航班数据，独立完成对飞机所处的飞行阶段的分析，得出准确结论	25分			
得分合计	100分			
总评（自评20%＋互评20%＋师评60%）				

任务拓展

请查阅相关资料，分析国产大飞机C919试飞过程与航线飞行过程的区别与联系。

任务三 飞机系统

任务描述

飞机系统对于飞机正常、安全运行至关重要。飞机系统不仅涵盖飞机的各个物理组成部分，还包括与飞机相关的电子系统和机械系统。这些系统相互协作，构成了一个复杂而精密的网络，使飞机能够从设计图纸上的概念转变为现实世界中的交通工具，完成其在天空中的使命。本任务通过对飞机各大系统进行介绍，引导学生了解飞机系统的基本组成及功能。

知识储备

一、航空仪表系统

飞行仪表是飞机性能参数和导航参数的显示窗口,可为飞行员提供驾驶飞机所需的飞行参数、导航数据及飞机系统状态等信息。随着航空电子综合化发展,现代民用飞机的座舱仪表系统逐渐向电子飞行仪表系统(EFIS)过渡,先进的智能液晶显示器逐渐取代原有的分离机电式仪表,为飞行员提供全新的人机界面,因此,对飞行员操作程序(POP)的评估也成为民用飞机顶层设计的重要环节,以实现最佳的人机功效。民用航空飞行仪表系统主要由仪表、显示控制系统组成。

飞机驾驶舱的六个基本仪表包括空速表、姿态仪、高度表、转弯侧滑仪、航向仪、升降速度表,如图 2-3-1 所示,这些仪表一般呈 T 形分布,飞行员靠这六个仪表,能够基本实现对飞机的操作与监控。

图 2-3-1　飞机仪表图

(一) 空速表(Airspeed Indicator)

空速表(见图 2-3-2)指示飞机相对于空气的速度(空速)的大小,单位为海里/小时,也称"节"(kn)。在实际飞行中,飞行员主要参考这个表来确定飞机的速度,在跟塔台或者管制员交流时,一般说飞机多少节,即每小时多少海里。1kn=1n mile/h=1.852 km/h。

扫码看彩图

图 2-3-2　空速表

(二)姿态仪(Attitude Indicator)

姿态仪(见图2-3-3)指示飞机滚转角(坡度)和俯仰角的大小,由固定的横杠或小飞机和人工活动的天地线背景组成,参照横杠与人工活动的天地线的相对姿态模拟了真实飞机与实际的天地线的相对姿态。飞机在空中是一个三维的状态,有着俯仰、偏转、滚转三种运动,姿态仪就是指示这三种运动的仪表,参考这个仪表,飞行员可以了解飞机此时是上升还是下降、是左转弯还是右转弯等。

扫码看彩图

图2-3-3 姿态仪

(三)高度表(Altitude Indicator)

高度表(见图2-3-4)指示飞机相对于某一气压基准面的气压高度,单位为英尺(ft),1米约等于3.28英尺。拨动气压旋钮可以选择基准面气压,基准面气压的单位通常为英寸汞柱(inHg)和百帕(hPa)。当基准面气压设定为标准海平面气压29.92 inHg(1013.2 hPa)时,高度表读数即标准海压高度。高度表的长指针、短指针、细指针每走一个数字分别代表100 ft、1000 ft、10000 ft。在中国实际飞行中,飞行员与管制员之间是以"米"为单位来交流气压高度的,因此飞行员要先把"米"换算成"英尺",再输入飞机气压高度指令。

扫码看彩图

图2-3-4 高度表

(四)转弯侧滑仪(Turn Coordinator)

转弯侧滑仪(见图2-3-5)指示飞机的转弯速率和侧滑状态,其中,可以转动的小飞机指示转弯时角速度的大小和近似坡度,可以左右移动的小球指示飞机的侧滑状态。仪表上面"2 MIN"的意思是飞机以标准角速度3°/s转弯,这时飞机转360°需要2分钟。

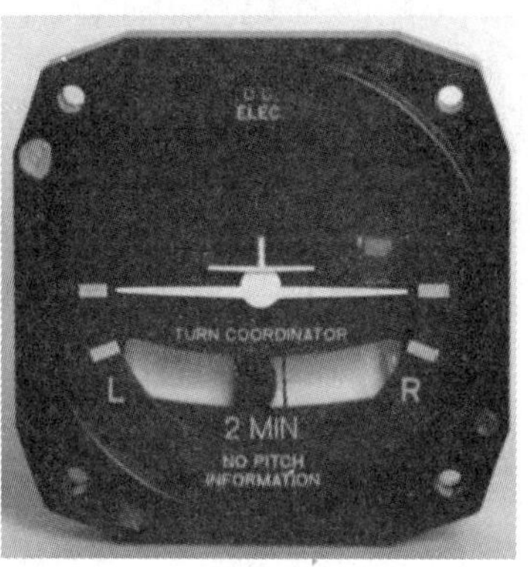

扫码看彩图

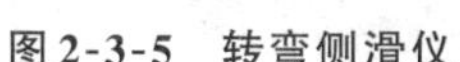
图 2-3-5 转弯侧滑仪

(五) 航向仪(Heading Indicator)或水平状态指示器(HIS)

航向仪(见图 2-3-6)指示飞机的航向,引导飞机向正确的方向飞行,由固定的航向指针和可以转动的表盘组成。HIS 为较高级别的仪表形式,除了可以提供航向仪的所有功能,还可应用于 VOR 导航和仪表着陆系统(ILS)。

扫码看彩图

图 2-3-6 航向仪

(六) 升降速度表(Vertical Speed Indicator)

升降速度表(见图 2-3-7)指示飞机的垂直(上升或下降)速度的快慢,单位为英尺/分钟(ft / min)。例如,有时候飞行员收到指令要快速上升,那么上升率就会高一些。

扫码看彩图

图 2-3-7 升降速度表

二、飞行管理系统 

飞行管理系统(FMS)是现代客机的航空电子设备的基本组成部分,是专业的电脑系统,可以实现各种飞行任务的自动化,减少人工工作负载,使得现代民用飞机机组不用再配备飞行工程师或导航器。FMS的主要功能是管理空中飞行计划,经常使用各种传感器(如GPS和INS支持无线电导航)来确定飞机的位置,FMS可以为飞机飞行提供引导。驾驶舱的FMS通常通过小屏幕和键盘或触摸屏来进行控制。

三、飞行数据记录系统 

(一)飞行数据记录器

飞机黑匣子(见图2-3-8)由飞行数据记录器(FDR)和舱音记录器(CVR)组成。FDR可以记录多种飞行信息,包括飞行姿态、飞行轨迹(航迹)、飞行速度、加速度、经纬度、航向、起落架状态、发动机工作参数等。FDR可保留25小时以上的飞行数据,由于存储介质的容量限制,FDR采用循环记录的工作机制,超过存储容量的数据将覆盖最先存储的数据,只保留最近的时间周期内的历史数据。FDR记录的这些数据主要用于在事故调查时进行情景重现,并可为维修定检时飞机和发动机的视情维修提供重要的参考信息。CVR记录飞机上的各种语音通话,仪器上的四条音轨分别记录驾驶员与航空管制员的通话,正、副驾驶员在驾驶舱内的对话,驾驶员、空服员对旅客的广播,以及驾驶舱内的各种声音(包括各种警报器发出的声音)。

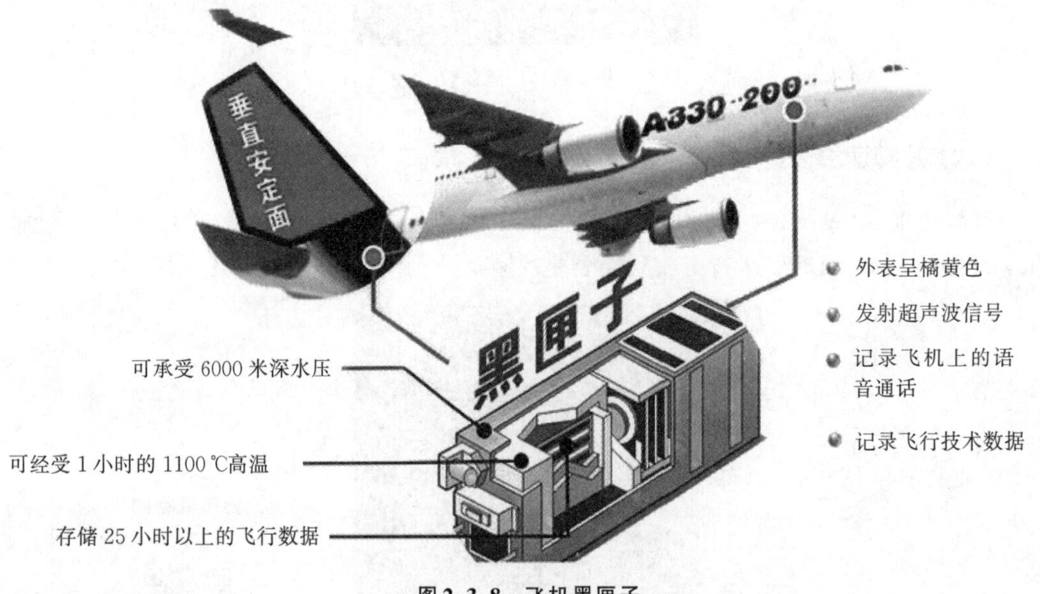

图2-3-8　飞机黑匣子

航空器的机尾部分在事故中不容易损坏,因此,FDR大多安装在飞机尾部,且不易拆卸。FDR具有极强的抗破坏性,包括极强的抗火、耐压、耐冲击振动、耐海水(或煤油)浸

泡、抗磁干扰等能力,保证飞机在发生事故后依然能准确读取其FDR中的数据信息。

FDR在飞机发生事故后可发射定位信号,发射的定位信号在陆地上会比较强,能够达到十几公里的范围,但在海面上或水中则会受到很大影响,水的阻碍在极大程度上削弱了其发射的定位信号的强度。

(二) QAR

QAR是Quick Access Recorder的缩写,意为"快速存取记录器",主要用于满足飞机的日常机务维护、飞行检查、性能监控、飞行品质监控等需要。在FDR的强制性参数基础上,QAR扩大了记录参数的范围,存储介质便于拆装,不带保护装置。早期的QAR设备普遍属于MO光盘或PCMCIA卡等存储介质类型,需要在航行结束后由维护人员拆换存储介质。近年来,随着无线传输技术的发展,无线快速存取记录器(WQAR)得到广泛的应用。WQAR在空中像普通固态QAR一样工作,把飞行数据记录到内置的PCMCIA卡的固态缓存中,飞机落地关车后,WQAR首先对数据进行压缩、加密,再通过地面通信网络自动将数据发送到航空公司的WQAR地面基站。

四、告警系统

机载告警系统(Aircraft Alerting System)是指向空勤人员通告机上各系统(包括动力装置)的告警信息、飞机外部环境的威胁告警信息,以及他们危及飞行安全的紧急程度的装置。该系统还可进一步分为机载激光告警系统和机载红外告警系统。机载告警系统一般由视觉告警装置、听觉告警装置和触觉告警装置(如失速告警系统等)组成。

现代民航机载告警系统也通过颜色、位置编码等形式来表示紧急程度。综合告警系统一般以视觉信息为主,以听觉信息为辅,少用触觉信息。全系统的视觉与听觉信号的起动或复位时间应一致,其时间差以不超过0.5秒为宜;全系统发光装置的亮度与颜色的均匀度要好并能调节;对各告警装置自身信号出现的优先顺序应预编程,并由计算机控制和管理。

五、液压系统

飞机液压系统是指飞机上以油液为工作介质,靠油压驱动执行机构完成特定操纵动作的整套装置。为保证液压系统工作可靠,特别是提高飞行操纵系统的液压动力源的可靠性,现代飞机上大多装有两套(或多套)相互独立的液压系统,即公用液压系统和助力(操纵)液压系统。

公用液压系统主要用于起落架、襟翼和减速板的收放,前轮转弯操纵,驱动风挡雨刷和燃油泵的液压马达等,此外,还用于驱动部分副翼、升降舵(或全动平尾)和方向舵的助力器。

助力(操纵)液压系统仅用于驱动上述飞行操纵系统的助力器和阻尼舵机等,助力液压系统本身也可包含两套独立的液压系统。

为进一步提高可靠性,液压系统中还并联有应急电动油泵和应急风动泵,当飞机发动机发生故障使得液压系统失去能源时,可利用应急电动油泵或应急风动泵使液压系统继续工作。

六、座舱环境控制系统

现代客机广泛采用增压密封舱，这些增压密封舱一般包括驾驶舱、客舱、设备舱及货舱等。飞机座舱环境控制系统的基本任务包括：在各种不同的飞行状态和外界条件下，使飞机的驾驶舱、客舱、设备舱及货舱具有良好的环境参数，以保证驾驶员和旅客的工作条件和生活环境正常，确保设备正常工作、货物安全。飞机座舱环境参数主要是指座舱空气的温度、压力和压力变化率，还包括空气的流速、湿度、清洁度，以及噪声等。为保证座舱内部条件良好，应使这些参数维持在规定范围内，因而必须通过各种机械装置和自动控制装置以及安全保护指示设备，采取相应的技术措施。

随航空技术的发展和民用飞机的现代化、大型化，飞机座舱环境控制系统变得越来越重要，其性能也在逐渐完善，变得更为先进。座舱环境关系到机上人员的工作条件和生命安全，需要引起足够的重视，此外，提升座舱环境的舒适度有利于提升飞机的客座率。

七、电气系统

飞机的电气系统是对飞机供电系统和用电设备的总称，由供电系统、配电系统、用电系统三个子系统组成。

供电系统又称“电源系统”，主要为飞机上各种用电设备提供电源。机上供电使用单线制，即使用一条导线供电，回路由金属机身作为地线，控制开关使用电子式或电磁式，使得整个系统安全可靠，并能减轻一定的重量。即便如此，一架大型飞机的导线重达上百公斤。

配电系统亦称“飞机配电线路系统”，包括由导线组成的电网、各种配电器件及监控、检查仪表。

用电系统包括电动机、仪表、照明系统、加热设备。电动机用来起动发动机，操纵控制面，为液压机构提供动力源。仪表（如专门保护设备和应急供电备用系统等）用电是机上用电要求最高的，要求供压稳定。照明系统包括机上各种照明设备，主要用于满足机内操作和夜间航行时机外灯光的各种需要。加热设备主要用于防冰和厨房食品加温。加热用电占飞机总发电量的一半以上。随着飞机的不断发展，机载电子设备和电力传动装置不断增加，机上用电量大大增加，电气系统在保障飞机性能和安全方面起着重要的作用。

八、燃油系统

飞机的燃油系统（见图 2-3-9）的功用是储存燃油，并保证在规定的任何状态（如各种飞行高度、飞行姿态等）下，均能按发动机所要求的压力和流量向发动机持续不间断地供油。此外，燃油系统还可以完成冷却机上其他系统、平衡飞机、将飞机重心维持在规定的范围内等附加功能。燃油系统需要符合的要求包括:运作可靠且精确、寿命长、具有防火安全性、重量轻、外廓尺寸小、结构简单、维护修理方便、生产工艺性好等。

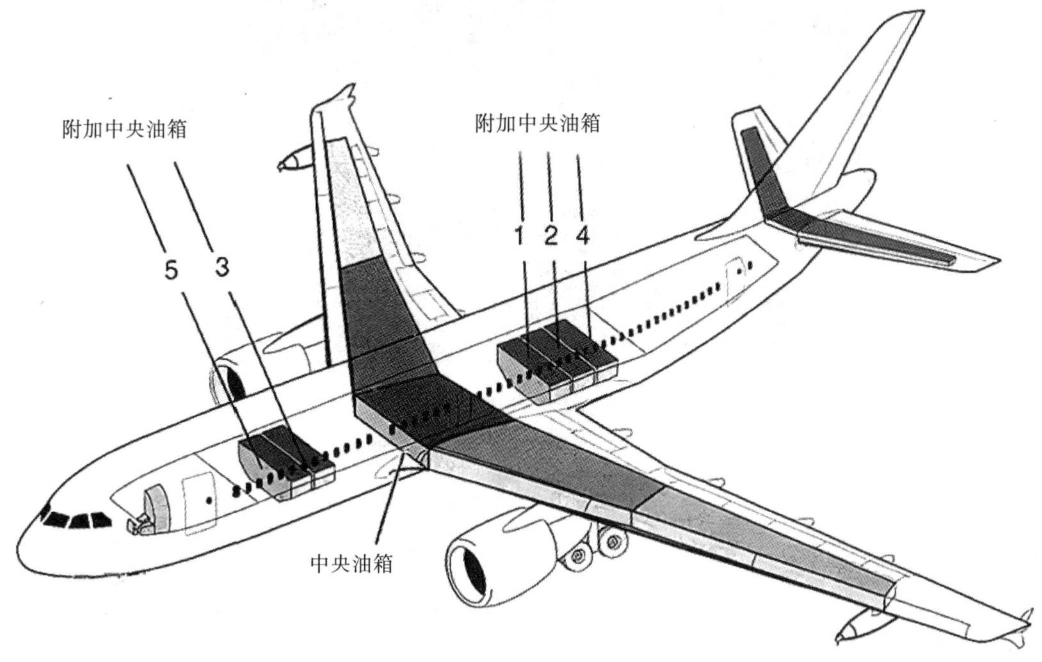

图 2-3-9 飞机的燃油系统

飞机的燃油系统又称"外燃油系统",因为发动机上还有一套系统将燃油输送到燃烧室,后者称为"内燃油系统"。"飞机的心脏"——发动机依靠燃油燃烧产生的热量做功,推动飞机飞行。燃油是飞机的能源,燃油系统是飞机能源的供应系统。

九、防冰、排雨系统

飞机在高空飞行时,若外界温度较低,容易发生关键部件结冰的现象,为防止结冰造成严重后果,飞机上的相关部件会安装防冰、排雨装置。飞机防冰、排雨系统的主要作用是防止飞机的某些关键区域或部件结冰,并且在雨天飞行时,保证驾驶舱风挡干燥,使其不会妨碍驾驶员的视线。

飞机的防冰区域主要包括:大翼前缘(缝翼)、发动机前缘整流罩、大气数据探头、驾驶舱风挡、水管及排水管。飞机的排雨区域主要是指驾驶舱风挡(一号风挡,即驾驶舱正前方的两块风挡)。

任务实施

○ **课堂活动 1**

相较于空客 A320、波音 737,C919 驾驶舱(见图 2-3-10)仪表系统的设计优势在哪里?

图 2-3-10 C919 驾驶舱

扫码看彩图

○ **课堂活动 2**

请扫码查看视频，仔细辨别视频中波音飞机系统的警报声并做出相应的解释。

○ **课堂活动 3**

请扫码登录教学网站，通过 VR 系统观察空客 A320 的液压系统组成，以小组为单位进行讲解。

任务评价

评价标准	标准分值	自评得分	互评得分	师评得分
遵守课堂纪律，按要求完成课堂活动	30分			
在课堂活动 1 中，能够说出 C919 驾驶舱仪表系统相较于空客 A320、波音 737 的设计优势	25分			
在课堂活动 2 中，能够认真观看视频，正确辨识飞机警报	20分			
在课堂活动 3 中，能够认真观察并正确识别空客 A320 液压系统的组成零部件	25分			
得分合计	100分			
总评（自评 20%＋互评 20%＋师评 60%）				

任务拓展

阅读文件《C919飞机用于机场计划的飞机特性手册(ACAP)》,了解C919飞机各系统的组成及特点。

任务四 航线飞机

任务描述

飞机的发展历史是一段充满激情和创新的历史。从莱特兄弟时代起,飞机带给人类无尽的遐想,承载着人类的梦想。持续的科技创新和航空产业的不断发展,使得飞机将继续在人类社会中扮演着重要角色。本任务重点讲解飞机的分类及主要机型等知识。

知识储备

飞机是20世纪初极为重大的发明之一,公认发明者为美国的莱特兄弟。他们在1903年12月17日进行的飞行作为"第一次重于空气的航空器进行的受控的持续动力飞行",被国际航空联合会(FAI)所认可,同年他们创办了莱特飞机公司。自发明以后,飞机日益成为现代文明发展不可缺少的工具,它深刻改变了人们的生活,开启了人们征服蓝天的历史。

一、飞机的分类

(一) 按照用途分类

按照用途的不同,可以将飞机分为军用机和民用机两大类。军用机是指用于各个军事领域的飞机,而民用机则泛指一切非军事用途的飞机,如旅客机、货机、农业机、运动机、救护机、试验研究机等。

1 军用机

(1) 歼击机。

歼击机又称"战斗机",在第二次世界大战以前被称为"驱逐机",其主要用途是与敌方歼击机进行空战,争夺制空权,还可以在作战中拦截敌方的轰炸机、强击机和巡航导弹。图2-4-1为歼-20战斗机。

图2-4-1　歼-20战斗机

(2)强击机。

强击机又称“攻击机”,其主要用途是从低空和超低空对地面(水面)目标(如防御工事、地面雷达、炮兵阵地、坦克舰船等)进行攻击,直接支援地面部队作战。图2-4-2为强-5攻击机。

图2-4-2　强-5攻击机

(3)轰炸机。

轰炸机是指从空中对敌方前线阵地、海上目标以及敌后的战略目标进行轰炸的军用飞机,按照任务的不同可进一步分为战术轰炸机和战略轰炸机两种。图2-4-3为轰-6K。

图2-4-3　轰-6K

(4) 侦察机。

侦察机是指在作战中专门进行空中侦察、搜集敌方军事情报的军用飞机，按照任务的不同可以进一步分为战术侦察机和战略侦察机两种。

(5) 运输机。

运输机是指专门执行运输任务的军用飞机。

(6) 预警机。

预警机是指专门用于空中预警的飞机。

(7) 其他军用飞机。

其他军用飞机包括电子干扰机、反潜机、教练机、空中加油机、舰载飞机等。

2 民用飞机

民用飞机除了客机和运输机，还有农业机、森林防护机、航测机、医疗救护机、游览机、公务机、体育机、试验研究机、气象机、特技表演机、执法机等，如图 2-4-4 至图 2-4-7 所示。

图 2-4-4　C919 国产大型客机

图 2-4-5　顺丰货运飞机

图 2-4-6　农业喷洒飞机

图 2-4-7　森林灭火飞机

（二）按照机翼数量分类

按照机翼数量的不同，可以将飞机分为单翼机、双翼机和多翼机，如图 2-4-8 至图 2-4-10 所示。

图 2-4-8　单翼机

图2-4-9　双翼机

图2-4-10　多翼机

(三)按照机翼位置分类

按照机翼位置的不同,可以将飞机分为下单翼机、中单翼机和上单翼机,如图2-4-11至图2-4-13所示。

图2-4-11　下单翼机

图 2-4-12　中单翼机

图 2-4-13　上单翼机

(四) 按照机翼形状分类

按照机翼形状的不同,可以将飞机分为平直翼机、后掠翼机、前掠翼机和三角翼机,如图 2-4-14 至图 2-4-17 所示。

图 2-4-14　平直翼机

图2-4-15 后掠翼机

图2-4-16 前掠翼机

图2-4-17 三角翼机

(五)按照发动机的类型分类

按照发动机类型的不同,可以将飞机分为活塞式飞机、涡轮螺旋桨式飞机和喷气式飞机,如图2-4-18至图2-4-20所示。

图 2-4-18　活塞式飞机

图 2-4-19　涡轮螺旋桨式飞机

图 2-4-20　喷气式飞机

(六) 按照发动机的数量分类

按照发动机数量的不同，可以将飞机分为单发飞机、双发飞机和多发飞机，如图 2-4-21 至图 2-4-23 所示。

图 2-4-21 单发飞机

图 2-4-22 双发飞机

图 2-4-23 四发飞机

（七）按照速度分类

按照速度的不同，可以将飞机分为亚音速飞机、超音速飞机和高超音速飞机，如图 2-4-24 至图 2-4-26 所示。

图 2-4-24　洛克希德 P-38“闪电”单座亚音速截击机

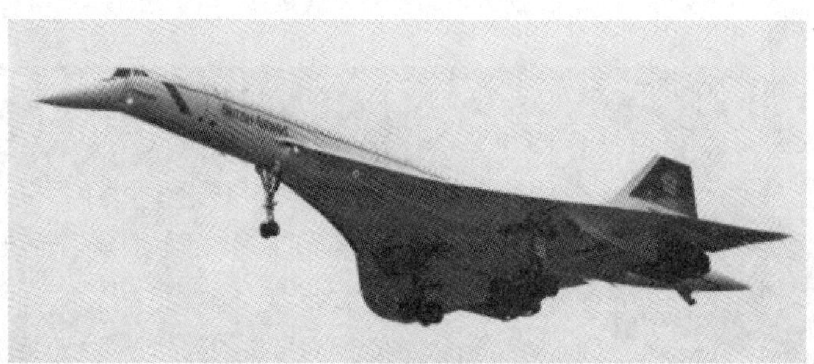

图 2-4-25　“协和号”超音速客机

图 2-4-26　“黑鸟”高超音速侦察机

二、代表性机型介绍

(一) 空客(Airbus)系列飞机介绍

1 A320 系列客机

A320系列客机是欧洲空中客车工业公司研制的双发中短程150座级客机，包括A318、A319、A320及A321四种客机，这四种客机拥有相同的基本座舱配置，驾驶员只要接受相同的飞行训练，就可驾驶以上四种不同的客机。这种共通性设计也降低了飞机的维修成本及备用航材的库存。A320系列客机实现了对飞机的真正创新,为单过道飞机建立了一个新的标准,A320系列客机较宽的客舱使其空间更大,可以采用更宽的座椅,为旅客提供了具有更高舒适性的客舱环境,极受旅客欢迎。同时,A320系列客机比其竞争者飞得更远、更快,因而在使用方面具有更好的经济性。欧洲空中客车工业公司在A320系列客机的基础上又发展了较大型和较小型客机,即186座的A321、124座的A319、107座的A318。

欧洲空中客车工业公司在设计A320系列客机时,采用"以新制胜"的方针,利用先进的生产技术和数字式机载电子设备以及新的结构材料,使A320系列客机成为世界上第一种采用电传操纵系统的亚音速民航运输机。A320系列客机机翼在A310客机机翼的基础上进行了改进,双水泡形机身截面大大提升了货舱装运行李和集装箱的能力。中国南方航空A320机型图请扫码查看。

中国南方航空 A320机型图

2 A380系列客机

A380系列客机是迄今世界上最大的宽体客机,也是全球载客量最大的客机。A380系列客机长72.73米,翼展79.15米,高24.07米,起飞重量可达560吨,飞行距离可达15000公里,是名副其实的"空中巨无霸"。中国南方航空是中国唯一一家运营A380系列超大客机的航空公司,是中国首家运营波音787"梦想飞机"的航空公司,是SKYTRAX四星航空公司,是中国年客运量最大、运输飞机最多、航线网络最发达、安全星级最高的航空公司。A380系列客机设计了双层客舱,载客量比一般的客机多出约40%。A380系列客机是天空中的"绿色巨人",属于有着超高燃油效率的飞机,每名旅客每100公里油耗不到3公升,这一比例仅相当于一辆经济型家用汽车的油耗。中国南方航空A380机型图请扫码查看。

中国南方航空 A380机型图

(二)波音系列飞机介绍

1 波音737系列飞机

波音737系列飞机是美国波音公司生产的一种中短程双发喷气式客机,是世界民航历史上极为成功的窄体民航客机系列。

根据启动时间和技术先进程度的不同,可以将波音737分为传统型波音737和新一代波音737。传统型波音737包括737-100、737-200、737-300、737-400、737-500,新一代波音737包括737-700、737-800、737-900。波音737系列飞机是国际民用航空市场上非常畅销的机型之一。自20世纪90年代以来,波音公司以波音737为基准机,又相继推出了四款新型波音737,它们既发扬了原有波音737的品牌效应,又采用了大量新技术,被称为"新一代波音737"。新一代波音737在设计上尽量多地采用波音727的部件和装配件,以降低其生产成本和价格;增加了垂尾和平尾的尺寸;选装了美法合资公司CFMI的CFM56-7型发动机;安装了先进的显示系统和飞行管理软件;在内饰设计上,综合考虑了各种因素,包括线条、颜色、图案、照明等,并融入了现代美学设计思想。

截至2019年10月底，波音公司737系列机型已登记订单为15136架。图2-4-27为厦门航空波音737机型图。

图2-4-27　厦门航空波音737机型图

2 波音747系列飞机

波音747系列飞机（见图2-4-28）是由美国波音公司在20世纪60年代末在美国空军的主导下推出的大型商用宽体客货运输机（Wide-body Commercial Airliner and Cargo Transport Aircraft），也是世界上第一款宽体民用飞机，自1970年投入服务后，到空客A380投入服务之前，波音747保持全世界载客量最高飞机的纪录长达37年。波音公司多次改进波音747系列飞机设计，累计生产1574架各型号747飞机。2014年3月31日上午9时许，全日空所属的一架波音747客机满载500名旅客，从东京国际机场起飞，前往冲绳，这是日本航空界波音747的最后一次飞行。2020年7月，波音公司宣布将于2022年停产所有波音747系列飞机。当地时间2022年12月6日，最后一架波音747飞机下线。当地时间2023年1月31日，全球最后一架波音747飞机（编号1572），于美国华盛顿州埃弗雷特的波音工厂交付给阿特拉斯航空公司。

图2-4-28　波音747-8飞机

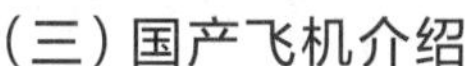

(三)国产飞机介绍

1 ARJ21 飞机

ARJ21飞机(见图2-4-29)是中国商用飞机有限责任公司研制的双发动机新支线客机。ARJ21是Advanced Regional Jet for the 21st Century的缩写,意为“21世纪新一代支线喷气式客机”。

图2-4-29 ARJ21飞机

ARJ21飞机是中国第一次完全自主设计并制造的支线客机,采用“异地设计、异地制造”的全新运作机制和管理模式。机体各部分分别在国内四家飞机制造厂生产。ARJ21项目研制采取国际广泛合作的模式,采用了国际上大量的成熟先进技术和机载系统,发动机系统、航电系统、电源系统等全部通过竞标在全球范围内采购,其中有许多系统零部件、产品在中国生产制造。

2017年10月18日,中国自主研发的ARJ21-700飞机成功完成西宁—德令哈—花土沟—德令哈—西宁航线,以及西宁—格尔木—西宁航线的试飞任务。2017年11月1日,ARJ21-700飞机108架机在上海完成首飞。2017年12月28日,108架机正式交付成都航空。

2018年3月20日,ARJ21-700喷气式客机圆满完成呼和浩特至乌兰浩特往返航线运行。2018年4月29日,109架机正式交付。

2 C919 飞机

C919飞机(见图2-4-30),又称“中国商飞C919”(COMAC C919),是我国首款按照国际通行适航标准自行研制的、具有自主知识产权的喷气式中程干线客机,座级为158—192座,航程为4075—5555公里。2015年11月2日完成总装下线,2017年5月5日成功首飞,2022年9月29日获得中国民航局颁发的型号合格证,2022年12月9日全球首架交付,2023年5月28日圆满完成首次商业飞行。

C919飞机定位于150座级单通道窄体机市场,机长38.9米、翼展35.8米、机高11.95

米，空机重量为45.7吨，最大商载为18.9吨，为C类飞机，具有安全、经济、舒适、环保的特点，可满足航空公司对不同航线的运营需求。C919飞机不仅采用先进气动设计、先进推进系统和先进材料，使得碳排放量更低、燃油效率更高，还使用先进的新一代发动机LEAP-1C，形成明显的经济性竞争优势，单价为0.99亿美元，折合人民币约为6.53亿元。

图2-4-30　C919飞机

2023年5月28日，C919飞机完成首次商业飞行，首发用户为中国东方航空。截至2023年9月28日，C919大型客机订单量达1161架。2023年12月13日，中国东方航空接收的第3架C919国产大飞机正式投入运营。中国东方航空为C919大型客机的全球最大用户。2023年12月17日，西藏航空与中国商飞在上海签署战略合作框架协议，就共同研制国产大飞机高原机型开展全方位战略合作。2024年2月17日，全球首架C919大型客机从上海起飞，参加第九届新加坡国际航空航天与防务展。2024年2月18日，C919飞机参加新加坡航空展的飞行预演。2024年2月27日，国产大飞机C919开启东南亚演示飞行。

任务实施

○ **课堂活动1**

请查阅相关资料，在表2-4-1中填写空客A320-200、波音737-800、国产C919三种机型的相关参数，并进行比较。

表2-4-1　三种机型飞机的参数对比

	空客A320-200	波音737-800	国产C919
座位			
长度			
翼展			
高度			
最大速度			
满载航程			
实用升限			
发动机			
总销量			

○ **课堂活动2**

截至2023年底，C919飞机累计执行商业航班655班，累计承运旅客近8.2万人次，接收了超1200架的C919飞机订单，波音飞机和空客飞机终于不再是我国航空公司的“唯二选择”了。那C919飞机目前发展得如何？与波音飞机、空客飞机相比，C919飞机有哪些优势呢？请查阅相关资料，以小组为单位，讨论分析目前C919飞机的运营状况及其在市场占有率方面的优势。

○ **课堂活动3**

阅读《C919飞机用于机场计划的飞机特性手册(ACAP)》，分析C919飞机的结构特征。

任务评价

评价标准	标准分值	自评得分	互评得分	师评得分
遵守课堂纪律，按要求完成课堂活动	30分			
在课堂活动1中，能够准确填写三种机型飞机的参数，并完成比较任务	25分			
在课堂活动2中，能够完成资料查找任务，以小组的形式，合作分析C919飞机的运营现状及其在市场占有率方面的优势	20分			
在课堂活动3中，能够完成阅读《C919飞机用于机场计划的飞机特性手册(ACAP)》的任务，准确分析C919飞机的结构特征	25分			
得分合计	100分			
总评(自评20%+互评20%+师评60%)				

任务拓展

2024年2月20日，新加坡航展在樟宜会展中心拉开帷幕，2架C919飞机和3架ARJ21飞机首次亮相，并通过馆内模型展览、室外静态展示和飞行表演等多种方式，向公众呈现中国商用飞机发展的阶段性成果。展馆内，中国商飞公司展台以“携手同行 共创未来”为主题，展出了最新涂装的按照1:20的比例制作的C919、ARJ21和C929基本型飞机模型，以及按照1:32的比例制作的ARJ21公务机、医疗机、应急救援指挥机、灭火机、货机，C919缩短型/高原型和加长型等系列的飞机模型。相关图片如图2-4-31所示。

在室外静态展区中，中国东方航空的C919客机、印尼翎亚航空的ARJ21客机和中原龙浩航空的ARJ21货机齐聚，接受来自世界各地的企业和公众登机参观。航展期间，C919飞机和ARJ21飞机将进行飞行表演，中国商飞公司还将开展专场推介活动，加强与客户和合作伙伴的洽谈交流。

图 2-4-31　C919 飞机、ARJ21 飞机亮相新加坡航展

请结合上述材料内容，谈谈你对于 C919 飞机和 ARJ21 飞机首次亮相新加坡航展的感想

线上答题：项目二

项目三 民航运输管理

项目目标

○ **知识目标**

(1) 了解民航运输企业运价管理、收益管理等相关知识;掌握出港航班、进港航班的旅客运输生产流程。

(2) 了解电子客票的发展历程以及我国的客票体系;熟悉特殊旅客类型和服务保障要求。

(3) 掌握民航货运员岗位所需的相关理论知识;了解相关民航货运运价规则。

○ **能力目标**

(1) 能利用相关票价规则辅助计算各类旅客的票价。

(2) 能说出航班进出港的地面保障服务流程,以及特殊旅客的运输保障要求。

(3) 能够说出民航货运业务的流程。

○ **素质目标**

(1) 提升分析与解决民航运输企业运营管理领域实际问题的能力,培养团队意识和团队协作能力。

(2) 能够努力完善自我,积极践行和弘扬“真情服务”;培养忠诚担当的政治品格、严谨科学的专业精神。

知识导图

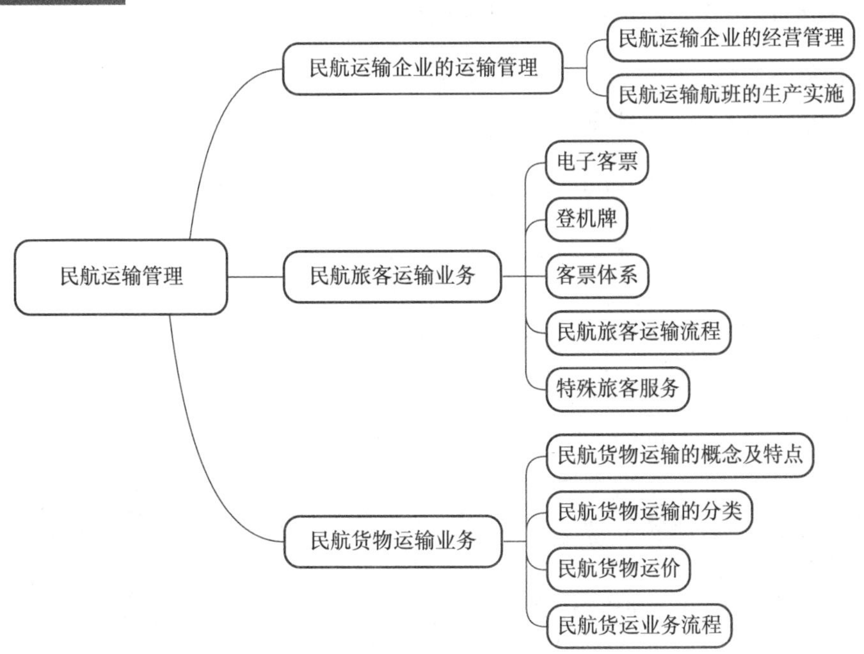

任务一　民航运输企业的运输管理

任务描述

随着民航市场主体元气逐渐恢复，生产运行秩序回归正常，行业发展动能进一步积蓄，支持高质量发展的要素条件不断增多，我国民航业将进入持续、快速、健康发展的新周期。本任务对民航运输企业的运价管理、收益管理、产品分销、电子商务等相关知识，以及出港航班、进港航班的旅客运输组织流程进行重点讲解。

知识储备

一、民航运输企业的经营管理

（一）民航运输企业的概念

民航运输企业是航空器的使用单位，属于经营性实体，承运旅客、货物、邮件，接受中国民航局和民航地区管理局的行业管理。民航运输业是一个具有公共性、准军事性、生产服务性、企业性等多重属性的产业，同时具有高科技、高投入和高风险的特点。本书讲解的民航运输企业主要指运输航空公司。

（二）民航运输企业的运输经营指标体系

民航运输企业的运输经营指标体系（见表3-1-1）由运输量指标、运载能力指标、载运率指标、收入指标、成本指标五类指标组成。

表3-1-1　民航运输企业的运输经营指标体系

指标名称	使用频率	客运	货运	客货综合	指标评价意义
运输量指标	常用	旅客运输量	货物（邮）运输量	—	反映实际完成的运输情况
	常用	收入客公里	收入货运吨公里	收入吨公里	
	不常用	旅客周转量	货物（邮）周转量	运输总周转量	
运载能力指标	常用	可用座公里	可用货运吨公里	可用吨公里	反映运输供给能力
载运率指标	常用	客座利用率	货邮载运率	综合载运率	反映运输资源的利用效率和能力
收入指标	常用	客公里收入	货运吨公里收入	吨公里收入	反映收入水平和客货运价水平

续表

指标名称	使用频率	客运	货运	客货综合	指标评价意义
收入指标	不常用	可用座公里收入	可用货运吨公里收入	可用吨公里收入	反映收入水平
成本指标	常用	可用座公里成本	—	可用吨公里成本	反映成本水平
	不常用	客公里成本	—	吨公里成本	

第一类是运输量指标,也称“载运量指标”,反映民航运输企业一定时期运输生产的实际完成情况,这部分包含旅客运输量、收入客公里、旅客周转量、货物(邮)运输量、收入货运吨公里、货物(邮)周转量、收入吨公里、运输总周转量八个指标。

第二类是运载能力指标,也称“载运力指标”,反映民航运输企业的运输供给能力,这部分包含可用座公里、可用货运吨公里、可用吨公里三个指标。

第三类是载运率指标,反映民航运输企业运输资源的利用效率和能力,这部分包含客座利用率、货邮载运率、综合载运率三个指标。

第四类是收入指标,考察民航运输企业的业务收入水平和运价水平,可细分为以下两组指标。第一组包括客公里收入、货运吨公里收入、吨公里收入三个指标,除了可用来评价民航运输企业的销售收入水平,还可用来反映客货运的价格水平。第二组指标包括可用座公里收入、可用货运吨公里收入、可用吨公里收入三个指标,也是反映民航运输企业收入水平的指标。

第五类是成本指标,考察民航运输企业的成本水平,可细分为以下两组指标。第一组包括客公里成本和吨公里成本两个指标。客公里成本是民航运输企业主营业务成本费用与旅客周转量的比值,反映运输每名旅客每公里的成本。吨公里成本是主营业务成本费用与运输总周转量的比值,即运输每吨载重(物)每公里的成本,是反映单位运输周转量成本水平的指标。第二组是衡量业务成本的常用指标,包括可用座公里成本和可用吨公里成本两个指标。可用座公里成本是主营业务成本费用与可用座公里的比值,反映民航运输企业每个座位每公里的成本水平。可用吨公里成本是主营业务成本费用与可用吨公里的比值,反映民航运输企业的单位成本水平。

(三)民航运输企业的运价管理与收益管理

1 运价与运价管理

运价是民航客运市场中决定旅客票价和货物运费的基准价格,与航线、航程、舱位等因素有关。

运价管理是民航运输行业管理的一项重要内容,我国政府对民航客货运价实行政府指导价,规定基准价和市场浮动幅度,并对运价进行行业监督和管理。

随着我国民航管理体制改革的不断深入,我国民航客货运输定价体制从1992年前的完全政府定价,逐步改革为由政府指导价和部分市场定价组成的定价机制。1992年以前,我国政府对民航国内运价实行严格的政府控制,国内航线旅客运价由国家物价局会同中国民航局共同商定,实行政府统一定价。1992年,国务院确定了民航运价确定机制的初步改革方案,确定民航公布票价、价格浮动幅度和航空邮件价格等由国家物价局管理,折扣票价、省区内航线公布运价和货运价格由中国民航局管理,同时允许航空公司的票价可以上下浮动10%。从1996年3月1日起,我国国内民航运价实行政府指导价,国内货物运价由中国民航总局统一制定。1997年7月1日,我国开始实行境内和境外旅客乘坐国内航班同价的政策。同年11月,开始实行"一种票价、多种折扣"的票价政策,由政府确定基准票价,航空公司可以根据市场行情决定票价调整幅度。2000年,国内航线推行收入联营的国内部分航线特种运价协商报批制,由联营共飞航空公司协商制定具体定价方案,报中国民航总局审批。

自1992年以来,民航定价机制进行了渐进式改革,民航运输的发展逐步完成市场化。2004年4月20日,中国民航总局发布了《民航国内航空运输价格改革方案》。该方案确定,以当时境内各航线公布的票价为基准价,允许航空公司票价在上浮幅度不超过25%、下浮幅度不超过45%的范围内自行制定具体票价种类、票价水平和适用条件,提前一个月上报中国民航局及国家发展和改革委员会备案,并在对外公布后执行;省级及以下级别城市之间的航线,以及与其他运输方式存在竞争的短途航线,不受规定的票价浮动幅度所限制,实行市场调节价;独家经营航线和部分旅游航线,票价下浮幅度不限,以鼓励航空公司积极开拓支线市场。自2010年6月1日起,我国政府允许民航国内航线头等舱、公务舱票价实行市场调节价。

我国民航定价机制的变革过程,反映出我国在逐步推进国内民航运价管理机制改革,以适应市场经济和民航市场全球化的发展趋势。

我国民航国内航空客货运价现行管理机制是政府指导价与市场调节相结合,民航运输企业制定市场销售价格。《民航国内航空运输价格改革方案》中规定,由国家发展和改革委员会同中国民航局共同制定民航国内航空客货运价基准价和运价浮动幅度,对浮动幅度进行管理,并核定浮动幅度及适用航线、实行市场调节价的航线、浮动幅度下限不限的航线。民航运输企业根据基准价和市场需求,在规定的浮动幅度范围内制定具体的最终销售价格,即旅客机票票价或货运运费。

关于国际航班的旅客运价和货邮行李的运输费率,根据中国民航总局1995年发布的《国际航空运价管理规定》,中国民航总局负责制定国际航空运价管理的有关政策、法规及制度,凡由中国始发和(或)至中国的国际航空运价,一般由中、外方航空公司根据政府间航空运输协定协商确定,并向中国民航总局申报,经批准后方可生效。经国际航空运输协会(IATA)运价协调大会讨论通过有关中国的国际航空运价决议,必须经中国民航总局批准后方可生效。外方航空公司经中国至第三国(经营第五种业务权)涉及中国的国际航空运价,必须经中国民航总局批准后方可生效。

IATA通常每半年组织召开一次全球运价协调会议,各成员航空公司对国际旅客、行李和货物运价进行多边协商,形成指导性基础运价,各国航空公司在此基础上结合国际运价分区和本国情况制定具体运价和销售价格。

2 收入管理与收益管理

"收益管理"实质上是一个与"收入管理"不完全相同的概念。

收入管理通过销售过程对座位存量和销售价格进行动态控制，使得航班的每一可用座位千米或可用吨位千米收入最大化，从而实现航班收入最大化。换言之，收入管理不仅通过提高客座率或业载利用率增加收入，而且强调每一座位可用千米或可用吨位千米都要卖出好的价钱。

航班收入高低还不能完全衡量航班运营的真正水平，其原因是，航线有长短，即便是同一条航线，航班所使用的机型存在差异，舱位设置存在差异，航班成本存在差异，这些都可能导致最终的航班收入存在差异。从微观角度看，不管飞机大小、航线长短、舱位等级如何，收益管理关注的重点是飞行每客千米的收入水平。

（四）民航运输企业的产品分销与电子商务

1 产品分销

民航旅客运输市场的产品有两种销售渠道，一种是直接销售，另一种是间接销售。

（1）直接销售。

航空公司通常在本地和外地设立若干营业部，负责市场开拓和市场销售。直接销售的优越性主要是能够直接有效地掌握市场动态，能够直接对市场采取灵活的销售政策，资金回笼快。但是，由于直接销售需要专门的销售机构、销售场所和销售人员，在市场规模不大时，销售成本相对较高。因此，大多数航空公司在规模较小的城市会采取委托代理的销售方式。随着互联网的普及和电子商务技术的发展，航空公司逐渐利用自己的网站进行网上销售，电子银行这种直接支付方式极大地方便了客户。手机订票和订座也越来越受市场欢迎。网上直接销售已经成为欧美发达国家航空公司的主要销售渠道。

直接销售的优越性还体现在航空公司能够直接向消费者销售，从而降低销售成本；可以直接与消费者进行沟通，推介本公司的各类产品，倾听消费者对产品的要求和建议，有助于航空公司改善服务。通过直接销售，航空公司可以直接掌握市场动态，获取制定企业决策所需的第一手信息。

（2）间接销售。

随着经营规模的扩大，直接销售这种方式已经不能满足航空公司对于自身市场发展的需要，航空公司需要借助第三方的销售力量进行市场开拓和产品销售，旅行社或销售代理人成为航空公司的主要销售渠道。1978年美国政府“航空公司放松管制”政策出台之后，以及90年代初我国民航运输市场进入大发展时期，旅行社或销售代理人曾经一度成为民航运输市场竞争中航空公司之间竞相争夺的销售力量。

1987年，我国民航业进行“政企分开”体制改革，航空公司开始以市场化的企业模式经营，促进了我国民航运输市场的快速发展。随着民航运输市场规模的不断扩大，航空公司的委托销售模式开始由早期“民航售票处”（分布在大中城市，是民航主管部门的专属销售机构）代销模式向社会化的民航销售代理人代销模式转变。1988年，我国第一家航空运输销售代理机构——中国航空服务有限公司在北京成立，标志着我国民航销售代理机制正式进入市场化。

民航销售代理人，是指从事民航客货运输销售业务的营利性机构。它（们）接受航空客货运输企业的委托，根据与航空公司签订的委托销售代理合同进行授权范围内的航空运输服务销售，并按销售收入获取一定比例的报酬。航空公司通过民航销售代理人的市场网络扩展市场。民航销售代理人通过销售航班机票或货机吨(舱)位，从中获取利润或从航空公司那里获得佣金。航空公司和民航销售代理人之间的合作紧密程度与双方的利益直接相关。一方面，航空公司可以在民航销售代理人的帮助下，获得更好的市场效果；另一方面，民航销售代理人通过销售业，能够从航空公司那里得到更多的利益回报。因此，协调好与民航销售代理人的合作关系，是航空公司市场营销战略的重要内容之一。

2 电子商务

电子商务是民航旅客市场中的一种新型销售方式，它以互联网和IT技术为基础，通过互联网进行民航旅客订座和客票销售，代替传统的线下纸质机票销售。旅客通过网上订票、网上支付，凭有效身份证件可以实现全球“无票航空旅行”。采用电子商务的优点包括：航空公司可以直接对旅客进行销售，减少民航销售代理人的中间环节，这样不仅可以降低销售成本，而且可以直接掌控市场销售状况；航空公司可以直接收集市场销售信息，既为RMS、CRM、FFP等系统提供直接的信息资源，又为航空公司市场营销提供直接的信息资源；方便旅客订票和支付，有助于航空公司的市场开拓，航空公司的直接销售比例大幅提升，进而使得民航销售代理成本显著降低。

二、民航运输航班的生产实施

民航运输航班的生产实施，是将旅客和货物从出发机场运达目的地机场的具体实现过程，通常经过航空公司、机场和空管等部门的周密计划和精心准备之后，航班计划将进入具体的组织与实施阶段。

(一) 出港航班旅客运输生产流程

出港航班是航班运输生产任务中的重点，具体实施客货运送的地面保障服务工作可以分为以下五大部分。出港航班的地面保障服务流程如图3-1-1所示。

1 机务调度

航班飞机的适航性，是飞行安全的首要保障。对于每一个航班，机务部门需要根据航班计划和飞机排班计划，按照机场运行指挥中心调度指令，负责飞机执飞前的例行检查，并将指定飞机牵引至指定停机位，供相关部门对飞机开展飞行前的各项保障服务工作，例如：加注燃油、加水；飞行员进行飞机试车，做好飞行前的各项准备；装载餐食及其他机上用品；装载货物和行李等。机务调度工作通常由基地航空公司的机务维修部门负责，在经停机场，航线维修通常委托机场或其他的基地航空公司代理，以节省航班运营成本。

2 油料调度

油料供应部门根据飞行签派部门计算的飞机用油需求，对飞机进行加油服务。航班飞机的加油重量，由飞行签派部门根据航班飞机性能、航程、航路气象条件、备降机场、载重、起飞条件等因素进行计算，以保障航班飞机有足够的油料完成飞行任务。在我国，航空油料由国家授权的专业油料公司负责供应，属于特许经营范畴。

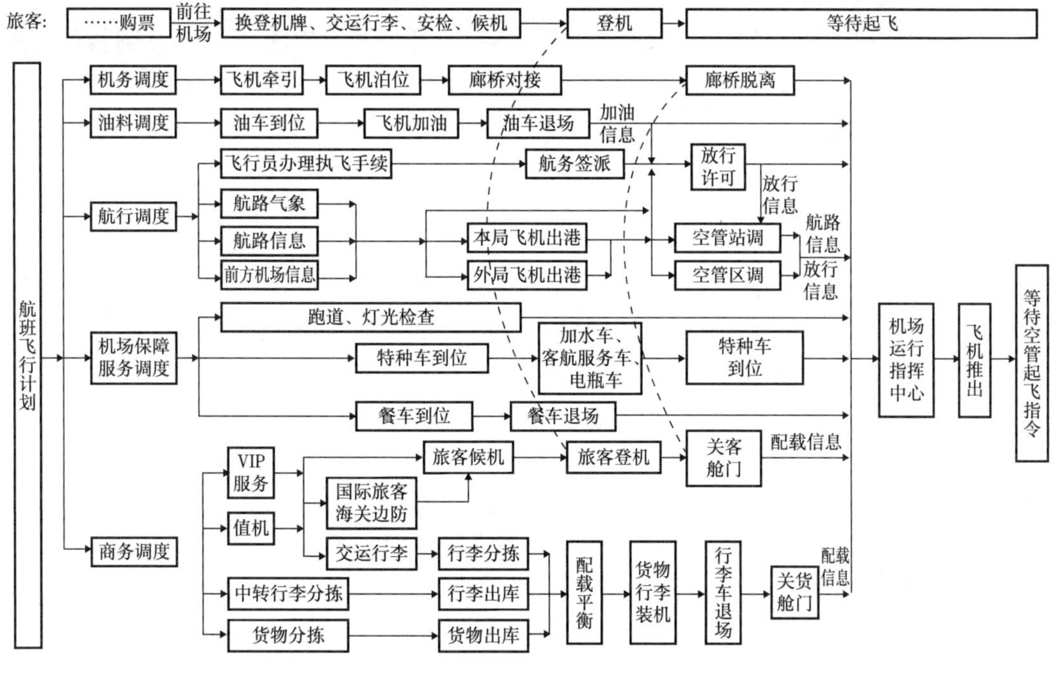

图 3-1-1　出港航班的地面保障服务流程

3 航行调度

航行调度是指为航班飞机飞行前和飞行过程中所涉及的相关事项进行准备，主要涉及航空情报、签派放行、通信导航、空勤人员管理及空中飞行管理等工作，为民用航空运输提供一个完整的空中飞行安全保障体系。航行调度工作通常由空管部门负责，其中签派放行和空勤人员管理工作主要由航空公司签派部门负责。

4 机场保障服务调度

机场保障服务调度通常是指机场的场务指挥调度，负责指挥和协调机场地面各项保障服务工作的实施时间及处置各项异常情况，由机场运行指挥中心负责总调度和总协调。机场运行指挥中心根据航班飞行计划，及时指令相关部门进行跑道安全检查、助航灯光系统检查、机位调度、站坪服务与各种特种车辆调度、开放值机和安检服务、旅客登机和货邮装载等工作，并根据航班保障情况，及时协调空管和航空公司的运控或签派部门，随时掌握航班放行动态和机场各项保障工作进展动态，及时有序地协调各班次的出港航班地面保障服务工作进程，确保航班安全、正点出发。

5 商务调度

保障旅客和货物正常运输是整个航班运输飞行和各项保障工作的主要目标。航班商务调度的主要任务是在保证持票航班旅客顺利乘机的基础上，充分发挥航班飞机的最大业载能力，合理装载更多的货物，使航班收入最大化，并对航班飞机进行装载控制与平衡配载。航空公司商务部门需要根据航班值机信息中确定的出发旅客登机人数和中转旅客人数、出发旅客交运行李重量和中转行李重量，计算航班飞机腹舱可以载运的货邮重量和体积，并根据预配载货邮情况进行最终平衡配载。

所有地面保障服务都按要求完成后，相关人员全部撤离现场，经现场检查确认符合要求后，机场运行指挥中心及航空公司运行控制部门进入放行程序，请求出港航班放行。

（二）进港航班旅客运输生产流程

进港航班即到达航班，可以分为两类，一类是终点站到达航班，另一类是经停站到达航班。终点站到达航班又可以细分为两类：一类是当天航班任务结束返回基地的航班，可以在基地进行例行检修或养护；另一类是基地始发的去程终点航班，做短暂停留后将继续执飞回程航班，飞回始发基地机场，这一类航班与经停航班类似，属于过站航班，过站时间安排比较紧凑，尤其在航班发生轻度晚点情况下，通常会缩短过站时间，因此，这一类航班的地面保障服务时间较短。

回程航班与经停航班的区别在于：回程航班在进港后，旅客、行李、货邮全部下机，并对机舱进行整体清理，为服务于回程航班旅客、行李、货邮做好准备。经停航班在进港后，只有部分旅客、行李、货邮下机，同时在经停站有新旅客、行李、货邮搭载后续航程。在进港航班的旅客或货邮中，有一部分属于中转性质，因此对进港服务流程和服务效率有较高要求，中转流程及手续办理需要简便快捷，这也是枢纽机场有别于一般机场的重要标志。

任务实施

○ **课堂活动1**

根据课堂所学知识完善表3-1-2。

表3-1-2　民航运输企业运输经营指标体系

指标名称	使用频率	客运	货运	客货综合	指标评价意义
运输量指标	常用		货物(邮)运输量	—	
	常用		收入货运吨公里	收入吨公里	
	不常用		货物(邮)周转量	运输总周转量	
运输能力指标	常用		可用货运吨公里	可用吨公里	
载运率指标	常用		货邮载运率	综合载运率	
收入指标	常用		货运吨公里收入	吨公里收入	
	不常用		可用货运吨公里收入	可用吨公里收入	
成本指标	常用		—	可用吨公里成本	
	不常用		—	吨公里成本	

○ **课堂活动2**

教师简要介绍航空公司航线营销的重要性，学生以小组为单位，查阅各航空公司航线地图和市场数据，了解航空市场的规模和竞争态势。每组讨论不同类型的航线（如国内航线、国际航线、短途航线、长途航线等)的市场特点和营销挑战。各小组的成员可以扮演相应航空公司的航线营销团队,分析市场数据,识别目标市场、潜在客户和竞争对手,确定营销目标。各小组分别制定一份航线营销方案,包括定价策略、促销手段、营销渠道等。

每组依次在班级内展示所设计的航线营销方案,并对教师和其他学生的提问进行解答。教师和其他学生从创新性、可行性、市场竞争力等角度对各组航线营销方案进行评估和打分。

○ **课堂活动3**

以小组为单位,结合出港航班的地面保障服务流程图进行讨论,讨论内容包括出港航班旅客运输生产流程中的关键环节,如旅客登机、行李托运、安全检查等,并尝试说明在出港航班的地面保障服务中,航空公司、机场、空管的主要任务。

任务评价

评价标准	标准分值	自评得分	互评得分	师评得分
遵守课堂纪律,小组成员合作良好、分工明确	30分			
在课堂活动1中,能够完善民航运输企业的运输经营指标体系	15分			
在课堂活动2中,能制定一份合格的航线营销方案	35分			
在课堂活动3中,能正确说出进港航班和出港航班的旅客运输生产流程	20分			
得分合计	100分			
总评(自评×20%+互评×20%+师评×60%)				

任务拓展

结合民航运输航班的生产实施知识,查阅各航空公司的相关资料,尝试写出航班飞行计划的编制流程。

任务二 民航旅客运输业务

任务描述

随着国家经济的增长和人民生活水平的提高,我国民航业进入快速发展时期,机场数量、航班密度、旅客客运量等不断攀升,我国成为全球民航运输量增长极快的国家。我国民航业安全记录良好,发展增量持续向好,综合效益节节攀升,运行服务品质持续改善。本任务对我国的客票体系以及特殊旅客类型和服务保障要求等知识点进行重点讲解。

知识储备

一、电子客票

客票是旅客乘机和交运行李的凭证,由承运人(航空公司)开出,是旅客与承运人之间的运输契约。1993年,美国西南航空公司推出了世界上第一张电子客票,反响非常好。2000年3月28日,中国南方航空推出了中国首张电子客票。电子客票给旅客带来了诸多便利,并降低了航空公司的成本。根据IATA的强制规定,中国航协自2006年10月16日起,停止向我国各大机票代理人发放BSP纸质客票。

电子客票是指由承运人或其代理人销售并赋予运输权利的、以电子数据形式体现的有效运输凭证,是纸质客票的电子替代产品。电子客票将票面信息储存在订座系统中,可以像纸质客票一样执行出票、作废、退票、换开、改转签等操作。旅客在订座系统中成功出票后,会得到一串客票号码,作为购票成功及客票查询、签转、退票的电子依据。电子客票不仅降低了航空公司的运营成本,还为旅客带来了便利,旅客通过互联网订购机票后,只需要出示有效身份证件就可以直接在机场办理登机手续。

电子客票目前使用"航空运输电子客票行程单"(见图3-2-1)作为旅客付款和报销的凭证,同时也起到提示旅客行程的作用,但是不作为办理乘机手续和安全检查的必要凭证。

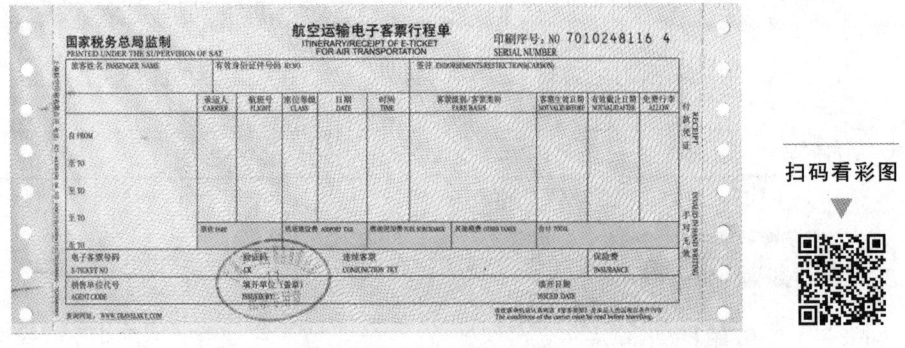

航空运输电子客票行程单
ITINERARY/RECEIPT OF E-TICKET
FOR AIR TRANSPORTATION

国家税务总局监制
PRINTED UNDER THE SUPERVISION OF SAT

印刷序号:NO 7010248116 4
SERIAL NUMBER

	承运人 CARRIER	航班号 FLIGHT	座位等级 CLASS	日期 DATE	时间 TIME	客票级别/客票类别 FARE BASIS	客票生效日期 NOT VALID BEFORE	有效截止日期 NOT VALID AFTER	免费行李 ALLOW
自 FROM									
至 TO									
至 TO									
至 TO									
至 TO									

付款凭证 RECEIPT

手写无效 INVALID IN HAND WRITING

电子客票号码 E-TICKET NO

验证码 CK

连续客票 CONJUNCTION TKT

保险费 INSURANCE

销售单位代号 AGENT CODE

填开单位(盖章) ISSUED BY

填开日期 ISSUED DATE

WWW.TRAVELSKY.COM

图3-2-1　航空运输电子客票行程单

扫码看彩图

二、登机牌

登机牌(见图3-2-2)是机场为乘坐航班的旅客提供的登机凭证,旅客在提供有效机票和个人有效身份证件后才能获得。

登机牌绝大多数为硬卡纸,约80毫米宽、200毫米长。登机牌正面印有机场、航空公司或民航机构的名称和标识,以及乘机人的姓名、航班号、航班起止点、座位号、舱位等级、航班日期、登机口等内容。登机牌通常可分为四个等级:经济舱登机牌、头等舱登机牌、公务舱登机牌和过站登机牌。

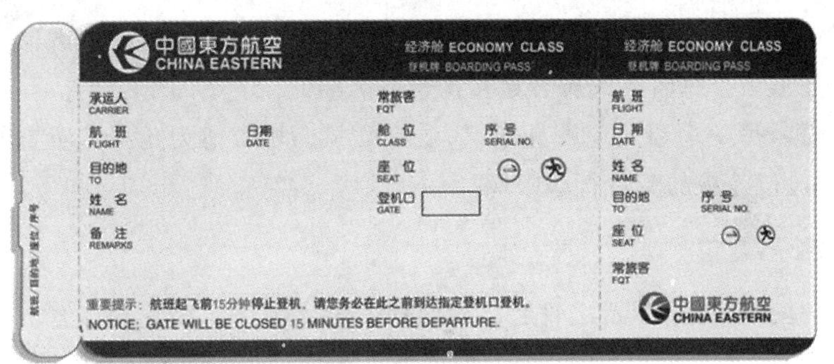

图 3-2-2 登机牌

三、客票体系

对于民航运输旅客来说，根据客舱布局、餐食及服务标准的等级差别，大型客机客票体系包括经济舱票价，公务舱票价，头等舱票价，婴儿、儿童旅客票价，伤残军、警旅客票价，团体旅客票价。

（一）经济舱票价

航空公司在有经济舱布局的航班上，向旅客提供的经济舱座位及相应等级服务所对应的票价为经济舱票价。经济舱座位最窄，旅客可免费携带的行李限额为20千克（不占座位的婴儿除外），旅客享受最基本的旅行服务。

（二）公务舱票价

航空公司在有公务舱布局的航班上，向旅客提供的公务舱座位及相应等级服务所对应的票价为公务舱票价。公务舱座位宽度窄于头等舱，餐食标准低于头等舱、高于经济舱，旅客可免费携带的行李限额为30千克。国内航线航班公务舱的票价约为经济舱基本票价的130%，不同航空公司不同航线航班上的公务舱的价格会有所不同，但总体来说均低于头等舱、高于经济舱。

（三）头等舱票价

航空公司在有头等舱布局的航班上，为旅客提供的头等舱座位及相应等级服务所对应的票价为头等舱票价。头等舱座位宽且舒适，餐食标准最高，旅客可免费携带的行李限额为40千克，而且有专门的值机柜台和候机厅，可享受更优质、便捷的服务。国内航线航班头等舱票价约为经济舱基本票价的150%，不同航空公司不同航线航班上头等舱的价格可能有所不同，此外，各航空公司在不同航线航班上还会推出各种不同的头等舱折扣活动。

（四）婴儿、儿童旅客票价

1 婴儿旅客票价

婴儿旅客是指自运输开始之日起未满两周岁的旅客。国内航线婴儿旅客的票价为成人全票价的10%,航空公司不提供座位,没有免费行李限额。若婴儿旅客需要单独占用座位,则需购买儿童票。每名成人旅客最多携带两名婴儿,当携带两名婴儿时,只有其中一名婴儿可购婴儿票,另一名婴儿应购儿童票,航空公司会相应地为购买儿童票的婴儿旅客提供座位及相应舱位等级的免费行李限额。

2 儿童旅客票价

儿童旅客是指自运输开始之日起已满两周岁但不满十二周岁的旅客。国内航线儿童旅客的票价为成人全票价的50%,航空公司提供座位,有相应舱位等级的免费行李限额,有的航空公司会在部分航线上推出低于成人全票价5折的特价儿童票。对于国际航线及国内港澳台地区航线,按不同航空公司及不同航线的规定,儿童旅客在购票时享受一定的折扣,常见折扣为成人全票价的67%或75%。

(五)伤残军、警旅客票价

我国因公致残的现役军人和因公致残的人民警察在乘坐国内航班时,凭《伤残军人证》或《伤残人民警察证》,在规定的购票时限内,按普通全票价的50%购票。

(六)团体旅客票价

团体旅客是指统一组织的人数在10人以上(含10人)且航程、乘机日期和航班相同的旅客。航空公司一般会给予团体旅客适当的票价优惠,折扣率视季节、团队人数、航班座位销售情况等具体情况而定。大多数航空公司采用"一团一议"的方法给予优惠。

四、民航旅客运输流程

(一)国内旅客的航空旅行流程

1 购票

民航客票的销售有直销和分销两种渠道,随着电子商务及网上支付的兴起与发展,客票除了可在航空公司、机场、代理机构等的售票处进行购买,还可在航空公司、机场、代理机构等的相关网站上进行购买。

2 到达机场

由于航空运输的特殊性,旅客在乘坐飞机前需要办理登机手续。一般航空公司规定航班起飞前2小时开始办理登机手续,航班起飞前30分钟停止办理登机手续,因此,票务员在旅客购票时应提醒旅客出行时合理规划时间,以确保顺利完成登机手续的办理。同时,部分城市有两个机场,且部分机场有两个及以上的航站楼,因此,票务员应提醒旅客出行时仔细核对航班信息,以便找对机场和航站楼。

3 办理乘机手续

办理乘机手续主要是换登机牌和托运行李。机场大厅的显示屏上会显示该机场出港航班的值机柜台（见图 3-2-3），旅客可根据航班号找到对应的值机柜台办理乘机手续，也可通过机场自助值机（见图 3-2-4）和自助行李托运、网上值机等方式办理乘机手续。

图 3-2-3　值机柜台[①]

图 3-2-4　机场自助值机

4 安检

安检（见图 3-2-5）是指乘坐民航飞机的旅客在登机前必须接受的一项人身和行李检查项目，这是为保证旅客自身安全和飞机飞行安全所采取的一项必要措施。

图 3-2-5　安检[②]

安检人员的岗位职责包括：对旅客及其行李物品进行安全检查，对进入民用运输机场控制区的其他人员、物品及车辆进行安全检查。

5 候机

通过安检后，旅客可按照登机牌上标明的航班登机口，通过机场显示屏指示或询问工作人员，找到对应的候机厅（见图 3-2-6）。工作人员需提醒旅客候机时注意收听广播播报的登机信息。

①图片来源：https://finance.sina.com.cn/jjxw/2023－02－06/doc－imyetytp6371974.shtml。

②图片来源：https://www.163.com/dy/article/ERI19MM20514UF1L.html。

图3-2-6　候机厅

6 登机

在听到登机广播后，旅客应在登机口（见图3-2-7）排队登机，经登机口服务人员核对登机牌后，通过走廊或乘坐摆渡车登上飞机。

图3-2-7　登机口①

7 寻找座位

登机牌上标明了旅客的座位号，旅客登机后可根据登机牌上的指示找到自己的座位。一般来说，座位号标识在行李舱壁上，由一个数字和一个字母组成，数字代表第几排，字母代表一排中的具体位置，如6A、25F等。旅客到达自己的位置后，可将随身携带的行李放置于行李舱中。

8 到达目的地

飞机到达目的地后，旅客可根据机场标识信息选择合适的交通工具有序离开机场。托运行李的旅客可在出口通道的行李提取处（见图3-2-8）取走自己的行李。若出现行李丢失或错拿，旅客可前往行李查询处进行查询和登记。转机的旅客可通过机场标识信息或询问工作人员进行下一航班的手续办理。

①图片来源：https://www.163.com/dy/article/EKEUV6LO0516905A.html。

图 3-2-8　行李提取处

（二）国际旅客的航空旅行流程

1 护照和签证

在进行国际旅客运输时，航空公司会要求旅客必须取得本国的有效护照及目的地和过境国的有效签证，这是旅客进行国际航空旅行的必备条件。

护照是一个国家的公民出入本国国境和到国外旅行或居留时，由本国发放的一种证明该公民国籍和身份的合法证件。签证是一个国家的出入境管理机构（如移民局或其驻外使领馆），对外国公民表示批准入境所签发的一种文件。

2 航程设计和购票

国际旅行的运价计算十分复杂，一般情况下，旅客会基于自身出行需求安排旅行路线，在确定了旅行路线后，查询相关航程票价和所涉及的各国税费，这是国际旅客运输中极为复杂和关键的一环。

3 办理乘机和托运行李手续

旅客来到机场国际出发大厅，提供有效护照、签证，在机票上所列明的承运航空公司的值机柜台，或其指定代理的柜台办理座位确定及行李托运手续，取得登机牌。

4 海关和卫检

国际旅行涉及出入境，海关需要按照始发国的相关要求，对旅客携带的行李和现金等进行检查，确定其不违反相关规定。卫生检查检疫部门需要确定旅客的健康情况符合目的国的要求。

5 安检和边检

国际安检与国内安检要求及流程相似。为保证安全，各国对安全检查要求日益严格。

边防检查（简称“边检”）由公安部出入境管理局负责，主要核查旅客旅行文件的真伪，统计我国出境人员数量和去向。按照国际司法规定，旅客通过边检就算作已离境。

6 候机

旅客持盖有国际安检章的登机牌到国际候机大厅休息，等候登机广播。国际候机大厅为公共管理区域，除了购物和娱乐设施，还设有免税商店供旅客购买一定数量的国际免税商品。

7 登机

当登机时间到来，旅客在登机牌上标明的指定登机口排队登机。在登机闸口，由地勤人员负责核实登机牌数目和登机旅客人数，并引导旅客登机。若有特殊旅客，地勤人员应安排其优先登机。

8 乘机旅行

旅客登机后，应按照指示坐在所分配的安全座椅上，系好安全带，尽可能避免在飞机飞行过程中走动，这有助于保持安全和减轻不适感。同时，旅客还应密切注意机组人员发布的安全提示。在飞行途中，乘务员会给每位旅客发放入境信息登记卡，旅客应如实填写姓名、护照号、航班号、住址等信息。

9 下机

飞机安全着陆后，乘务员会组织旅客有序下机。若有重要旅客，乘务员应安排其优先下机。

10 通过移民关卡

旅客下机后根据指示牌前往移民关卡，出示护照、签证等相关旅行文件，移民局工作人员确定上述文件真实无误后放行旅客。旅客通过移民关卡便标志着其已经进入目的国国境。

11 领取行李，过海关通道

入境手续办理完毕后，有托运行李的旅客可根据相关指示在指定航班行李提取处提取行李。各国都规定了一定限度的物品是免税的，若有超出部分，要收取一定的关税。

12 离开机场

各国机场均提供从机场至市区的便捷运输服务，包括的士、巴士、轨道运输等方式。

五、特殊旅客服务

（一）重要旅客服务

教学视频：特殊旅客分类

重要旅客是指具有一定身份、职务或社会知名度的旅客。航空公司应对重要旅客从购票到乘机的整个过程给予特别的礼遇和照顾。重要旅客分为非常重要旅客（VVIP）、一般重要旅客（VIP）和工商界重要旅客（CIP）。

（二）孕妇旅客服务

怀孕32周或不足32周的孕妇乘机，除了医生诊断为不适宜乘机的，可按一般旅客运输。怀孕超过32周但不足36周的孕妇乘机，应提供包括下列内容的诊断证明书：①旅客的姓名、年龄；②怀孕时间；③旅行的航程和日期；④是否适宜乘机；⑤在机上是否需要提供其他特殊照料。诊断证明书应在旅客乘机前72小时内填开，并经县级（含）以上的医院盖章和该院医生签字后方生效。怀孕超过36周、乘机时预产期在4周以内，或者已知为多胎分娩以及有分娩并发症者，航空公司不予接受运输。孕妇旅客登机时，乘务员应主动帮助其提拿、安放随身携带物品，调整通风口，主动为其介绍客舱服务设备。在飞机起飞和下降前，乘务员应为孕妇旅客送上毛毯或枕头（垫在下腹处）。若遇孕妇旅客机上分娩，乘务员应立即报告机长，同时，参照紧急处理方案采取相应措施。

（三）婴儿旅客服务

婴儿旅客是指出生满14天但年龄不满2周岁的旅客。婴儿旅客乘飞机是不占用座位的，可以由成人抱着或者放在机上摇篮（见图3-2-9）里。每航班接收婴儿旅客的最大数额应小于该航班机型的座位总排数，而且每相连的一排座位最多只能安排1名婴儿旅客。应将携带婴儿的旅客安排在婴儿排（飞机上多提供一个氧气面罩的排）或可安装机上摇篮的座位，切忌安排在飞机的紧急出口位，同时应为婴儿旅客发放无座位号的婴儿登机牌。为方便携带婴儿的旅客，航空公司一般规定可以为携带不占座位的婴儿的旅客免费收运一个折叠式轻便童车或婴儿摇篮。

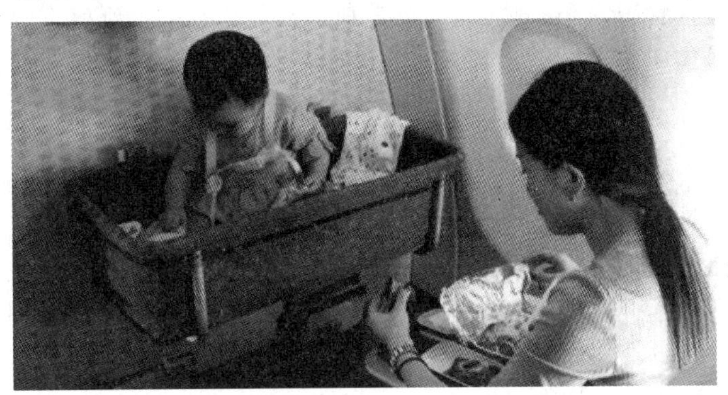

图3-2-9 机上摇篮

航空公司及机场值机服务部门应优先为携带婴儿的旅客办理乘机手续，在办理乘机手续时，应要求旅客出示婴儿的出生证明以核实年龄。上机前，乘务长应事先指定一名乘务员帮助携带婴儿的旅客提拿随身携带的物品，并为其安排座位、介绍客舱服务设备。飞行中，乘务员应为携带婴儿的旅客提供细致入微的服务，如调整通风口，避免通风口直接对着婴儿及其陪伴人员，向婴儿的陪伴人员征询婴儿的喂食、喂水的时间和分量及有无特殊要求等。飞机下降时，乘务员应提醒婴儿的陪伴人员唤醒婴儿，以避免出现压耳状况。

（四）无成人陪伴儿童服务

无成人陪伴儿童（见图3-2-10）一般是指已满5周岁但未满12周岁的单独乘机儿童。

若儿童与成人一起旅行，但其所乘坐的物理舱位与成人不同，也会被视为无成人陪伴儿童。无成人陪伴儿童乘机需由其监护人或监护人的授权委托人提出无成人陪伴儿童运输申请，并填写“无成人陪伴儿童乘机申请书”。乘坐国内航班的旅客最晚在航班计划离港时间前48小时提交申请；乘坐国际（地区）航班的旅客最晚在航班计划离港时间前96小时提交申请。

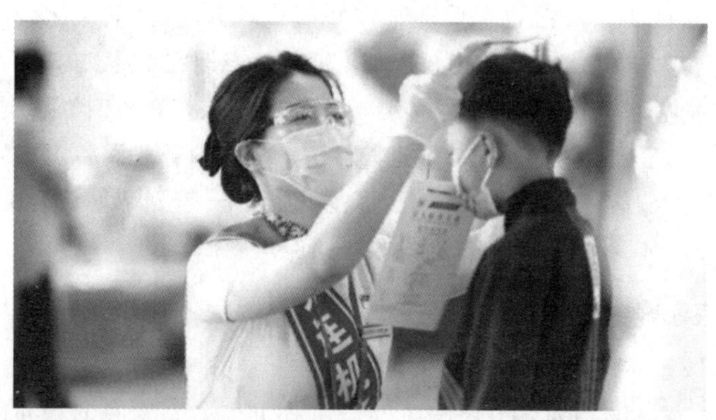

图3-2-10 机场工作人员为无成人陪伴儿童戴上标识牌①

为无成人陪伴儿童办完乘机手续后，其送站人应停留在机场，直至航班起飞。民航地面服务人员在接收无成人陪伴儿童前，应了解其相关情况，并在将其送上飞机时向乘务长说明其目的地和接机人（成人）的姓名，双方签字确认，完成交接工作。飞机飞行途中，乘务长需要把无成人陪伴儿童安排在方便乘务员照看的座位，并指定一名乘务员主要负责照看，如尽量照顾其饮食习惯和心理需求，经常观察其是否有不适应或不舒服的状况等。飞机下降时，乘务员应叫醒正在睡觉的无成人陪伴儿童，以避免其出现压耳状况。飞机降落后，乘务员应依据“无成人陪伴儿童乘机申请书”内容，查验其接机人证件后进行交接，并请接机人在“无成人陪伴儿童乘机申请书”上签名。若没有成人来接机，乘务员应将无成人陪伴儿童的详细情况告知地面服务人员，双方签字确认，完成交接工作。

（五）病残旅客服务

1 担架旅客

在旅行过程中，由于病（伤）情危重，不能自主上下飞机及在客舱内不能使用座椅而需使用担架的旅客，可以向航空公司提出客舱担架服务（见图3-2-11）的申请。一般来说，每个航班只收运一名担架旅客，且担架设备一般被安排在经济舱。若担架旅客在飞机飞行途中需要使用医用氧气装置，则应在申请购票的同时，向航空公司提出相应的申请；若需要救护车，则需自行与相关部门（如机场急救中心等）联系。此外，担架旅客必须至少由一名医护人员陪同旅行，且医护人员必须出示身份证明及职业证明。经医生证明在旅行中不需要医务护理的旅客，也可由其家属或监护人员陪同旅行。

①图片来源：http://www.caacnews.com.cn/1/5/202109/t20210929_1331570.html。

图3-2-11 客舱担架服务

2 轮椅旅客

轮椅旅客是指在乘机过程中行动不便，需要使用轮椅前往或离开飞机、上下客梯、进出客舱座位的旅客。

(1) 客舱轮椅旅客(WCHC)。

此类旅客尽管能在客舱座位上就座，但在前往或离开飞机、上下客梯、进出客舱座位时均需要轮椅或他人协助。对此类旅客的轮椅服务起止于客舱座位。

(2) 客梯轮椅旅客(WCHS)。

此类旅客可以自行进出客舱座位，但在前往或离开飞机、上下客梯时需要轮椅或他人协助。对此类旅客的轮椅服务起止于客梯。

(3) 机坪轮椅旅客(WCHR)。

此类旅客既可以自行上下客梯，也可以自行进出客舱座位，但前往或离开飞机时需要轮椅。对此类旅客的轮椅服务起止于客机停机坪。

3 盲人旅客、聋哑旅客、听觉障碍旅客

盲人旅客是指双目有缺陷或失明的旅客(不包括眼睛有疾病的旅客)。

聋哑旅客是指因双耳听力缺陷而不能说话的旅客(不包括耳朵有疾病或听力弱的旅客)。

听觉障碍旅客是指感测或理解声音能力部分降低的旅客(深度听觉障碍旅客称为聋人旅客)。

盲人旅客、聋哑旅客、听觉障碍旅客在航空旅行中有健康成人陪同并照料时，航空公司可将其作为普通旅客进行承运；当其无健康成人陪伴时，此类旅客应在航空公司规定时间内提出申请并填写相关文件，工作人员应协助其登机、下机和转机。

任务实施

○ 课堂活动1

一对夫妻携带一对1岁的双胞胎从北京乘坐飞机前往上海，经济舱全价为1490元，这对夫妻应为双胞胎支付的费用是多少？航空公司应为这对夫妻的孩子提供几个座位？

○ **课堂活动2**

王小明是一位完全不能自行行走的轮椅旅客，手机号码为137××××5324，乘坐2024年4月1日由北京飞往上海的MU2668航班，票号为7812196413752。请你尝试帮她填写如图3-2-12所示的“特殊旅客乘机申请书”。

特殊旅客乘机申请书

<table>
<tr><td colspan="2">特殊旅客乘机申请书
Special Service Applications</td></tr>
<tr><td>旅客姓名：
Name:</td><td>手机：
Mobile:</td></tr>
<tr><td>航班号/日期：
Flt No. / Date</td><td>航程：
Route：</td></tr>
<tr><td colspan="2">票号/Tkt No.:</td></tr>
<tr><td>您需要的服务　Special service you need</td><td></td></tr>
<tr><td>□ 机场轮椅　Wheelchair at airport</td><td>□ 客舱轮椅　Cabin wheelchair</td></tr>
<tr><td>□ 机场陪伴服务 Accompanying at airport</td><td>□ 担架　Stretcher</td></tr>
<tr><td>□ 托运电动轮 Checking electric wheelchair at airport</td><td>□ 携带服务犬上机 Travelling with service animal</td></tr>
<tr><td>□ 10人或10人以上残障（疾）人旅客团体
Accommodation for a group of ten or more qualified individuals with a disability, who make reservations and travel as a group</td><td>□ 在客舱内存储折叠轮椅(尺寸应不大于　33 × 91 × 106 cm
Storing the folding wheelchair in the aircraft（the size less than 13 × 36 × 42inches）</td></tr>
<tr><td colspan="2">在计划旅行时，您向我们提供的信息越多，我们能为您提供的帮助就越多。
The more information you can provide our representatives when making your travel plans, the more we can help you.
以下内容非必填项，在您已接受的隐私声明内容的基础上我们还将收集您的健康信息，您是否确认提供以下健康信息以帮助我们更好地对您提供服务，若是请进行签字确认。
The following information is optional filling. We will also collect your health information on the basis of your accepted privacy statement. Do you confirm that you will provide the following health information to help us better serve you?　If so, please sign and confirm.
签字栏/Signature________________</td></tr>
<tr><td colspan="2">□ 患病　Patient　请提供医生证明　You may need to present a medical certificate from a doctor</td></tr>
<tr><td colspan="2">□ 无陪老年旅客 Unaccompanied elderly</td></tr>
<tr><td>□ 视力障碍　Visually impaired</td><td>□ 听力障碍　Hearing impaired</td></tr>
<tr><td>□ 精神障碍　Mentally impaired</td><td>□ 智力障碍　Intellectually impaired</td></tr>
<tr><td colspan="2">行动能力障碍（请选择类型）Mobility impaired(please specified)</td></tr>
<tr><td colspan="2">□ 不能自行行走 Unable to walk</td></tr>
<tr><td colspan="2">□ 可自行上下楼梯及短距离行走 Can go up and down the stairs and walk short distances</td></tr>
<tr><td colspan="2">□ 需扶助、不能自行上下楼梯、但能短距离行走
Unable to go up and down the stairs but can walk short distances</td></tr>
<tr><td colspan="2">其他障碍请注明：____________
Others please specified: ____________</td></tr>
<tr><td colspan="2">是否有陪伴人员 Do you have any accompanied person during the trip?　Yes □</td></tr>
<tr><td>陪伴人员或接机人员姓名:
Accompanied or picking-up person Name:</td><td>手机：
Mobile:</td></tr>
</table>

图3-2-12　“特殊旅客乘机申请书”

○ **课堂活动3**

情景一

小王是机场的一名导乘人员，他的工作重点是竭尽所能为旅客排忧解难。某天他遇到了第一次乘坐飞机的李女士一家。李女士一家不清楚乘机流程，小王便热情地带领李女士一家三口到值机柜台办理值机；李女士不知道如何操作自助值机和自助行李托运机，小王便详细地为李女士讲解；李女士候机时突然发现身份证丢失，小王便帮助李女士积极寻找，并在寻找未果后帮助李女士办理了临时身份证明。

情景二

王女士与刘先生打算携带8个月大的女儿，以及双方父母搭乘CA1918航班前往杭州游玩，由于这次游玩的时间较长，王女士携带了几件行李并打算托运。飞机起飞前2小时，王女士一行7人抵达值机柜台，值机员热情、熟练地为王女士一家办理了值机手续。

情景三

小吴是北京某学校的一名学生，他决定假期时乘坐飞机前往四川成都游玩。这是小吴第一次乘坐飞机，他非常兴奋，但是完全不了解乘机流程，于是请教了在航空公司工作的小赵，小赵详细地向小吴讲解了乘机流程及注意事项。出发当日，小吴按照小赵的“乘机攻略”，提前2个小时到达了机场，并在机场工作人员小李的帮助下顺利乘坐飞机抵达成都。

要求：

(1) 学生以小组为单位，任选一个情景，根据相应的情景介绍编写一份完整的情景剧剧本，可进行适当延伸，合理即可。

(2) 饰演者需要详细口述出乘机/值机/登机流程及相应的注意事项。

(3) 分组进行排演，并将排演视频上传到学习通平台，其余小组认真观看并做好记录。

(4) 所有小组排演结束后，各小组相互查看视频，进行点评和打分。

任务评价

评价标准	标准分值	自评得分	互评得分	师评得分
小组成员合作良好、分工明确，遵守课堂纪律	30分			
在课堂活动1(计算票价)中的总体表现	15分			
在课堂活动2(填写“特殊旅客乘机申请书”)中的总体表现	35分			
在课堂活动3(情景剧排演)中的总体表现	20分			
得分合计	100分			
总评(自评×20%+互评×20%+师评×60%)				

任务拓展

学生以小组为单位，查阅各航空公司的相关规定，利用所学知识和获得的信息，制作特殊旅客乘机手册，需要满足以下要求：

(1)特殊旅客乘机手册的内容包括但不限于重要旅客、孕妇旅客、婴儿旅客、无成人陪伴儿童和病残旅客的运输服务内容。

(2)特殊旅客乘机手册的内容要求准确、详细,形式不限。

(3)特殊旅客乘机手册不少于3页,用A4纸打印。

(4)在班内举办以"助力特殊旅客航空行"为主题的特殊旅客乘机手册展览活动,活动结束后,各小组之间进行互相点评。

任务三　民航货物运输业务

任务描述

2023年以来,我国货运航线布局逐步完善,航空货运供给加大。截至2023年11月底,中国民航业货机机队规模增至255架,较2022年增加32架,较2019年增加82架,整个航空货运的发展形势逐渐向好。航空物流是连接国内外市场的桥梁,利用航空货运的便利,区域可以更好地融入全球价值链,提升在国际市场的地位和影响力。本任务重点讲解民航货运员岗位所需的相关理论知识,以及货物的收运、运送、到达与交付的操作流程和操作要点。

教学视频:全球第四座专业货运枢纽机场——鄂州花湖国际机场

知识储备

一、民航货物运输的概念及特点

(一)民航货物运输的概念

民航货物运输又称"航空货物运输",简称"航空货运",是指民航公司以航空器作为运输工具所进行的货物运输,其服务产品实质上是让货物在空间上发生位移。民航货物运输既是现代航空物流业务的重要组成部分,也是国际贸易中运输贵重物品、鲜活物品和精密仪器所不可或缺的方式。

(二)民航货物运输的特点

1 运输速度快,运输路程短

民航货物运输的优势和特点主要表现为运输速度快、运输路程短。现代喷气式运输机的时速约为900千米/小时,不受地面地形条件的限制,除了航行的特殊需要,其航空线路一般比平行的地面线路短,运程缩短意味着节省运输时间及社会劳动消耗。另外,绝大部分的国际航线采用先进的宽体飞机和全货机进行运输，大大地提升了飞机的运送速度和运货能力。民航货物运输的距离越长，所能节省的时间越多，其"快速"的特点也就越显著。航空运输比轮船运输快20—30倍，比火车运输快7—12倍，十分适合如海鲜、鲜花、活体动物等易腐性强、对运输时间要求严格的货物的运输。

2 破损率低，安全性高

飞机发生事故的概率是0.05‰—0.1‰，远低于地面运输或水上运输，安全系数高。现代喷气式民航飞机的飞行高度一般在1万米以上，不受低空气流的影响，飞行平稳，货物所受的震动、冲击小；在飞行中，货舱与外界隔离，货舱的温度和湿度能得到较好的控制，优越的飞行条件、中间环节少、操作流程管理严格、运输手续相对简便等能够减少运输过程中货物丢失、损坏的现象。因此，航空运输更适用于价值高、易碎的货物的运输。同时，飞机航班的准确率高，货物可按时到达目的地，加之运送速度快、货物质量有保证，这些都有利于巩固已有的市场和开拓新的市场。

3 可简化包装，节约仓储成本

民航货物运输使用了现代化的装卸设备，货物途中倒装次数少，对货物包装强度要求低，因此货物的包装可以相对简化。民航货物运输方便、快捷，可以极大地提升生产企业的物流速度，从而节省企业存货的储存费用、保管费用和积压资金利息的支出，加快产品流通速度和企业资金周转速度，因此，民航货物运输成为运输具有高价值的电子产品的极佳选择。

4 载运量有限，运输成本高

飞机的机舱容积和载重量有限，因而载运量相对比较小，目前投入商用的最大民航机波音747-8F的全货机（如图3-3-1所示）的最大载重为154吨，但是远不及水上运输的运载能力。飞机无法承运大型、大批量的货物。另外，飞机本身费用及其航材、维修等方面的费用高昂，造成民航货物运输的成本较高，民航货运价格往往是海运价格的10倍以上。因此，通过民航运输的货物经常是高附加值的产品，如精密仪器、计算机、高级服装等。

图3-3-1 波音747-8F

5 可达性差，易受恶劣天气影响

通常情况下，民航货物运输必须借助其他运输工具来转运才能实现"门到门"的运输。此外，民航货物运输为了保障飞行安全，对天气条件的要求较高。遇到暴雨、台风、浓雾、大雪等恶劣天气，航班就无法正常飞行，会带来民航货运的延误，这对于时间要求较高的鲜活易腐货物会造成更大影响。

二、民航货物运输的分类

(一) 班机运输

班机运输是一种在固定航线上按预定时间航行的形式，是使用有着固定的始发站和经停站的航班进行的运输。国际货物运输多使用班机运输。

班机运输的特点包括固定航线、固定停靠港和定期开飞航班，能安全、迅速地到达世界上各个通航地点，便于收货人和发货人确切掌握起运和到达的时间。

班机运输一般使用客货混合型飞机，舱位有限，大批量的货物不能及时运出，往往需要分期、分批运输。

(二) 包机运输

包机运输是指航空公司按照约定的条件和费率，将整架飞机租给一个或若干个包机人(发货人或航空货运代理公司)，适合大宗货物运输，费率低于班机运输，但运送时间比班机运输要长一些。包机运输可分为整包机和部分包机两种。

1 整包机

整包机是指航空公司按照与包机人事先约定的条件及费用，将整架飞机租给包机人，从一个或几个航空港装运货物并将其运至目的地。

2 部分包机

部分包机是指由几家航空货运代理公司(或发货人)联合包租一架飞机，或者由航空公司把一架飞机的舱位分别卖给几家航空货运代理公司装载货物，适用于托运不足一架整机但载货量又较大的货物。

(三) 包舱运输

包舱运输是指托运人在一定航线上包用航空公司全部或部分货舱运输货物。

包舱人可以在一定时期内或一次性包用航空公司在某条航线或某个航班上的全部或部分货舱，并与航空公司签订包舱运输合同。包舱运输的舱位通常指客机的腹舱(客运飞机旅客座位下方的货舱)。

(四) 集中托运

集中托运是指航空货运代理公司把若干批单独发运的货物组成一批，向航空公司办理

托运，填写一份总运单，将货物发往同一目的站，由航空货运代理公司在目的站的代理人负责收货，并将货物分拨交给各收货人。

集中托运是航空货运代理公司的主要业务之一，其特点包括：可降低运费，方便收货人提货。

集中托运的限制性表现为等级运价的货物（如贵重物品、危险物品、活体动物等）一般无法集中托运。

三、民航货物运价

（一）民航货物运价的概念和种类

1 民航货物运价的概念

民航货物运价是指航空公司将一票货物自始发地机场运送至目的地机场所应收取的航空运输费用。在计算该费用时，主要依据每票货物所适用的运价和计费重量。每票货物是指使用同一份航空货物单的货物。货物的运价是指货物运输起讫地点间的航空运价，因此，航空运费是指将货物从始发地机场运输至目的地机场的航空费用，不包括其他费用。

2 民航货物运价的种类

依据运价的组成，可以将民航货物运价分为公布直达运价和非公布直达运价。

（1）公布直达运价。

公布直达运价是指承运人直接公布的、从始发站机场至目的地机场的直达运价。公布直达运价又可根据货物性质细分为以下几种。

① 普通货物运价：针对指定商品、等级货物以外的一般货物所使用的运价。普通货物运价又可分为以下两种：普通货物标准运价，是指45千克以下的普通货物所使用的运价，代码为N；重量分界点运价，是指45千克以上（含45千克）的普通货物所使用的运价，包含45千克、100千克、300千克、500千克等多个重量分界点。

② 指定商品运价：针对在特定地区或航线上运输特定品名的货物所制定的运价。对于一些批量大、季节性强、单位价值低的货物，航空公司可申请建立指定商品运价。

③ 等级货物运价：针对运输指定的等级货物所制定的运价。在国内运输中，等级货物运价通常在普通货物标准运价的基础上附加50%（$N\times150\%$）。使用该运价的货物一般包括贵重物品、活体动物、鲜活易腐货物、危险物品、灵柩、骨灰、特快专递、急件货物等。

（2）非公布直达运价。

如果始发站机场至目的地机场没有适用的公布直达运价，则要使用非公布直达运价。非公布直达运价包括比例运价和分段相加运价。

① 比例运价：运价手册上公布的一种不能单独使用的运价附加数。当货物的始发站机场至目的地机场没有公布直达运价时，可将比例运价与已知的公布直达运价相加，构成适用运价。

② 分段相加运价：当货物的始发站机场至目的地机场既没有公布直达运价，也不能组

成比例运价时,可以选择合适的运价相加点,按分段相加的办法组成全程运价。

(二) 实际重量

实际重量,俗称“毛重”,是指包括货物包装在内的货物重量,是收运货物时用衡器量得的重量。国内运输中,实际重量以kg为单位,重量不足1 kg的尾数会进行四舍五入。每份航空货运单的货物重量不足1 kg时,按1 kg计算。贵重物品的实际重量以0.1 kg为单位,0.1 kg以下的进行四舍五入。

(三) 体积重量

体积重量是指将货物的体积按一定的比例折合成的重量,换算标准为每6000 cm^3折合为1 kg,即体积重量(kg)=货物体积(cm^3)÷6000(cm^3/kg)。

无论货物的形状是否为规则的长方体或正方体,计算货物体积时,均以最长、最宽、最高的边的长度进行计算。国内运输中,长、宽、高以cm为单位,小数部分进行四舍五入,取整;体积重量以kg为单位,不足1 kg的尾数进行四舍五入。由于货舱空间体积的限制,一般低密度的货物(轻泡货物)的计费重量应采用体积重量。

(四) 计费重量的确定

确定计费重量的方法如下:

(1) 在称量货物的实际重量时,要保留到小数点后两位,然后将实际重量进行进位。

(2) 量出每件货物的最长值、最宽值、最高值(单位为cm),量至小数点后一位,再将量得的数值进行四舍五入,然后计算出货物的体积。

(3) 计算货物的体积重量。

(4) 比较体积重量和实际重量,取高者作为计费重量。如果货物的体积重量大于实际重量,则该票货物为轻泡货物。

(5) 一票货运单包含两件或两件以上且体积不同的货物时,应将货物总的体积重量与总的实际重量相比较,取较高者为计费重量。

四、民航货运业务流程

(一) 货物托运书的填写

货物托运书(见图3-3-2)是托运人办理货物托运时填写的书面文件,是承运人填开航空货运单的依据。

货物托运书是货物托运人与货物承运人之间运输文件的一部分,由货物托运人填写。填写的项目包括托运人姓名及地址,收货人姓名及地址,始发站,目的站,代理人的名称,托运人声明价值,货物品名、件数、毛重、计费重量,货运单号码,其中,货物毛重、计费重量和货运单号码由货物承运人填写,填写完毕后货物托运人和货物承运人均须签字。

现委托你公司空运以下货物，一切有关事项开列如下：

<table>
<tr><td colspan="3">始发站</td><td colspan="3"></td><td colspan="3">目的站</td><td colspan="2"></td></tr>
<tr><td colspan="3">托运人姓名或单位名称</td><td colspan="3"></td><td colspan="3">邮政编码</td><td colspan="2"></td></tr>
<tr><td colspan="3">托运人地址</td><td colspan="3"></td><td colspan="3">电话号码</td><td colspan="2"></td></tr>
<tr><td colspan="3">收货人姓名或单位名称</td><td colspan="3"></td><td colspan="3">邮政编码</td><td colspan="2"></td></tr>
<tr><td colspan="3">收货人地址</td><td colspan="3"></td><td colspan="3">电话号码</td><td colspan="2"></td></tr>
<tr><td colspan="6" rowspan="2">储运注意事项及其他</td><td colspan="4">声明价值</td><td>保险价值</td></tr>
<tr><td colspan="4"></td><td></td></tr>
<tr><td>件数</td><td>毛重</td><td colspan="2">运价种类</td><td>商品代号</td><td>计费重量</td><td colspan="2">费率</td><td colspan="3">货物品名（包括包装、尺寸或体积）</td></tr>
<tr><td></td><td></td><td colspan="2" rowspan="2"></td><td rowspan="2"></td><td rowspan="2"></td><td colspan="2" rowspan="2"></td><td colspan="3" rowspan="2"></td></tr>
<tr><td></td><td></td></tr>
<tr><td colspan="6" rowspan="7">说明：（1）托运人应当详细填写或审核本托运书各项内容，并对其正确性和真实性负责。
（2）有不如实申报价值的货物发生丢失、损坏或被冒领时，赔偿价值以此托运书的注明为准，造成赔偿不足的责任由托运人或收货人负责。
（3）承运人根据本托运书填写航空货运单，经托运人签字后，航空运输合同即告成立。
托运人或其代理人签字（盖章）：________
托运人或其代理人的有效身份证件号码：________</td><td colspan="5">货运单号码</td></tr>
<tr><td colspan="5"></td></tr>
<tr><td rowspan="5">经办人</td><td colspan="3">X光机检查</td><td></td></tr>
<tr><td colspan="3">检查货物</td><td></td></tr>
<tr><td colspan="3">计算重量</td><td></td></tr>
<tr><td colspan="3">填写标签</td><td></td></tr>
<tr><td colspan="4">年　月　日</td></tr>
</table>

注：粗线框内由承运人填写。

图 3-3-2　货物托运书

一份货物托运书托运的货物，只能有一个目的地、一个收货人，并以此为依据填写一份航空货运单。

（二）航空货运单的填写

航空货运单是货物托运人（或其代理人）和货物承运人（或其代理人）之间缔结的货物运输合同，同时也是货物承运人运输货物的重要证明文件。一份航空货运单只能用于一个货物托运人（根据一份货物托运书）在同一时间、同一地点托运的，运往同一目的地、同一收货人的一件或者多件货物。

航空货运单应由货物托运人填写，由于航空货运单内容填写得不正确而造成的损失应由货物托运人承担。

我国航空货运单一式8份，其中正本3份、副本5份。正本第一联交货物承运人，由货物托运人签字；第二联交收货人，由货物托运人和货物承运人签字或盖章，收货人在此联上签字取货；第三联交货物托运人，由货物承运人接货后盖章。这三份正本具有同等效力，5份副联由货运流程中其他货物承运人或财务部门留作凭证用。表3-3-1为航空货运单（托运人联）。

表 3-3-1 航空货运单(托运人联)

<table>
<tr><td>始发站
Airport of Departure</td><td></td><td>目的站
Airport of Destination</td><td></td><td rowspan="2">不得转让 NOT NEGOTIABLE
天津市外企航空服务中心
航空货运单 中国 天津
AIR WAYBILL

印发人 Issued by</td></tr>
<tr><td colspan="4" rowspan="2">托运人姓名、地址、邮编、电话号码
Shipper's Name, Address, Postcode & Telephone No.</td></tr>
<tr><td>航空货运单一、二、三联为正本,并具有同等法律效力。
Copies 1, 2 and 3 of this Air Waybill are originals and have the same validity.</td></tr>
<tr><td colspan="4" rowspan="2">收货人姓名、地址、邮编、电话号码
Consignee's Name, Address, Postcode & Telephone No.</td><td>结算注意事项 Accounting Information</td></tr>
<tr><td>填开货运单的代理人名称 Issuing Carrier's Agent Name</td></tr>
</table>

<table>
<tr><td>航线
Routing</td><td>到达站
To</td><td>第一承运人
By First Carrier</td><td>到达站
To</td><td>承运人
By</td><td>到达站
To</td><td>承运人
By</td></tr>
<tr><td colspan="2">航空/日期
Flight / Date</td><td>航班/日期
Flight / Date</td><td colspan="2">运输声明价值
Declared Value for Carriage</td><td colspan="2">运输保险价值
Amount of Insurance</td></tr>
<tr><td colspan="7">储运注意事项及其他 Handling Information and Others</td></tr>
</table>

<table>
<tr><td>件数
No. of Pcs.
运价点
RCP</td><td>毛重
(千克)
Gross Weight
(kg)</td><td>运价
种类
Rate Class</td><td>商品
代号
Comm. Item No.</td><td>计费重量
(千克)
Chargeable Weight
(kg)</td><td>费率
Rate / kg</td><td>航空运费
Weight Charge</td><td>货物品名(包括包装、尺寸或体积)
Description of Goods (Incl. Packaging, Dimensions or Volume)</td></tr>
<tr><td></td><td></td><td></td><td></td><td></td><td></td><td></td><td></td></tr>
<tr><td></td><td></td><td></td><td></td><td></td><td></td><td></td><td></td></tr>
<tr><td colspan="2">预付 Prepaid</td><td colspan="3">到付 Collect</td><td colspan="3">其他费用 Other Charges</td></tr>
</table>

续表

	航空运费 Weight Charge		托运人郑重声明:此航空货运单上所填货物品名和货物运输声明价值与实际交运货物品名和货物实际价值完全一致,并对所填航空货运单和所提供的与运输有关文件的真实性和准确性负责。 Shipper certifies that description of goods and declared value for carriage on the face hereof are consistent with actual description of goods and actual value of goods and that particulars on the face hereof are correct. 托运人或其代理人签字、盖章 Signature of Shipper or His Agent
	声明价值附加费 Valuation Charge		
	地面运费 Surface Charge		
	其他费用 Other Charges		
			填开日期 Executed on(Date) 填开地点 At(Place) 填开人或其代理人签字、盖章 Signature of Issuing Carrier or His Agent
	总额(人民币) Total (CNY)		
付款方式 Form of Payment			正本1(托运人联)甲 ORIGINAL 1 (FOR SHIPPER) A

航空货运单的基本内容包括:填写的日期和地点,收货人名称及地址,货物品名、件数、毛重、计费重量,托运人声明等。

航空货运单内容的填写一定要准确,并要仔细核查,防止出现任何错误。如果有需要修改的内容,不得在原处描改,而应将错误处划去,在旁边空白处书写正确的文字或数字,并在修改处加盖戳印。航空货运单只能修改一次,若再发生填写错误,应填制新的航空货运单。若填写错误涉及收货人名称、运费总额等内容,而又无法在旁边书写清楚时,应当填制新的航空货运单。填错作废的航空货运单,应加盖“作废”的戳印,除了供出票人留存的,其余各联送至相关财务部门注销。

(三)货物的收运

1 货物承运人收运货物的一般规定

(1)货物承运人应根据运输能力、货物的性质和运输急缓程度,有计划地收运货物。

(2)对于有特定条件及时限要求或批量大的联程货物(由两个或两个以上的航班才能运送到目的地的货物),货物承运人必须提前安排好舱位后才能收运。

(3)当出现一些特殊情况,如政府法令、自然灾害等导致货物不能及时运输,进而造成货物积压时,货物承运人有权暂停货物的收运。

(4)凡是国家法律、法规和有关规定禁止运输的货物,货物承运人可以拒绝收运。凡是限制运输的，以及需要向公安部门、检疫部门等政府有关部门办理手续的货物，货物承运人应当要求货物托运人提供有效证明。

(5) 货物承运人对收运的货物应当进行安全检查。对收运后24小时内装机运输的货物，一律实行人工检查或者通过安检仪器进行检测。

2 货物重量的计算

货物重量按毛重(包括货物包装在内的货物重量)计算，又称"实际重量"，计量单位为kg，重量不足1 kg的尾数进行四舍五入。每份航空货运单的货物重量不足1 kg时，按1 kg计算。贵重物品的实际重量以0.1 kg为单位，0.1 kg以下的进行四舍五入。

非宽体飞机载运的货物，每件货物重量一般不超过80 kg，体积一般不超过40 cm×60 cm×100 cm。宽体飞机载运的货物，每件货物重量一般不超过250 kg，体积一般不超过100 cm×100 cm×140 cm。超过以上重量和体积的货物，货物承运人可依据机型及出发地和目的地机场的装卸设备条件，决定是否收运。

此外，货物的三边尺寸之和不能小于40 cm，最小一边不能小于5 cm，不符合该规定的小件货物应在加大包装后收运。每千克货物体积超过6000c m^3的，视为轻泡货物，轻泡货物以每6000 cm^3折合1 kg计重。

货物托运人托运的货物，毛重每千克价值在20元以上的，可办理货物声明价值，按规定交纳声明价值附加费。每份航空货运单的声明价值一般不超过50万元。

(四) 货物的运送

货物的性质不同，运送顺序也不同。货物承运人一般按照下列顺序运送货物：

① 用于抢险、救灾、急救的物品，外交信袋，政府指定急运的物品。

② 指定日期、航班的货物，以及按急件收运的货物。

③ 邮件。

④ 有时限的物品、贵重物品和零星小件物品。

⑤ 国内、国际中转联程货物。

⑥ 一般货物(同属于一般货物的，按照收运的先后顺序进行运送)。

货物承运人应当建立舱位控制制度，根据每天可利用的舱位进行合理配载，避免舱位浪费或货物积压。货物承运人对始发货物实行计划收运，对中转货物实行吨位分配制度(以最大限度利用飞机运载能力)，要保证优先运输加急货物、鲜活货物。

货物承运人应当按照合理原则或经济原则选择运输路线，充分利用直达的航班，避免货物的迂回运输。货物承运人运送特种货物时，应当建立机长通知单制度(对于装载在飞机上的特种货物，货运部门必须在飞机起飞前向机长做出书面通知)。

货物承运人对承运的货物应当精心组织装卸作业，轻卸轻放，严格按照货物包装上的储运指示标志作业，防止货物损坏。货物承运人还应建立健全监装、监卸制度。货物装卸应有专职人员对作业现场实施监督检查。在运输过程中发现货物包装破损无法续运时，货物承运人应做好运输记录，通知货物托运人或收货人，征求处理意见。

(五) 货物的到达与交付

货物送达目的地之后，除了另有约定的，货物承运人或其代理人应及时向收货人发出

到货通知。到货通知主要有电话通知和书面通知两种，书面通知要以挂号信的形式寄出。

收货人凭到货通知单和本人身份证或其他有效证件提取货物。

货物承运人应当依据航空货运单列出的货物件数对货物进行清点，确认无误后交付收货人。

结算时，货物承运人应向收货人收取运费、保管费和其他费用。

任务实施

○ 课堂活动1

请你根据图3-3-3中的信息辨读该货物托运书的托运人姓名及地址、收货人姓名及地址、货物始发站、货物到达站、代理人的名称、货物处理情况、货物件数、收费重量、实际毛重。

国际货物托运书（SHIPPERS LETTER OF INSTRUCTION）

托运人姓名及地址 SHIPPER'S NAME AND ADDRESS	托运人账号 SHIPPER'S ACCOUNT NUMBER	供承运人用 FOR CARRIAGE USE ONLY	
		班期/日期 FLIGHT/DAY	航班/日期 FLIGHT/DAY
CHINA LIGHT HOUSEWARE Co.,LTD,BEIJING P.R.CHINA TEL:86(010)64596666 FAX:86(010)64598888		CA921/30 JUL,2002	
收货人姓名及地址 CONSIGNEE'S NAME AND ADDRESS	收货人账号 CONSIGNEE'S ACCOUNT NUMBER	已预留吨位 BOOKED	
NEW YORK LIGHT HOUSEWARE IMPORTERS,NEW YORK,U.S.A TEL:78789999		运费 CHARGES CHARGES PREPAID	
代理人的名称和城市 ISSUING CARRIER'S AGENT NAME AND CITY KUNDAAIR FRIGHT Co.,LTD		ALSO NOTIFY	
始发站 AIRPORT OF DEPARTURE CAPITAL INTERNATIONAL AIRPORT			
到达站 AIRPORT OF DESTINATION JOHN KENNEDY AIRPORT(JFK)			

托运人声明价值 SHIPPER'S DECLARED VALUE		保险金额 AMOUNT OF INSURANCE	所附文件 DOCUMENT TO ACCOMPANY AIR WAYBILL
供运输用 FOR CARRIAGE NVD	供海关用 FOR CUSTOMS NCV	×××	1 COMMERCIAL INVOICE

处理情况（包括包装方式、货物标志及号码） HANDING INFORMATION (INCL. METHOD OF PACKING IDENTIFYING AND NUMBERS) KEEP UPSIDE

件数 No.OF PACKAGES	实际毛重 ACTUAL GROSS WEIGHT(kg)	运价种类 RATE CLASS	收费重量 CHARGEABLE WEIGHT	费率 RATE/CHARGE	货物品名及数量（包括体积或尺寸） NATUER AND QUANTITY OF GOODS (INCL. DIMENSION OF VOLUME)
4	58.3		58.3	18.00	DIMS: (80×30×25)cm×4

图3-3-3 货物托运书

○ **课堂活动2**

请你根据课堂活动1的内容和图3-3-4中的民航货运单，总结运送该批货物的基本业务流程。

始发站 Airport of Departure	上海虹桥	目的站 Airport of Destination	贵阳	不得转让 NOT NEGOTIABLE 航空货运单 AIR WAYBILL 089-14794673 印发人 Issued by 航空货运

托运人姓名、地址、邮编、电话号码 Shipper's Name, Address, Postcode & Telephone No.	航空货运单一、二联为正本，并具有同等法律效力。Copies1 and 2 this Air Waybill are originals and have the same validity.
丁水全 江苏省苏州市吴中区望江路189号	
收货人姓名、地址、邮编、电话号码 Consignee's Name, Address, Postcode & Telephone No. 胡梦荣 .	结算注意事项 Accounting Information 货物未保险，如遇遗失、破损、按普通货物赔偿，每公斤最高赔偿人民币贰拾元。
	填开货运单的代理人名称 Issuing Carrier's Agent Name

航线 Routing	到达站 To	第一承运人 By Fest Carrier	到达站 To	承运人 By	到达站 To	承运人 By

航班/日期 Flight/Date	9C8885	航班/日期 Flight/Date	2020.02.06	运输声明价值 Declared Value for Carriage	运输保险价值 Amount of Insurance

储运注意事项及其他 Handling Information and Others.
机场自提/普货急件/非危险品

件数 No. of Pcs. 运价点 RCP	毛重（千克）Gross Weight (Kg)	运价种类 Rate Class	商品代号 Comm Item No.	计费重量（千克）Chargeable Weight (Kg)	费率 Rate/Kg	航空运费 Weight Charge	货物品名（包括包装尺寸或体积）Description of Goods (incl.Packaging, Dimensions or Volume)
21	1368	A		1368	6.8	9302	临时检疫站/木架

预付 Prepaid		到付 Collect	其他费用 Other Charges
9302	航空运费 Weight Charge	航空运输费	本人郑重声明：此航空货运单上所填货物品名和货物运输声明价值与实际交运货物品名和货物实际价值完全一致。并对所填航空货运单和所提供的与运输有关文件的真实性和准确性负责。 Shipper certifies that description of goods and declared value for carriage on the face hereof are consistent with actual description of goods and actual value of goods and that particulars on the face hereof are correct.
	声明价值附加费 Valuation Charge		
479	地面运费 Surface Charge	机场地面费	
600	其他费用 Other Charges	人工打包费	托运人或其代理人签字、盖章 Signature of Shipper or His Agent
636		上门取件费	填开日期 Executed on(Date) 填开地点 At (Place) 填开人或其代理人签字、盖章 Signature of Issuing Carrier or His Agent
11017	总额(人民币) Total(CNY)		2020.02.06 SHA 李丽婷

付款方式 Form of Payment	预付

订舱、查询电话：4000-770-110

正本1（托运人联）甲 ORIGINAL1 (FOR SHIPPER) A　7803782

图3-3-4　航空货运单

○ **课堂活动3**

教师为学生播放与货物接收流程有关的视频，帮助学生熟悉货物出港流程，之后组织学生扮演货主和出港工作人员，借助课堂上的实际物品确定货物的重量和体积，模拟货物托运和收运情景，并组织学生归纳总结相关流程和服务规范。

要求：学生以小组为单位依次进行情景模拟，并将情景模拟视频上传至学习通平台。每一组进行情景模拟时，其余组认真观看并做好记录。所有小组情景模拟结束后，各组相互查看视频并进行点评和打分。

任务评价

评价标准	标准分值	自评得分	互评得分	师评得分
小组成员合作良好、分工明确，遵守课堂纪律	30分			
在课堂活动1中的总体表现	15分			
在课堂活动2中的总体表现	20分			
在课堂活动3中的总体表现	35分			
得分合计	100			
总评（自评×20%＋互评×20%＋师评×60%）				

任务拓展

国际货物运输是国际贸易中不可或缺的环节，涉及货物从一个国家运送到另一个国家的全过程。请自主查阅资料，对国际货物运输的基本流程进行梳理和总结。

线上答题：项目三

项目四 民航机场

项目目标

○ **知识目标**

(1) 了解我国机场目前的运营管理模式。

(2) 了解我国机场的运行管理，以及我国大型航空港的特征。

○ **能力目标**

能够简述机场日常运行管理的内容。

○ **素质目标**

(1) 感悟民航人的责任与担当，培养大局意识。

(2) 培养严谨认真、协作互助的品质。

知识导图

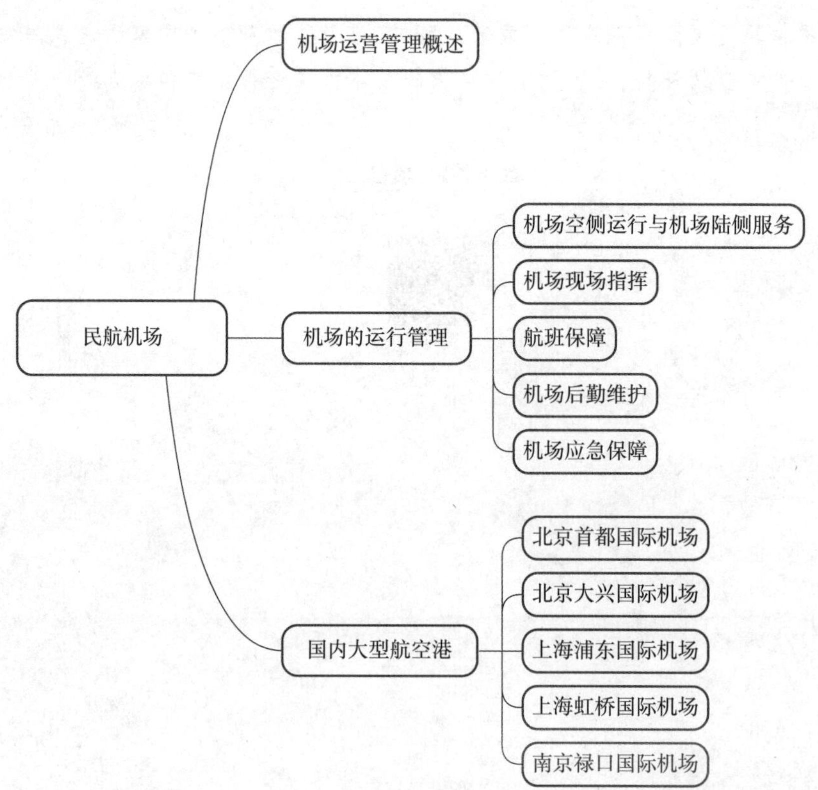

任务一　机场运营管理概述

任务描述

本任务从多个角度梳理了我国机场运营管理模式的类型，并对我国机场目前的运营管理模式进行了详细讲解，引导学生体悟民航业的发展对我国社会各方面产生的积极影响，培育学生的大局观和规划意识。

知识储备

机场是连通城市与城市、国家与国家的重要交通枢纽，是实现航空运输服务的重要基础设施。一座机场通常由跑道、滑行道、管制塔台、航站楼、停机位、货运区、维修区、地面交通设施等构成，基本功能包括提供旅客服务、货运服务、飞行保障等。机场在日常运营管理中，需要考虑安检、航空管制、地面交通、环保等多方面因素，需要对这些方面的相关设施进行维护和管理，确保其正常运行。同时，机场还需要提供应急救援等服务，以保障旅客的安全。

机场会根据其服务的航线、旅客流量、货运需求以及地理位置等因素来确定其规模和功能。一般来说，根据年旅客吞吐量，可以将机场分为国际类机场、区域类机场和地方类机场，各类机场的规模和服务水平各不相同。不同规模的机场会有不同的管理模式、运营模式和发展战略，以满足航空市场的不同需求。

我国机场总体上由中国民航局作为主管部门，实行"政府主导、市场运作、企业管理"的模式，旨在提升中国机场的服务水平、安全标准和经济效益。

政府主导：中国民航局负责颁布相关法规，出台相关政策，规范机场运营行为，对机场建设和管理进行规划、监管和投资，对重要基础设施进行运营管理，督促机场提升服务质量、实施安全管理和环保工作。政府的主导作用对机场的发展方向和整体规划起着决定性作用。

市场运作：强调市场机制的作用，鼓励通过竞争提高机场的服务质量和效率。机场可以通过多种方式获取资金，如向航空公司收取航站楼使用费、通航费，进行商业开发等，进而提升机场经济效益。

企业管理：通过推行科学管理体制提高管理效率。机场可能会进行产业结构调整、机构优化、人员培训等工作，以提升机场整体运营水平。

从机场运营管理架构的角度，可以将机场运营管理模式分为以下六种。

(1) 省(市、区)机场集团模式。省(市、区)机场集团模式是一种以省会机场为核心机场，以省内其他机场为成员机场的机场集团组织架构，即进行机场属地化管理。以省为单位将全省的机场进行统一管理，这种方式存在很多优点，如便于调动全省资源，便于对全省机场进行统一规划布局、统筹考虑,便于在管理、人员、资金等方面形成规模优势,通过以大带小促进省内小型机场的发展。

(2) 跨省机场集团模式。跨省机场集团模式是指通过资产重组,将几个省的机场管理集团组建为一个跨省的机场集团。截至2021年7月,首都机场集团收购、托管、参股的机场分布于10个省(自治区、直辖市),成员机场达到35家;西部机场集团管理了4个省(自治区)的11家机场。跨省机场集团模式体现出的优势表现在以下几个方面:发挥了专业化公司的规模优势;便于在人员使用和资金运作方面进行统一调配、统一运作,提高了运营效率;能够充分发挥机场集团的管理优势,在一定程度上可以提高小型机场的管理水平。

(3) 省会机场公司模式。在省会机场公司模式中,省政府只负责管理省会机场,其他机场由机场所在地市政府管理,实行省会机场公司模式的省份如江苏、山东、浙江等。这种模式的优势在于能够调动全省的资源和力量扶持省会机场的建设和发展。

(4) 市属机场公司模式。市属机场公司模式是指机场由机场所在地市政府管理,实行这种模式的城市如深圳、厦门、无锡等。如果机场所在城市的经济实力强,当地政府又重视和大力扶持机场,该地的机场就能得到很好的发展,如深圳、大连、青岛、厦门、宁波等地的机场。

(5) 航空公司管理模式。航空公司管理模式能够促进小型机场发展,有利于小型机场借助航空公司的优势来增加航线航班、培育市场、提高机场的业务量。实行这种模式的机场代表为海航集团管理的机场。海航集团企业标识和旗下飞机如图4-1-1所示。

(a)

(b)

图4-1-1 海航集团企业标识和旗下飞机

(6) 委托管理模式。委托管理模式有利于被委托机场借助受托机场的经营机制和管理优势来提高经营管理水平(包括安全、服务、效率等方面),如黑龙江机场集团、内蒙古机场集团委托首都机场集团管理。

可以从所有者与管理机构的关系的角度,将机场运营管理模式分为以下四种。

(1) 中央政府直接管理。这种运营管理模式体现了机场对于国家政治稳定的重要意义。

(2) 地方政府直接管理。采用这种运营管理模式的机场大多为中小城市的机场,这些机场规模较小,但是在服务地区经济发展和居民出行方面发挥着不可或缺的作用。在这种运营管理模式中,地方政府会成立专门的部门,承担机场管理的责任。

(3) 地方政府委托管理。在这种运营管理模式下,政府将经营管理权交由三类委托对象:机场集团公司、机场管理公司、航空运输企业。

(4)混合所有委托管理。在这种运营管理模式下,机场通过上市、引进民资、引进外资等方式实现投资主体和股权多元化,拓宽了机场的资金来源渠道和发展空间。

此外,从股权角度,机场可以分为中外合资机场和上市机场公司。截至2024年7月,中国有3家中外合资机场,分别是西安咸阳国际机场、杭州萧山国际机场和北京大兴国际机场;有6家上市机场公司,分别是上海机场、白云机场、深圳机场、厦门空港、海南机场和首都机场。

近年来,我国机场的运营管理模式在不断创新和完善,主要体现以下几个方面:推动机场混合所有制改革,鼓励社会资本参与机场建设和运营管理;加强机场基础设施建设和现代化改造,提升机场的综合服务水平;推动机场安全管理和应急救援能力的提升,确保机场运行安全、有序。中国机场普遍向数字化、智能化发展,利用先进技术提升机场运行效率,提供更便捷的旅客服务和更安全的飞行环境。同时,中国的机场管理部门也在加强与国际接轨,学习借鉴国际先进经验,不断完善管理体制、提升机场管理水平和服务质量。

任务实施

○ 课堂活动1

深圳机场集团(见图4-1-2)是由深圳市政府授权经营的国有独资有限责任公司,负责深圳宝安国际机场的投资建设与经营管理,成立于1989年,于1998年组建上市公司。截至2020年底,深圳机场集团总资产为567.2亿元,净资产为396.6亿元;所属全资及参控股公司总计10家;用工总数8830人。深圳机场集团始终践行以“人民为中心”的发展理念,持续提升服务品质,推出全流程爱心服务等人文举措,航站楼300多家品牌商铺率先全面实现“同城同质同价”,在民航业率先全面推进数字化转型,成为国内智慧机场建设先行者,“打造数字化最佳体验机场”项目荣获“全国质量标杆”。近年来,深圳机场集团荣获广东省政府质量奖、深圳市市长质量奖,以及“深圳十佳质量提升国企”等称号。

深圳机场集团
SHENZHEN
AIRPORT GROUP

(a)

(b)

图4-1-2 深圳机场集团

请你根据本任务的相关学习内容，结合以上材料，分析深圳机场集团的经营管理模式。

○ 课堂活动2

机场运营企业的收入可分为两大类：航空性业务收入与非航空性业务收入。其中，航空性业务是指以航空器、旅客、货物、邮件为对象，提供飞机起降与停场、旅客综合服务、安检以及航空地面保障服务。非航空性业务是指依托航空性业务提供的其他服务，主要包括货邮代理业务、特许经营权业务、租赁业务、地面运输业务、广告业务等。机场运营企业业务收费明细及标准如表4-1-1所示。航空机场的公共属性定位使得航空性业务收入偏低，相较之下，非航空性业务的盈利空间更大，并且业务类型更为多元化，可以为机场创造更多的经济效益。

表4-1-1　机场运营企业业务收费明细及标准

分类	费用	标准
航空性业务收费	起降费、停场费、客桥费、旅客服务费、安检费	中国民航局制定收费标准
非航空性业务收费	地面服务费、场地出租费、商业租赁(免税零售、含税商业)、广告特许经营、餐饮等	在地面服务费、场地出租费方面，一类机场执行市场调节价，二类、三类机场实行政府定价；在商业租赁、广告特许经营、餐饮等方面，以市场调节价为主

机场属于平台型管理机构，自从民航业走企业化道路以来，机场最初是以直接生产经营者的身份走向市场的，不仅航空性业务的“三条产品线”完全自营，而且围绕航空性业务“核心层”的零售、餐饮、广告、地产等“延伸层”的服务产品也同样以自营居多。随着航空性业务规模不断扩大，以及非航空性业务的第三方市场渐次成熟，机场管理者逐渐发现，必须首先做足做精航空性业务的“吞吐服务产品”，巩固提升机场的核心竞争力。而在非航空性业务领域，对其实行专业化经营是管理转型的必然要求，应加强安全管理、规划管理、服务管理、商圈管理等平台管理职能，将具体的非航空性业务以外包经营、租赁经营、特许经营等方式交由社会上较为成熟的服务商来经营。

自2020年12月8日以来，成功完成破产重整程序、加入辽宁方大集团大家庭后的西部航空，协同同程旅行、携程旅行、飞猪旅行、去哪儿等OTA平台及重庆江北国际机场等同业品牌，开展了多次直播(见图4-1-3)，策划执行联盟友商联合营销等活动。

机场是城市公共基础设施，围绕航空性业务实施多元化战略大有发展空间。特别是大中型机场，已经形成了以机场为核心的商业生态圈，目前全国很多机场周边都在建设临空经济区，如图4-1-4所示。机场的非航空性业态包括零售、餐饮、广告、宾馆、租赁、绿化、商务、保洁等，除此之外，机场管理机构亦有涉足地产、金融等领域者。面对激烈竞争的市场，只有能够与市场对标、坚持走专业化经营道路、具备独特核心竞争力的专业化机场经营者，才能求得生存和发展，才能进一步实现机场管理机构的效益最大化，才能最终实现专业服务商与平台管理者的共生共赢。

请你结合以上材料，谈谈对于机场未来的发展模式和收入来源的理解。

图 4-1-3　西部航空直播现场[①]

图 4-1-4　临空经济区借“机”起飞

①图片来源：http://www.caacnews.com.cn/1/6/202206/t20220620_1347126_wap.html。

任务评价

评价标准	标准分值	自评得分	互评得分	师评得分
遵守课堂纪律,按要求完成课堂活动	30分			
在课堂活动1中,能够从多个角度正确分析深圳机场(集团)有限公司的经营模式	35分			
在课堂活动2中,能够结合现代科技发展,分析机场未来的发展模式和收入来源	35分			
得分合计	100分			
总评(自评20%+互评20%+师评60%)				

任务拓展

请查阅相关资料,分析自己家乡所在地机场的运营管理模式。

任务二　机场的运行管理

任务描述

本任务主要对我国机场的运行管理进行介绍,引导学生感悟民航人的责任与担当,培养作为民航人所需具备的严谨认真、协作互助的品质,了解中国民航业在信息化时代的发展。

知识储备

民航机场的运行管理涉及多个方面,包括机场空侧运行、机场陆侧服务、机场现场指挥、航班保障、机场后勤维护、机场应急保障等。机场功能分区见图4-2-1。

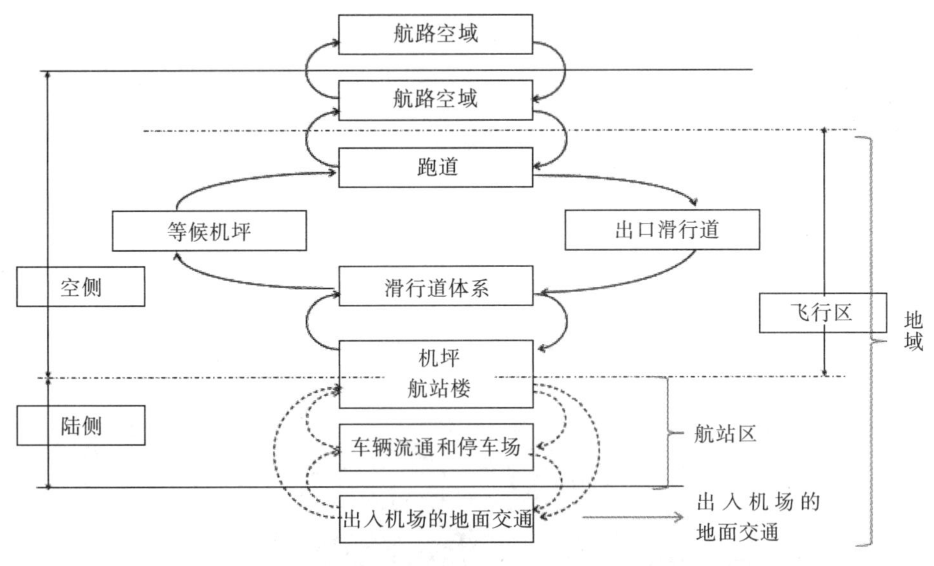

图 4-2-1　机场功能分区

一、机场空侧运行与机场陆侧服务

以安全检查和隔离管制为界限，可以将机场划分为空侧和陆侧。

（一）机场空侧运行

在安全检查和隔离管制后的区域为机场空侧（见图 4-2-2），主要包括出发和到达区域、行李分拣区域、机务维修区域、货运区域、飞行区域以及必要的服务区域。在机场空侧，机场的运行管理主要涉及航班调度、航空器起降、停机位分配、航空器地面服务等。这些工作需要通过航空器地面交通管制、航空公司、地面服务提供商等多方协调，以确保航班的正常运行。

图 4-2-2　机场空侧

1 航班调度

航班调度是指根据航班计划和航班需求，对航班进行合理的安排和调度，包括确定航班起降时间、分配停机位、安排登机口等。航班调度需要考虑航班的实际情况、机场的交通状况、航空公司的需求等多方面的因素，以确保航班的安全、准时和高效。图4-2-3为海口美兰国际机场塔台调度指挥中心。

教学视频：智慧机场——航班管理系统

图4-2-3　海口美兰国际机场塔台调度指挥中心

2 航空器起降

航空器起降是机场空侧运行管理的重要环节。在航空器起降过程中，需要严格遵守航空器的起降程序和规定，确保航空器的安全起降。这需要航空器地面交通管制人员、航空器驾驶员、地面服务人员等协调配合，以确保航空器起降过程的安全和顺利。

3 停机位分配

停机位分配是指综合考虑航班计划、航空器类型、停机位情况等因素，对停机位进行合理分配，以确保航空器的有序停靠和旅客的顺利登机、下机。停机位分配需要机场运行管理部门、航空公司、地面服务提供商等多方协调配合，以确保停机位的合理利用和航班的正常运行。图4-2-4为广州白云国际机场站坪布局。

教学视频：智慧机场——机位监测系统

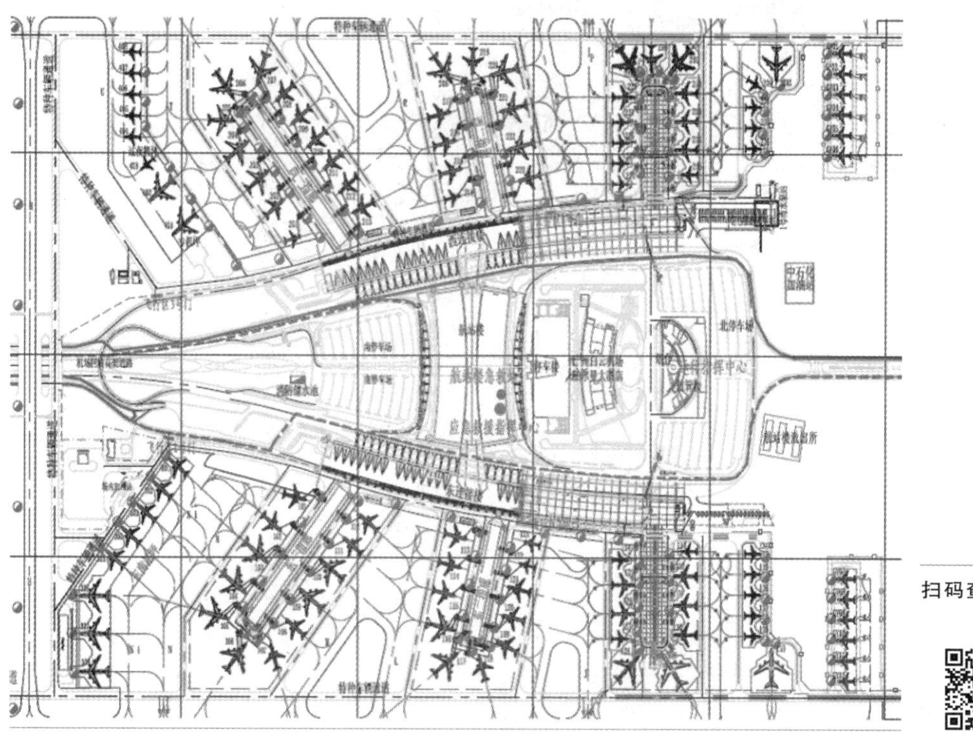

扫码查看彩图

图 4-2-4　广州白云国际机场站坪布局

4 航空器地面服务

航空器地面服务(见图 4-2-5)包括航空器的加油、清洁、维护、载客等服务,需要地面服务提供商、航空公司、机场运行管理部门等协调配合,以确保航空器地面服务的高效和高质量。

(a)

(b)

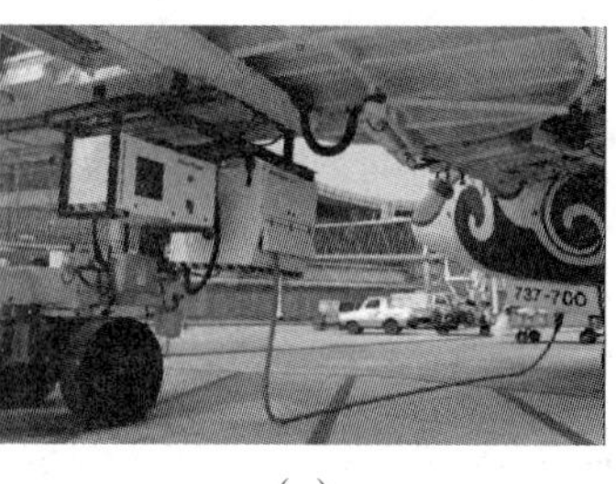

(c)

图 4-2-5　航空器地面服务

(二) 机场陆侧服务

在安全检查和隔离管制前的区域为机场陆侧,主要包括停车场、办票区域、行李托运区域以及必要的服务区域。机场陆侧涉及的机场运行管理主要包括地面交通组织、客运服务等方面。这些工作需要机场交通管理部门、停车服务提供商、客运服务机构等协调配合,以确保旅客和车辆有序进出机场。图 4-2-6 为乌鲁木齐地窝堡国际机场的陆侧规划示意图。

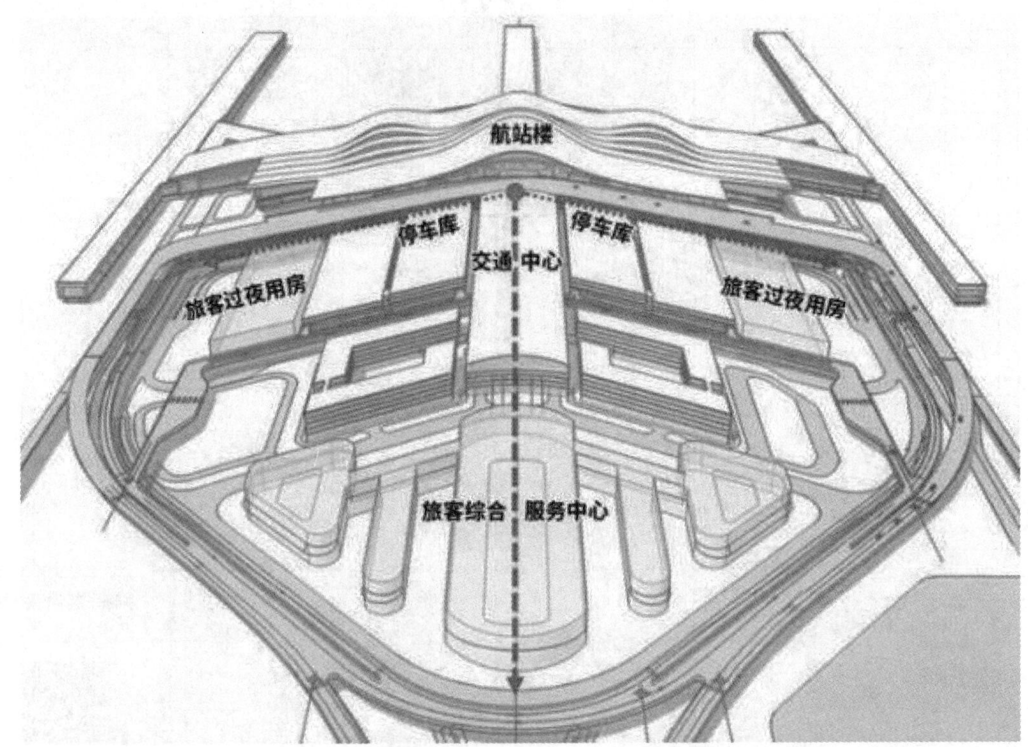

图 4-2-6 乌鲁木齐地窝堡国际机场陆侧规划示意图

1 地面交通组织

地面交通组织是机场陆侧运行管理的重要内容,是指对机场通道、停车场、客运站等进行合理的规划和组织,以确保车辆和行人有序通行。这些工作需要机场交通管理部门、交通指挥员、停车服务提供商等协调配合,以确保机场陆侧交通的顺畅和安全。

2 客运服务

客运服务包括旅客接送、行李搬运、信息咨询等方面。这些工作需要客运服务机构、机场交通管理部门、航空公司等协调配合,以确保旅客的顺利出行,为旅客提供高质量的服务体验。

二、机场现场指挥

机场现场指挥是指机场运行指挥中心对机场各项运行活动的协调和指挥。机场运行指挥中心作为控制与协调机场运行服务流程和提供应急救援服务的职能部门,其服务水平的高低将直接影响机场的市场竞争力和效益。杭州萧山国际机场联合指挥中心如图 4-2-7 所示。

图 4-2-7　杭州萧山国际机场联合指挥中心

三、航班保障

航班保障包括登机服务、行李处理、客舱清洁、燃油加注等保障服务，以确保航班正常运行、旅客获得舒适体验。

在登机服务（见图 4-2-8）方面，对旅客的登机手续办理、安检、登机指引等进行合理的组织和安排，以确保旅客顺利登机、登机服务高效和高质量。

图 4-2-8　登机服务[①]

在行李处理方面，对旅客的行李托运、行李装卸、行李转运等进行合理的组织和安排，以确保行李处理的高效和准确，让旅客的行李能够准确、安全地运输到目的地。机场行李处理系统见图 4-2-9。

图 4-2-9　机场行李处理系统

①图片来源：https://www.capse.net/article/6856。

在客舱清洁(见图4-2-10)方面,对航空器客舱的卫生清洁、设备维护等进行合理的安排,以确保旅客获得舒适体验。

图4-2-10 客舱清洁①

在燃油加注方面,遵循严格的操作流程,并对燃油质量进行检查,以确保航空器燃油安全且充足。

四、机场后勤维护

机场后勤维护是指定期对机场设施设备进行维护,包括建筑维护、设备维修、绿化保洁等,以确保机场设施设备的正常运行,营造良好的使用环境。

建筑维护是机场后勤维护的重要内容,是指对机场航站楼、停机坪、登机口等建筑设施进行定期的检查和维护,以确保建筑设施处于安全、良好的使用状态。这些工作需要机场建筑设施管理部门、维护人员、建筑工程公司等协调配合,以确保建筑设施的维护质量和效果。

设备维修是指对机场的设备设施,包括行李传送带、登机桥、安检设备等,进行定期的检修和维护,以确保设备设施的正常运行和安全使用。这些工作需要机场设备管理部门、维修人员、设备供应商等协调配合,以确保设备设施的维修质量和效果。廊桥维护保养如图4-2-11所示。

图4-2-11 廊桥维护保养

绿化保洁是指对机场的绿化景观等进行定期的修剪、浇水、清理等,如图4-2-12所示,以确保机场环境整洁和美观。这些工作需要机场园林管理部门、保洁人员、绿化公司等协调配合,以确保机场的绿化保洁工作的效率和质量。

①图片来源:http://fjnews.fjsen.com/2016—02/03/content_17308395_all.htm。

(a)

(b)

图 4-2-12 机场绿化保洁

五、机场应急保障

教学视频:智慧机场——应急调度系统

机场应急保障是指机场应对突发事件和紧急情况的保障措施,包括应急预案、救援设备、紧急演练等。机场应急保障需要高效的组织和配合,以确保机场在突发事件和紧急情况下的应对能力。

应急预案是机场应急保障的重要内容,是指对机场潜在的突发事件和紧急情况进行合理的预测和规划,包括航空器故障、天气恶劣、恐怖袭击等,由机场安保部门、救援队伍、应急管理部门等制定和实施应急预案。

救援设备包括消防设备、救援车辆、急救设施等,主要用来应对可能发生的紧急情况。这些工作需要机场安保部门、救援队伍、设备供应商等多方的协同合作。

紧急演练是一种为了提高机场应对突发事件的能力而进行的有组织、有计划的模拟训练活动。包括航空器事故应急演练、自然灾害应急演练和恐怖袭击应急演练等。图 4-2-13 为厦门市航空器突发事件应急救援综合演练活动照片。

(a)

图 4-2-13 厦门市航空器突发事件应急救援综合演练①

①图片来源:https://www.163.com/dy/article/ES7LDB440517EKHJ.html。

(b)

续图 4-2-13

任务实施

○ 课堂活动 1

学生以小组为单位，根据本任务所学内容，制定一份机场日常运行管理方案，并在小组内分部门进行模拟演示。所有小组模拟演示完毕后，进行学生自评和组间互评。

○ 课堂活动 2

2024 年 2 月 17 日至 22 日，我国西北东部、华北西部、中南北部及中部、华东北部及中部出现持续性雨雪天气，湖南北部、湖北南部、安徽南部一线出现冻雨天气，中南南部至华东中南部还出现强对流天气，对华东地区和中南地区相关机场的运行造成一定影响，此轮影响过程，天气复杂多变，不同地区出现了降雪、冻雨、冰粒、大风、低能见度及雷雨等天气。请分析这轮寒潮天气对机场运行的影响，以及为保证机场运行安全、平稳、有序，相关单位应做好哪些准备？

拓展阅读：智慧赋能

任务评价

评价标准	标准分值	自评得分	互评得分	师评得分
遵守课堂纪律，按要求完成课堂活动	30 分			
在课堂活动 1 中，能够根据所学内容，制定一份全面、准确的机场日常运行方案	35 分			
在课堂活动 2 中，能够正确分析寒潮天气对机场运行各方面的影响，能够细致全面地答出所涉及的各个单位的准备工作的内容	35 分			
得分合计	100 分			
总评（自评 20%＋互评 20%＋师评 60%）				

任务拓展

请选取与跑道入侵、飞机迫降等突发事件有关的民航机场飞行区案例，分析其中涉及哪些机场运行部门，各自做了什么工作。

任务三 国内大型航空港

任务描述

本任务主要对我国大型航空港及其特征进行介绍，引导学生了解我国大型航空港的特点和发展历程。

知识储备

一、北京首都国际机场

北京首都国际机场(Beijing Capital International Airport)，为4F级国际机场，是中国三大门户复合枢纽之一、环渤海地区国际航空货运枢纽群成员、世界级超大型机场，IATA代码为PEK，ICAO代码为ZBAA。北京首都国际机场建于1958年，原名为“北京首都机场”，后更名为“北京首都国际机场”。随着中国航空业的快速发展，北京首都国际机场经历了多次扩建和升级，成为中国极为繁忙的机场之一。北京首都国际机场实景图及其标识分别见图4-3-1、图4-3-2。

图4-3-1 北京首都国际机场实景图

图 4-3-2　北京首都国际机场标识

北京首都国际机场分别于1958年、1974年、2004年进行了扩建，现包括三个航站楼：T1航站楼、T2航站楼和T3航站楼。T1航站楼主要用于国内航班，T2航站楼主要用于国际航班和部分国内航班，T3航站楼是世界上最大的航站楼，主要用于国际航班和国内航班。北京首都国际机场为了服务于2008年北京奥运会和满足日益增长的旅客流量需求，在T3航站楼A座、B座和C座之间修建了无人驾驶的全自动旅客运输系统——自动旅客捷运系统（APM）。此外，北京首都国际机场还有专机候机楼、公务机候机楼和货运航站楼。2023年2月20日，北京首都国际机场廊坊城市航站楼开启试运行，它是北京首都国际机场首座具有全服务功能的跨省城市航站楼。

截至2016年底，北京首都国际机场拥有6家基地航空公司，分别为中国国际航空、中国东方航空、中国南方航空、海南航空、首都航空、顺丰航空。

截至 2017 年 7 月，北京首都国际机场拥有三条跑道，三条跑道的长宽分别为3800 m × 60 m、3200 m × 50 m、3800 m × 60 m，停机位共314个，可以满足大型客机和货机的起降需求，这些现代化的跑道设施大大提高了机场的运行效率。北京首都国际机场跑道俯瞰图见图 4-3-3。

扫码看彩图

图 4-3-3　北京首都国际机场跑道俯瞰图

截至2018年12月，北京首都国际机场有国内(含港澳台地区)航点160个、国际航点136个，共开通国内航线132条、国际航线120条。

北京首都国际机场是中国极为繁忙的机场，年旅客吞吐量和货物吞吐量均居全国前列。北京市统计局2024年2月发布的“数说京津冀协同发展十年成效”系列报告显示，北京首都国际机场近10年旅客吞吐量超7.7亿人次，货邮吞吐量超1800万吨，航班起降超500万架次，处于全国领先水平，已与40余个国家、210余个城市和地区实现通航。北京首都国际机场运营效率高，服务质量优秀，吸引了大量的航空公司和旅客。

北京首都国际机场曾多次获得“中国最佳机场”“全球最佳机场”“最佳卫生防疫奖”“1000万以上量级服务质量优秀机场奖”“年度可持续贡献品牌”等荣誉，在国内外享有很高的声誉。《首都机场服务标准建设经验案例》在2022年中国国际服务贸易交易会暨第七届中国机场服务大会上荣获“中国服务实践案例奖”，这表明北京首都国际机场的服务品质和管理水平得到了行业和广大旅客的认可。

北京首都国际机场作为中国的重要航空枢纽，承载着巨大的责任和压力，也展现出了巨大的发展潜力和广阔的发展空间。随着中国经济的不断发展和民航业的快速增长，北京首都国际机场将继续发挥重要作用，进一步优化设施设备，提升运行效率，为国内外旅客和航空公司提供更好的服务，为中国航空事业发展和国际交流做出更大的贡献。

二、北京大兴国际机场 

教学视频：4F级国际枢纽机场——北京大兴国际机场

北京大兴国际机场(Beijing Daxing International Airport)是在北京市大兴区建设的一座现代化大型国际机场，为4F级国际枢纽机场、国家发展新的动力源，是中国民航史上的重要里程碑，IATA代码为PKX，ICAO代码为ZBAD。北京大兴国际机场于2019年9月正式投入运营，成为北京市第二座国际机场，也是中国第二座世界一流的大型综合性机场。北京大兴国际机场的建设是为了转移北京首都国际机场的客流压力，提升北京市的航空服务水平，服务首都功能副中心，推动京津冀协同发展。北京大兴国际机场实景图及其标识分别见图4-3-4、图4-3-5。

图4-3-4　北京大兴国际机场实景图

图4-3-5　北京大兴国际机场标识

北京大兴国际机场包括一个航站楼(T3航站楼)和两座跑道。其航站楼充分体现了节能环保的理念,是中国新的标志性建筑,其主楼屋顶是一个整体结构单元,由中部8根C形柱、12个位于商业服务舱体顶部的支点共同支撑,形如展翅的凤凰,呈五指廊的造型,以旅客为中心。整个航站楼有79个登机口,旅客从航站楼中心步行到达任何一个登机口,所需的时间不超过8分钟。航站楼内拥有现代化的候机厅、登机口、商业设施等,能够满足国际航班和国内航班的需求,为旅客提供便利的服务,让旅客获得舒适的体验。北京大兴国际机场航站楼内部实景图见图4-3-6。

(a)

(b)

图4-3-6　北京大兴国际机场航站楼内部实景图

北京大兴国际机场是中国南方航空、中国联合航空、河北航空和北京航空(中国国际航空分公司)的主运营枢纽机场,也是中国东方航空和厦门航空的基地机场。2023年3月26日起,北京大兴国际机场正式启动2023年夏航季航班计划。该航季计划开通国内定期客运航线147条,陆续新增20余条国际航线及地区航线。进入夏航季后,北京大兴国际机场国内定期航班计划量为日均888架次,其中国内定期客运航班计划量为日均874架次,国内定期货运航班计划量为日均14架次。

截至2023年12月31日,北京大兴国际机场口岸开通国际客运航线以及我国港澳地区客运航线30余条,每周出入境航班达400余架次,"一带一路"共建国家航线超七成,逐步体现出北京大兴国际机场"空中丝路"的桥梁纽带作用。

北京大兴国际机场有四条跑道,包括东一跑道(宽60米、长3400米)、北一跑道(宽60米、长3800米)、西一跑道(宽60米、长3800米)、西二跑道(宽45米、长3800米),能够适应各种大中型客机和货机的起降需求,其中西一跑道和东一跑道间距达2350米,为日后机场扩建留下了充足的空间,可满足2025年旅客吞吐量7200万人次、货邮吞吐量200万吨、飞机起降量62万架次的使用需求。该机场跑道设计先进,设施完善,保障了机场的安全运行。北京大兴国际机场跑道俯瞰图见图4-3-7。

扫码看彩图

图4-3-7　北京大兴国际机场跑道俯瞰图

作为新兴机场,北京大兴国际机场的年度旅客吞吐量和货邮吞吐量在逐渐增长中。2021年,北京大兴国际机场共完成旅客量吞吐量2505.1012万人次,同比增长55.7%,全国排名第11位;货邮吞吐量185942.7吨,同比增长140.7%,全国排名第18位;飞机起降量211238架次,同比增长58.7%,全国排名第12位。2023年8月6日,北京大兴国际机场单日旅客流量首次突破15万人次,创开航以来最高纪录。图4-3-8为北京大兴国际机场的飞行区。

图4-3-8　北京大兴国际机场的飞行区

北京大兴国际机场近年来所获荣誉见表4-3-1,机场的现代化设计和优质服务得到了业界和旅客的肯定。

表 4-3-1　北京大兴国际机场所获荣誉

获得时间	荣誉信息	颁发单位
2018年6月	2017年度全国建筑业绿色建造暨绿色施工示范工程	—
2018年9月	住房和城乡建设部绿色施工科技示范工程	住房和城乡建设部
2018年11月	三星级绿色建筑设计认证	—
	节能3A级建筑认证	
2018年10月	民航科技成果评价认定	
	北京市建筑结构长城杯金质奖	
2018年12月	2018年度国际卓越项目管理(中国)大奖金奖	中国项目管理研究委员会(PMRC)
	北京市绿色生态示范区(2018—2021年)	北京市人民政府
	第一批“四型机场”示范项目	中国民用航空局
2019年4月	第十三届中国钢结构金奖工程	—
	第十三届中国钢结构金奖年度杰出工程大奖	
2020年12月	中国建设工程鲁班奖(国家优质工程)	中国建筑业协会
2021年3月	2020年度亚太地区最佳卫生措施奖	ACI
	2020年度亚太地区2500万至4000万吞吐量最佳机场奖	
2021年4月	2020年度全国绿色建筑创新奖一等奖	住房和城乡建设部
2021年6月	全国爱国主义教育示范基地	中央宣传部
2022年1月	第十九届中国土木工程詹天佑奖	中国土木工程学会

北京大兴国际机场的定位是大型国际航空枢纽、国家发展新的动力源、支撑雄安新区建设的京津冀区域综合交通枢纽，具有巨大的发展潜力和广阔的发展前景。北京大兴国际机场未来将继续扩建航站楼、增加航班数量、提升服务质量、优化设施设备，加强与国内外航空公司的合作，提升机场的国际化水平和竞争力，为推动中国民航事业的快速发展做出更大的贡献。北京大兴国际机场将与北京首都国际机场形成协调发展、适度竞争、具有国际竞争力的“双枢纽”机场格局，推动建设京津冀世界级机场群，为京津冀及周边地区的经济社会发展做出积极贡献。

三、上海浦东国际机场

上海浦东国际机场(Shanghai Pudong International Airport)位于上海市浦东新区，为4F级民用机场，是中国三大门户复合枢纽之一，长三角地区国际航空货运枢纽群成员，华东机场群成员，华东区域第一大枢纽机场、门户机场，IAT代码为PVG，ICAO代码为ZSPD。上海浦东国际机场建于1999年，是为了满足上海市日益增长的航空需求而建造的。作为中国极为繁忙的机场之一，上海浦东国际机场在过去几十年里不断扩建，朝现代化发展，以适应不断增长的乘客流量和航班数量。上海浦东国际机场实景图及其标识分别见图4-3-9、图4-3-10。

图4-3-9 上海浦东国际机场实景图

图4-3-10 上海浦东国际机场标识

上海浦东国际机场拥有两座航站楼及一座卫星厅，如图4-3-11所示，航站楼之间设有便捷的交通连接，方便旅客转机，2024年4月的统计数据显示，其总面积为145.6万平方米，有340个停机位。每个航站楼都设有登机口、行李提取区、安检通道等设施，为旅客提供便捷的服务。

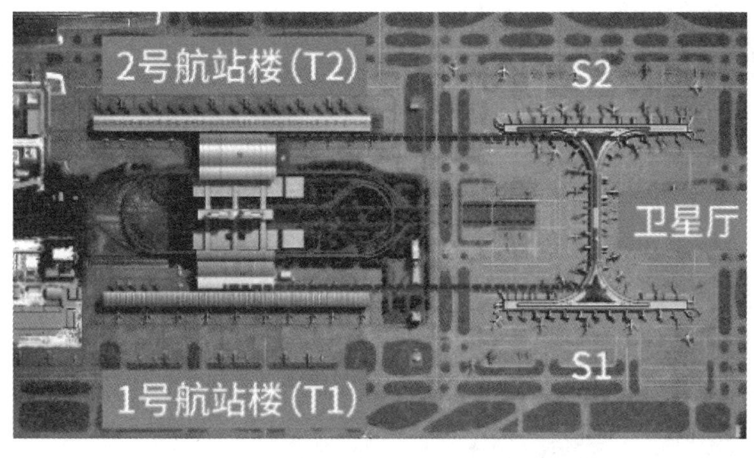

图4-3-11 上海浦东国际机场航站楼俯瞰图

上海浦东国际机场是多家航空公司的驻地机场。截至2016年底,上海浦东国际机场有中国东方航空、上海航空、吉祥航空、春秋航空等基地航空公司,通航全球250个城市。

随着第五条跑道在2017年的投入使用,上海浦东国际机场成为中国首个拥有5条跑道的民航机场,这5条跑道中有4条供上海浦东国际机场使用,1条供国产大飞机使用。供上海浦东国际机场使用的4条跑道,有2条为3800米、1条为3400米、1条为4000米,均符合4F类飞行的要求,可以满足不同类型飞机的起降需求,如可以起降包括空客A380在内的各类大型飞机。上海浦东国际机场跑道俯瞰图见图4-3-12。

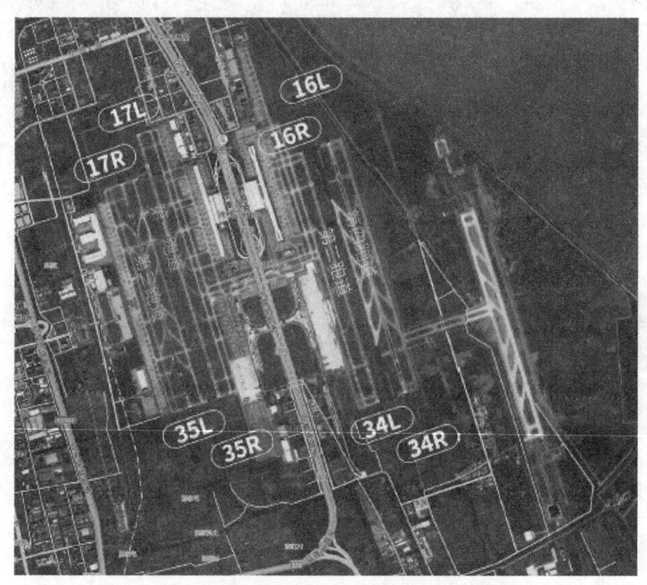

扫码看彩图

图4-3-12 上海浦东国际机场跑道俯瞰图

上海浦东国际机场是中国极为繁忙的机场之一,每年处理数百万旅客和数十万航班,体现了其作为国际航空枢纽的重要地位。2022年,上海浦东国际机场旅客吞吐量为1417.84万人次,位居中国第8位;货邮吞吐量为311.72万吨,位居中国首位;起降架次为20.44万架次,位居中国第4位。2024年2月8日,上海浦东国际机场进出港航班达1546架次;2月15日,上海浦东国际机场口岸出入境客流达24.3万人次,单日的航班量和旅客吞吐量均创下历年春运最高纪录。

上海浦东国际机场曾多次获得国际航空协会颁发的"最佳机场"奖项,荣获"全球最佳货运机场奖"、2020年度"亚太地区4000万级及以上吞吐量最佳机场奖",以及"第十九届中国土木工程詹天佑奖"等,并在ACI 2020年公布的"全球机场旅客服务满意度测评(ASQ)"中排名第一,这些荣誉是上海浦东国际机场在服务质量和管理水平方面的卓越表现的最好证明。

上海航空枢纽建设是上海国际航运中心建设的重要组成部分,是上海服务"航空强国"国家战略的重大举措。未来,上海浦东国际机场将继续扩建,朝着现代化方向不断发展,以适应不断增长的航空需求。上海浦东国际机场计划增加航站楼、扩建跑道、提升服务水平和旅客体验。上海浦东国际机场扩建工程对于提升上海浦东国际机场基础设施保障能力、加快建设上海航空枢纽意义重大。

四、上海虹桥国际机场 

上海虹桥国际机场(Shanghai Hongqiao International Airport)是上海市虹桥区的另一座主要国际机场,为4E级民用国际机场,是中国三大门户复合枢纽之一、国际定期航班机场、对外开放的一类航空口岸和国际航班备降机场,IATA代码为SHA,ICAO代码为ZSSS。上海虹桥国际机场建于1921年,是中国较早建成的民用机场之一,于2010年启用T2航站楼及第二跑道,于2014年底启动T1航站楼改造及交通中心工程。上海虹桥国际机场实景图及其标识分别见图4-3-13、图4-3-14。

图4-3-13 上海虹桥国际机场实景图

图4-3-14 上海虹桥国际机场标识

2017年9月的相关统计数据显示,上海虹桥国际机场的建筑面积为51万平方米,航站楼面积为44.46万平方米,停机坪面积约48.6万平方米,共有89个机位。机场T1航站楼有停机位66个,其中有13个登机桥位、48个远机位、2个专机位、2个货机位;T2航站楼设有80个值机柜台、47条安检通道、89个停机位,采用了自然采光、自然通风等10项节能技术。

上海虹桥国际机场有中国东方航空、上海航空、春秋航空、吉祥航空等基地航空公司。2016年,上海虹桥国际机场新增了库尔勒、吐鲁番、乌兰浩特等5个国内通航点。上海虹桥国际机场飞行区见图4-3-15。

2017年9月的相关统计数据显示,上海虹桥国际机场拥有2条跑道,分别长3400米和3300米,这两条跑道间距365米,属于国内首个近距离跑道,上海虹桥国际机场也因此成为全国首例千万级机场实施近距跑道绕滑模式的机场。

图4-3-15　上海虹桥国际机场飞行区

2022年，上海虹桥国际机场旅客吞吐量为1471.16万人次，位居中国第7位；货邮吞吐量为18.45万吨，位居中国第15位；起降架次为12.27万架次，位居中国第14位。2024年2月6日（春运出港高峰首日）至2月17日，上海虹桥国际机场共保障进出港旅客165.7万人次，保障航班起降0.9万架次。

近年来，上海虹桥国际机场获得"亚太地区最快进步奖""世界最快进步机场奖""世界机场奖中国最佳机场""最佳机场奖（千万级）"，以及三星级"双碳机场"等荣誉。上海虹桥国际机场围绕旅客需求，在提供人性化服务体验上下功夫，在服务管理上不断实现新的突破，不断擦亮人性化服务品牌。

上海虹桥国际机场有关建设是上海市建设国际航运中心、亚太航空枢纽港的重要组成部分，其中，机场服务和管理水平的提升、区位资源效率的提高尤为关键。上海虹桥国际机场围绕各方旅客安全、高效、便捷进出港这个核心，始终对标国际标准，不断提高管理和服务水平以及机场的资源利用率，在朝着极具国际竞争力的航空枢纽发展的同时，为上海市卓越的全球城市建设奠定扎实基础。

五、南京禄口国际机场

南京禄口国际机场（Nanjing Lukou International Airport）是江苏省南京市的主要国际机场，IATA代码为NKG，ICAO代码为ZSNJ。南京禄口国际机场建于1997年，是江苏省的第一个民用机场，是南京市乃至江苏省的门户，是国家主要干线机场、一类航空口岸，华东地区的主要货运机场，与上海虹桥国际机场、上海浦东国际机场互为备降机场，是国家大型枢纽机场、中国航空货物中心和快件集散中心、国家区域交通枢纽。南京禄口国际机场实景图及其标识分别见图4-3-16、图4-3-17。

图 4-3-16　南京禄口国际机场实景图

图 4-3-17　南京禄口国际机场标识

南京禄口国际机场有两座航站楼(见图 4-3-18),候机楼建筑面积为 42.5 万平方米,T1 航站楼于 1997 年 7 月 1 日启用,实行进出港分流;T2 航站楼于 2014 年 7 月 12 日启用,是主楼加长廊的前列式国内、国际综合型航站楼。T2 航站楼为绿色节能建筑,航站楼及停车楼先后获得国家"三星级绿色建筑设计标识"和"三星级绿色建筑运行标识"认证,南京禄口国际机场是全国首个拥有这两项标识认证的机场。

图 4-3-18　南京禄口国际机场航站楼

南京禄口国际机场有中国东方航空江苏有限公司、深圳航空江苏分公司、吉祥航空公司、中国邮政货运航空公司四家基地航空公司。截至 2023 年 3 月,在南京禄口国际机场运营航班的航空公司有 45 家,已形成连接欧美澳、辐射亚洲的航空网络。

南京禄口国际机场飞行区为 4F 级规模,2023 年 9 月的相关统计数据显示,该机场包含 1 条长 3600 米、宽 45 米的跑道,1 条长 3600 米、宽 60 米的跑道,2 条长 3600 米、宽 45 米的滑行道，6条脱离跑道，70个登机通道，53个停机位。南京禄口国际机场跑道俯瞰图见图4-3-19。

扫码看彩图

图4-3-19　南京禄口国际机场跑道俯瞰图

南京禄口国际机场是江苏省极为繁忙的机场之一。2015年，南京禄口国际机场完成运输起降16.6万架次，同比增长14.8%；旅客吞吐量1915万人次，同比增长17.6%，居中国第12位；货邮吞吐量32.4万吨，同比增长6.6%，居中国第10位，其中，南京禄口国际机场的旅客吞吐量增速在全国处于领先地位，在前20个千万级机场中居第1位。南京禄口国际机场航站楼内部见图4-3-20，2011—2020年所获荣誉见表4-3-2。

图4-3-20　南京禄口国际机场航站楼内部

表4-3-2　2011—2020年南京禄口国际机场所获荣誉

时间	荣誉
2020年4月	2019年CAPSE航班不正常保障服务提升卓越奖
2020年3月	2019年度亚太区最佳机场奖
2020年3月	2019年度亚太区最佳机场环境及氛围奖
2020年3月	2019年度亚太区最佳机场旅客服务奖
2020年3月	2019年度亚太区最佳机场设施和便利性奖

续表

时间	荣誉
2019年5月	2018最佳机场交通奖
2018年4月	CAPSE航空服务最佳机场奖
2017年11月	2016—2017年度中国建设工程鲁班奖(国家优质工程)
2017年6月	三星级绿色建筑运行标识
2016年11月	中国建设工程质量最高荣誉——鲁班奖
2016年3月	CAPSE航空服务最佳机场奖
2015年5月	全国文明单位
2014年12月	江苏省建筑业新技术应用示范工程
2014年4月	三星级绿色建筑设计标识
2011年	全国文明单位

南京禄口国际机场位于南京市都市圈、长三角经济圈和核心区域，是江苏对外发展的重要窗口。南京禄口国际机场将以2040年为目标年，实现旅客吞吐量7000万人次，货邮吞吐量180万吨，总控制用地范围达到29.5平方千米，将建设4条平行跑道。南京禄口国际机场以“中国大型枢纽机场、航空货运和快件中心”为战略定位，同步建设机场地面集疏运系统特别是机场至南京南站的地铁，以保证航空旅客和货物的快速集散，使机场真正成为区域交通的枢纽。未来，南京禄口国际机场将充分发挥航空运输的优势作用，带动机场周边地区的产业发展，加快“航空城”的规划和建设，促进机场与城市的共同繁荣与发展。

任务实施

课堂活动1

请选择一个你感兴趣的机场，结合机场所在城市的经济、交通、人口等情况，从机场的发展历程、驻机场的航空公司、航站楼、跑道、旅客吞吐量、货邮吞吐量、荣誉称号、未来规划等角度对该机场进行分析，并谈谈“一市两场”的战略性意义。

课堂活动2

中国民航局组织制定了《中国民航四型机场建设行动纲要(2020—2035年)》，为中国机场未来发展指明了方向，要求建设以“平安、绿色、智慧、人文”为核心的四型机场。其中，智慧机场是智能化的发展，更是智慧化的应用，是生产要素全面物联，数据共享、协同高效、智能运行的机场；绿色机场是在全生命周期内实现资源集约节约、低碳运行、环境友好的机场；平安机场是安全生产基础牢固，安全保障体系完备，安全运行平稳可控的机场；人文机场是秉持以人为本，富有文化底蕴，体现时代精神和当代民航精神，弘扬社会主义核心价值观的机场，既体现了旅客至上的服务理念，也体现了对机场工作人员的人文关怀。四个要素相辅相成、不可分割：平安是基本要求，绿色是基本特征，智慧是基本品质，人文是基本功能。机场建设要以智慧为引领，通过智慧化手段加快推动平安、绿色、人文目标的实现，由巩固硬实力逐步转向提升软实力。

请选择一个你感兴趣的机场，查阅相关资料，在课堂活动1的基础上，从四型机场的四个方面对所选机场进行分析。

任务评价

评价标准	标准分值	自评得分	互评得分	师评得分
遵守课堂纪律，按要求完成课堂活动	30分			
在课堂活动1中，能够根据收集到的资料，全面分析所选机场	35分			
在课堂活动2中，能够进一步从四型机场的四个方面分析所选机场	35分			
得分合计	100分			
总评(自评20%＋互评20%＋师评60%)				

任务拓展

请结合我国大型航空港的发展现状，分析我国四大世界级机场群的发展趋势。

线上答题:项目四

项目五　空中交通管理

项目目标

○ 知识目标

(1) 掌握空中交通管理的相关概念。

(2) 了解空中交通管制单位,掌握空中交通管制服务相关内容。

(3) 了解空中交通流量管理的方法和原则。

(4) 了解航行情报服务相关内容。

○ 能力目标

(1) 能够说出空中交通管理的相关概念名称及其具体内容。

(2) 能够简要说出空中交通管制单位及其服务内容、空中交通流量管理的方法和原则。

(3) 能够简单识读航图、航行资料。

○ 素质目标

(1) 培养严谨的工作态度。

(2) 树立高度的安全意识和责任意识。

知识导图

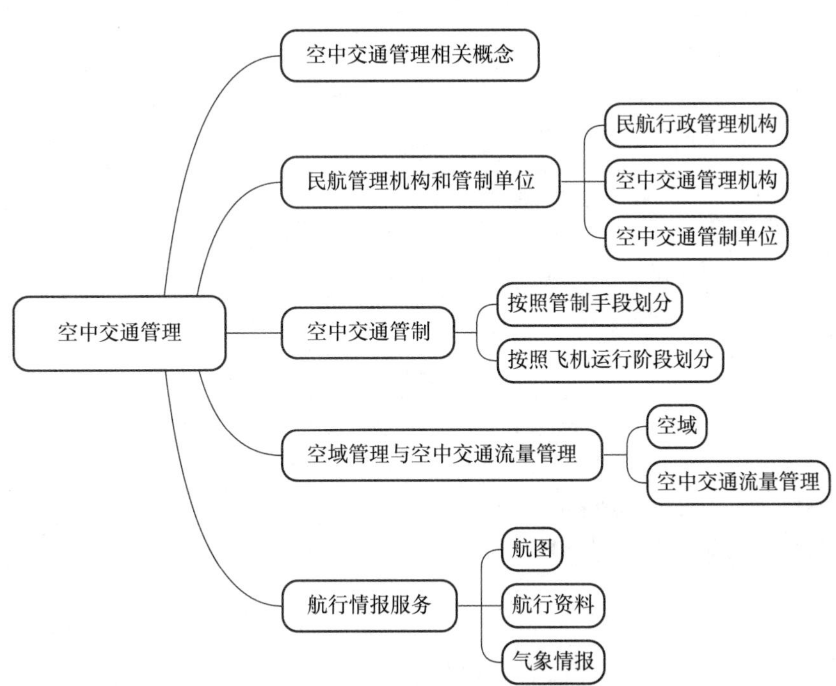

任务一　空中交通管理相关概念

任务描述

本任务主要引导学生理解并掌握空中交通管理相关概念名称及其具体内容，加深对相关概念的层次结构的理解。

知识储备

教学视频：空中交通规则

空中交通是指一切航空器在空中或在机场机动区内的运行。

空中交通管理（Air Traffic Management，ATM）是指各方协同，通过提供设施和无间隙的服务，以及使用机载和地面功能，以安全、经济、高效的方式对空中交通和空域进行动态和一体化管理。

空中交通管理包括以下三个部分：空中交通服务（Air Traffic Service，ATS）、空域管理（Airspace Management，ASM）、空中交通流量管理（Air Traffic Flow Management，ATFM），如图5-1-1所示。

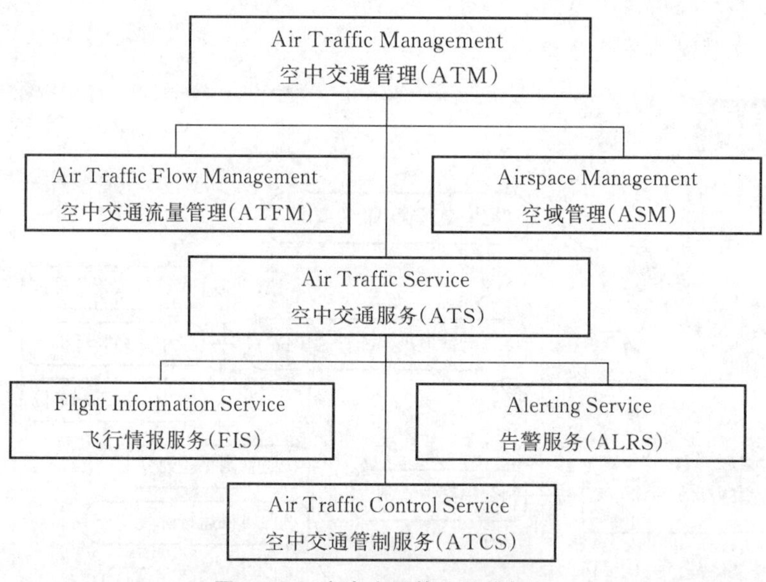

图5-1-1　空中交通管理结构框架

一、空中交通服务

空中交通服务是指对航空器的运行进行实时调节与协助，以确保它们的安全。空中交通服务由以下三种服务组成：空中交通管制服务（Air Traffic Control Service，ATCS）、飞行

情报服务(Flight Information Service,FIS)、告警服务(Alerting Service,ALRS)。

1 空中交通管制服务

教学视频:空中交通管制的运作方式

空中交通管制服务的目标包括:防止航空器与航空器相撞;防止在机动区内的航空器与该区内的障碍物相撞;加速并维持有秩序的空中交通流。

空中交通管制服务可进一步划分为以下三个部分:

① 机场管制服务(Aerodrome Control Service,ACS),由塔台管制室提供服务。

② 进近管制服务(Approach Control Service,ACS),由进近管制室提供服务。

③ 区域管制服务(Area Control Service),由区域管制室提供服务。

2 飞行情报服务

飞行情报服务是指提供有助于安全有效实施飞行的建议和情报。

对于可能受飞行情报影响的,并且已接受空中交通管制服务的所有航空器,空中交通服务单位应向其提供飞行情报服务。当空中交通服务单位同时提供飞行情报服务和空中交通管制服务时,如果空中交通管制服务有特别的要求或紧急情况,空中交通管制服务应当优先。

飞行情报服务内容包括:气象情报;关于无线电导航服务可用性变动的情报;关于机场和有关设施变动的情报,特别关注机场活动区受雨、雪、冰污染的情况或重要积水深度的情况;可能影响安全的其他情报(如交通情报等)。

3 告警服务

告警服务是指通知有关组织关于需要对航空器进行搜寻救援的情报,并根据需要协助该组织进行搜寻救援。

告警服务应当提供给已接受空中交通管制服务的所有航空器。告警服务不是一种孤立的服务,而是与空中交通管制服务以及飞行情报服务相结合的一种服务。当一架在管制空域内的航空器被认为处于紧急状态时,负责该空域的空中交通管制单位应当通知援救协调中心以及航空器营运人。

二、空域管理

空域管理有助于将所有空域发展成能够灵活地应对空域用户短期需求变化的统一整体。这将以对空域配置的无缝管理为基础,并且需要各方进行不间断的信息共享,从而使网络得到最优利用。

空域管理是指在一个特定的空域结构内,根据不同类别空域用户的短期需求,通过让用户动态分时共享空域,或者隔离不同用户的空域,达到最大限度地利用可用空域。

三、空中交通流量管理

空中交通流量管理是指为飞机运营者提供及时、精确的信息以规划和实施一种经济的空中运输,为尽可能准确地预报飞行情报、减少延误而设置的服务。空中交通流量管理有助于空中交通安全、有序、快捷地流通,确保最大限度地利用空中交通管制服务的容量并符合有关空中交通服务当局公布的标准和容量。

完成航线规划之后,便是使飞行容量与可用容量相匹配,以充分利用空域。

任务实施

○ **课堂活动**

学生以两人为一组,进行组内互动:一方说出空中交通管理的相关概念,另一方说出相应概念的英文表述及其包含的内容。这一活动主要考核学生对空中交通管理相关概念及其层次结构的掌握情况。一轮互动结束后,组内双方身份对调,再进行一轮互动。在每轮互动结束后,须对作答方的回答情况进行打分。

要求:

(1) 分清空中交通管理与空中交通服务概念的层次结构。

(2) 对于空中交通管制服务、飞行情报服务、告警服务,需要说出具体的服务内容。

任务评价

评价标准	标准分值	自评得分	互评得分	师评得分
小组成员合作良好、分工明确,遵守课堂纪律	50分			
在课堂活动中,能区分空中交通管理与空中交通服务的概念和层次结构	20分			
在课堂活动中,能答出空域管理、空中交通流量管理的概念和内容	10分			
在课堂活动中,能答出空中交通管制服务的概念和内容	10分			
在课堂活动中,能答出飞行情报服务、告警服务的概念和内容	10分			
得分合计	100分			
总评(自评×20%+互评×20%+师评×60%)				

任务拓展

请通过网络搜索并查看空中交通管理的相关视频,加深对空中交通管理基础概念的理解。

任务二　民航管理机构和管制单位

任务描述

本任务主要对民航行政管理机构进行介绍，详细阐述了各部门的主要职责和相互关系，对各部门之间协调工作的方法进行了说明，引导学生全面了解我国现行的空中交通管理制度。

知识储备

一、民航行政管理机构

我国民航行政管理目前分为三级机构管理形式，分别是中国民用航空局、民航地区管理局、省（自治区、直辖市）安全监督管理局。中国民用航空局下设七个地区管理局：东北地区管理局、华北地区管理局、华东地区管理局、中南地区管理局、西南地区管理局、西北地区管理局、新疆管理局，每个地区管理局下面又分别设有若干省（自治区、直辖市）安全监督管理局。

二、空中交通管理机构

中国民用航空局空中交通管理局（简称民航局空管局）是中国民用航空局管理全国空中交通服务、民航通信、导航、监视、航空气象、航行情报的职能机构。我国民航空管系统现行行业管理体制为民航局空管局—地区空管局—空管分局（站）三级管理，如图5-2-1所示；运行组织形式基本是以区域管制、进近管制、机场管制为主线的三级空中交通服务体系。

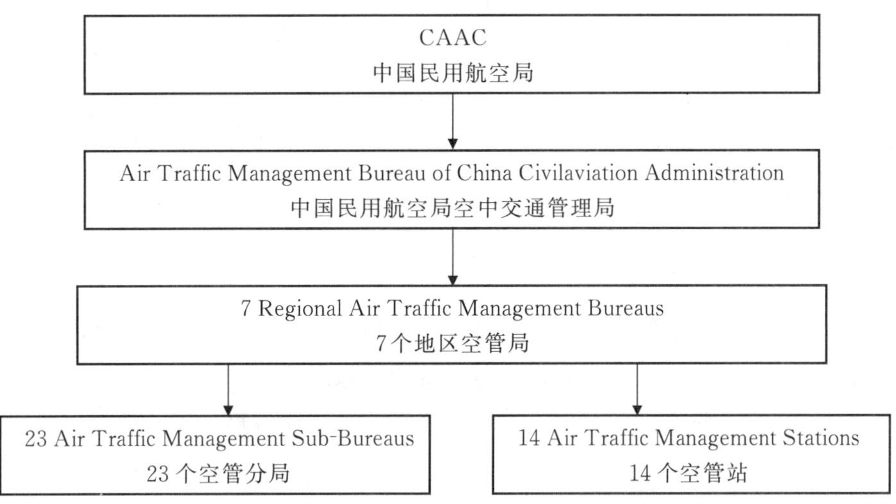

图5-2-1　我国民航空管系统三级管理体制

我国地区空管局和空管分局(站)具体如表5-2-1所示。

表5-2-1　我国地区空管局和空管分局(站)

<table>
<tr><th>地区空管局</th><th>空管分局/站</th><th>地区空管局</th><th>空管分局/站</th></tr>
<tr><td rowspan="5">华北地区空管局
(北京)</td><td>天津空管分局</td><td rowspan="11">中南地区空管局
(广州)</td><td>河南空管分局</td></tr>
<tr><td>河北空管分局</td><td>湖北空管分局</td></tr>
<tr><td>山西空管分局</td><td>湖南空管分局</td></tr>
<tr><td>内蒙古空管分局</td><td>广西空管分局</td></tr>
<tr><td>呼伦贝尔空管站</td><td>海南空管分局</td></tr>
<tr><td rowspan="10">华东地区空管局
(上海)</td><td>浙江空管分局</td><td>深圳空管站</td></tr>
<tr><td>江苏空管分局</td><td>桂林空管站</td></tr>
<tr><td>安徽空管分局</td><td>三亚空管站</td></tr>
<tr><td>福建空管分局</td><td>湛江空管站</td></tr>
<tr><td>江西空管分局</td><td>汕头空管站</td></tr>
<tr><td>山东空管分局</td><td>珠海空管站</td></tr>
<tr><td>温州空管站</td><td rowspan="3">东北地区空管局
(沈阳)</td><td>黑龙江空管分局</td></tr>
<tr><td>青岛空管站</td><td>吉林空管分局</td></tr>
<tr><td>厦门空管站</td><td>大连空管站</td></tr>
<tr><td>宁波空管站</td><td rowspan="3">西南地区空管局
(成都)</td><td>重庆空管分局</td></tr>
<tr><td rowspan="3">西北地区空管局
(西安)</td><td>甘肃空管分局</td><td>贵州空管分局</td></tr>
<tr><td>宁夏空管分局</td><td>云南空管分局</td></tr>
<tr><td>青海空管分局</td><td>新疆空管局
(乌鲁木齐)</td><td>阿克苏空管站</td></tr>
</table>

需要注意的是,地区空管局与民航局空管局存在一定的区别。中国民航局—地区管理局—省(自治区、直辖市)安全监督管理局这一机构层级属于行政管理范畴。在运行职能和业务管理范畴上,我国空管系统是由民航局空管局—地区空管局—空管分局(站)构成。行政管理机构对运行、业务职能机构行使监督管理。行政管理机构与运行、业务职能机构关系如图5-2-2所示。

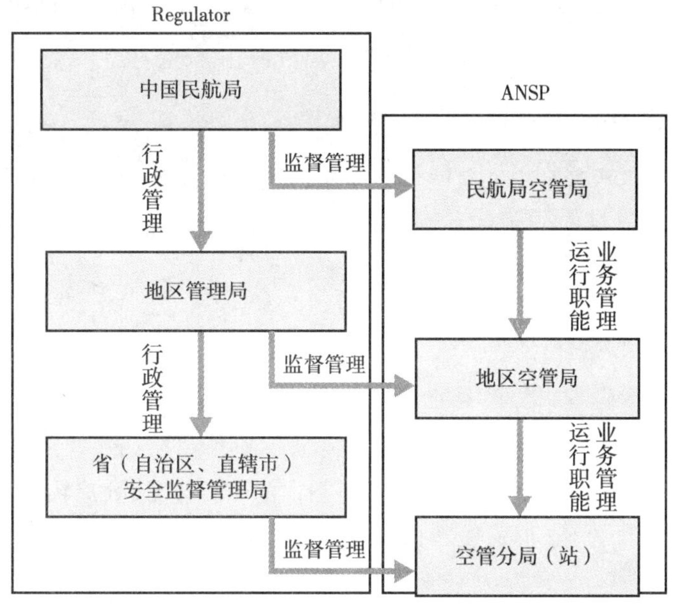

图 5-2-2 行政管理机构与运行、业务职能机构的关系

三、空中交通管制单位

民用航空空中交通管制工作分别由不同的空中交通管制单位实施。这些单位包括：民航空管飞行计划处理中心、民航局空管局运行管理中心、民航局运行监控中心、地区空管局运行管理中心、地区空中交通流量管理单位、空中交通服务报告室、机场塔台管制单位（简称塔台管制单位）、进近/终端管制单位、区域管制单位。

各个空中交通管制单位的工作区各不相同，图 5-2-3 为塔台管制室、进近管制室、区域管制室的工作区示意图。

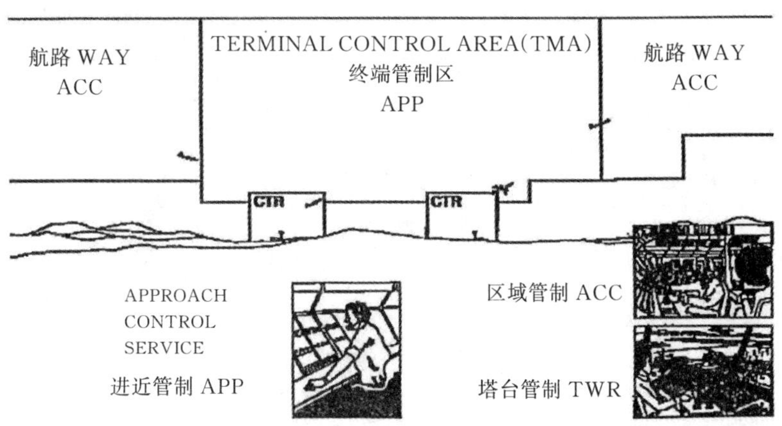

图 5-2-3 塔台管制室、进近管制室、区域管制室工作区示意图

1 民航空管飞行计划处理中心

民航空管飞行计划处理中心位于上海，负责为下列民航活动接收、审核以及派发飞行

计划:定期公共航空运输飞行、非定期公共航空运输飞行、沿航路飞行的通用航空飞行。大多数的飞行计划都由自动化系统自动处理。

2 民航局空管局运行管理中心

民航局空管局运行管理中心负责监督全国范围内的有关飞行,控制全国的飞行流量,组织承办专机飞行的有关管制工作并掌握其动态,处理特殊情况下的飞行,审批不定期航班的飞行申请和外国航空器非航班的飞行申请。

3 地区空管局运行管理中心

地区空管局运行管理中心负责监督、检查本地区管理局管辖范围内的飞行,组织协调本地区管理局管辖范围内各管制单位之间以及管制单位与航空器经营单位的航务部门之间飞行工作的实施;控制本地区管理局管辖范围内的飞行流量,处理特殊情况下的飞行;承办专机飞行的有关工作,掌握有重要客人的飞行、在边境地区的飞行和执行特殊任务的飞行。

4 空中交通服务报告室

空中交通服务报告室负责审查航空器的飞行预报及飞行计划,向有关管制室和飞行保障单位通报飞行预报和动态,由管制单位根据本单位实际需要设置,通常包含飞行计划处理席、动态维护席、主任席。

5 塔台管制单位

塔台管制单位负责对本塔台管辖范围内航空器的开车、滑行、起飞、着陆,以及与其有关的机动飞行进行管制。没有机场自动情报服务的塔台管制室,还应当提供航空器起飞、着陆条件等情报。塔台管制工作的席位设置和职责如表5-2-2所示。

表5-2-2　塔台管制工作的席位设置和职责

席位(Position)	职责(Responsibility)
机场管制席(Approach Control Position)	为航空器的起飞(Take-off)、着陆(Landing)等提供ATS
地面管制席(Ground Control Position); 40000架次以上或Ⅱ类盲降运行	为航空器的推出(Pushback)、开车(Startup)等提供ATS
放行许可发布席(Clearance Delivery Position); 100000架次以上	发布放行许可(Clearance Delivery)
主任席(Supervisor Position)	监控、流量管理、协调

图5-2-4为塔台管制员的工作场景。

图 5-2-4 塔台管制员工作场景

6 进近/终端管制单位

进近/终端管制单位负责一个或数个机场的航空器进场、离场的管制工作。当一个或数个机场附近的流量较大或较复杂时,应当设立进近/终端管制单位,如果该单位只为一个机场的进场、离场的飞机提供管制服务,则该单位为进近管制单位,否则为终端管制单位。

根据使用的监视设施的不同,可以将管制方法分为以下几类。

① 程序管制:没有监视设施,并且管制员具备进近程序管制签注资质。

② 雷达管制:使用监视雷达,并且管制员具备进近雷达管制资质。

③ 广播式自动相关监视(ADS-B):使用 ADS-B 设备,并且管制员具备进近管制签注和 ADS-B 签注资质。

进近管制单位的工作席位设置和设置标准如表 5-2-3 所示。

表 5-2-3 进近管制单位工作席位设置和设置标准

席位 (Position)	设置标准 (Standard for Establishment)
进近管制席 (Approach Control Position)	必须 (Compulsory)
进场管制席以及离场管制席(或者设立多个进近管制席) (Arrival Control Position & Departure Control Position or Multiple Approach Control Positions)	年起降架次达 60000 架次 (More than 60000 Annual Movement)
主任席 (Supervisor Position)	必须 (Compulsory)
飞行计划处理席、通报协调席、军方协调席、流量管理席 (Flight Plan Processing Position, Coordination Position, ATFM Position)	按需设置 (On Demand)

图 5-2-5 为进近管制室工作场景。

图 5-2-5　进近管制室工作场景

7 区域管制单位

区域管制单位负责向本管制地区内受管制的航空器提供空中交通管制服务，受理本管制地区内执行飞行任务的航空器的飞行申请，负责管制工作并向有关单位通报飞行预报和动态。区域管制室的工作场景如图 5-2-6 所示。

图 5-2-6　区域管制室工作场景

任务实施

○ **课堂活动**

学生以两人为一组，进行组内互动：一方提问民航行政管理机构的组成，另一方回答；一方提问空中交通管理的运行、业务职能机构的组成，另一方回答；一方提问塔台管制室、进近/终端管制室、区域管制室的工作内容，另一方回答。一轮互动结束后，组内双方身份对调，再进行一轮互动。在每轮互动结束后，须对作答方的回答情况进行打分。

要求：

(1) 分清民航行政管理机构与运行、业务职能机构的区别与联系。

(2) 分清在整个航班起降阶段，塔台管制室、进近/终端管制室、区域管制室的管辖范围与职能。

任务评价

评价标准	标准分值	自评得分	互评得分	师评得分
小组成员合作良好、分工明确，遵守课堂纪律	50分			
能够掌握民航行政管理机构与运行、业务职能机构的区别与联系	25分			
能够分清塔台管制室、进近/终端管制室、区域管制室在整个航班起降阶段的管辖范围与职能	25分			
得分合计	100分			
总评(自评×20%＋互评×20%＋师评×60%)				

任务拓展

在中国民航局官网查询民航系统相关机构，并厘清它们之间的层级架构。

任务三 空中交通管制

任务描述

本任务主要引导学生理解并掌握空中交通管制的内容与相关概念，包括程序管制、雷达管制、机场管制、进近管制、区域管制等内容。

知识储备

空中交通管制是指利用技术手段和设备对飞机在空中的飞行情况进行监视与管理，以保障其飞行安全和飞行效率。按照管制手段的不同，可将空中交通管制分为程序管制和雷达管制；按照飞机运行阶段的不同，可将空中交通管制分为机场管制、进近管制和区域管制。

一、按照管制手段划分

(一)程序管制

在引入雷达之前，空中交通管制主要通过无线电通信按照规定的程序来完成，因此称为“程序管制”。程序管制是指管制员基于预先提供的飞行计划和预先确定的飞行路线/飞行程序，依据航空器驾驶员的报告来确定航空器的位置，并预测航空器之间的位置关系，据此来指挥空中交通。

在具体组织飞行时,管制员依据飞行计划和飞行进程单获得基本信息和手段。

1 飞行计划

飞行计划是由航空器使用者在飞行前向空中交通服务单位提供的关于航空器一次预定飞行或部分飞行的规定资料。空中交通管制服务单位根据批准的飞行计划为航空器提供管制服务。另外,在航空器发生事故时,飞行计划是搜索救援的基本依据。飞行计划的内容包括飞行任务性质、航空器呼号、航班号、航空器型别、特殊设备、真空速或马赫数、起飞机场、预计起飞时间、巡航高度层、飞行航线、目的地机场、预计飞行时间、航空器国籍和登记标志、航空器携油量、备降机场等。

飞行计划一般需要提前一天交给起飞机场的空中交通管制部门,紧急情况下可在起飞前1小时交付。空中交通管制部门在考虑了空中交通的总体情况并对飞行计划进行审核后,批准飞行计划,或与提交的人员协商,做出修改后再批准。在飞机起飞后,飞行计划由始发机场通过航空电信网发至各飞行情报中心、相关区域管制中心和目的地机场的管制单位。飞机在飞行中因为天气或事故等改变飞行计划时,应立即通知空管单位。飞机到达目的地机场后,要立即向空管当局做到达报告,至此这次飞行计划才算完成。

2 飞行进程单

飞行进程单(Flight Progress Strip)是用来实行和记录程序管制过程的,如图5-3-1所示。

<table>
<tr><td rowspan="2">CES7325
A 1073

B73C/M W/Z</td><td>LX
0736</td><td rowspan="2"></td><td rowspan="2"></td><td rowspan="2">ZSWZ

0743
ZGGG</td></tr>
<tr><td></td></tr>
</table>

图5-3-1 飞行进程单

一架航空器进入管制区域前,空中交通管制单位应当填写好记录有该航空器信息的飞行进程单。在这架航空器飞行的过程中,管制员应当把通过各种渠道获得的该航空器的动态、管制指令及其他有关内容及时、准确地记入相应的飞行进程单。

飞行进程单的内容主要包括:飞机的识别号、进程单的编号、飞机的型号、计算机识别号(只用于自动打印的进程单)、应答机编号、建议离场时间、申请高度、飞离的机场、航路及目的地机场,以及飞行中的各项实际数据(如离场的实际时间、离场的跑道号等)。在程序管制中接收飞行进程单是始发机场的一项主要工作,塔台管制员根据飞行进程单给出飞行许可,然后按实际飞行情况填写飞行进程单,再由自动终端情报服务系统把这些情报发送出去。区域管制中心根据飞行计划和驾驶员报告的位置及有关信息填写飞行进程单,当发现航空器间隔过小时,应立即采取措施调配间隔。每个飞行班次都有一份飞行进程单,在飞机到达、离去时进行填写并转发出去,管制单位根据飞机到达时间的先后和飞行的路线,把它们排列起来,然后逐架给出许可,从而保证飞机的间隔和飞行顺序。

(二)雷达管制服务

1 一般规则

雷达管制服务(Radar Control Service)是指直接使用雷达信息来提供空中交通管制服务。空管自动化设备可以实时、准确地将空中每架航班的呼号、机型、高度、速度、起飞机场和目的地机场等信息展现在管制员面前的雷达屏幕上,管制员直接使用这些信息来提供空中交通管制服务。

将一次雷达和二次雷达用于空中交通管制时,可单独使用一次雷达或二次雷达,或是将二者组合起来使用。一次雷达应当在二次雷达不能达到空中交通管制要求时使用。二次雷达系统,特别是具有单脉冲技术及S模式和数据链能力的系统,可作为主要雷达监视系统单独使用。接受雷达服务的航空器的架数不得超过在繁忙情况下能安全处理的架数,其限制因素主要包括:有关管制区或扇区的结构所造成的复杂的局面,所使用的雷达功能、技术的可靠性及可用性所能达到的程度,对雷达管制员的工作量及扇区接受能力的评估等。一次雷达原理图和二次雷达原理图分别见图5-3-2和图5-3-3。

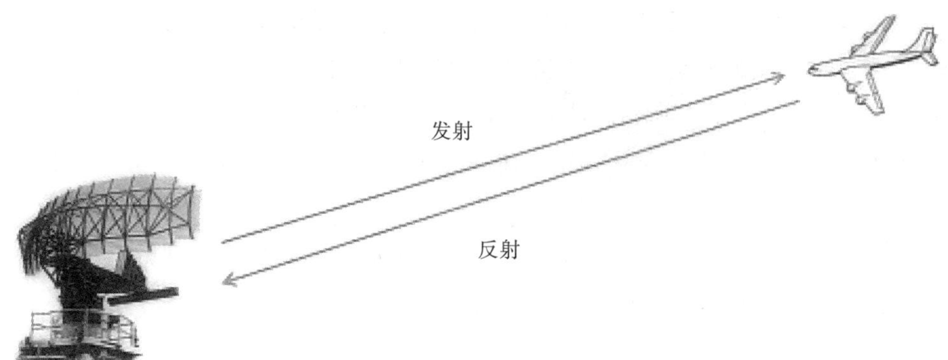

图5-3-2 一次雷达原理图

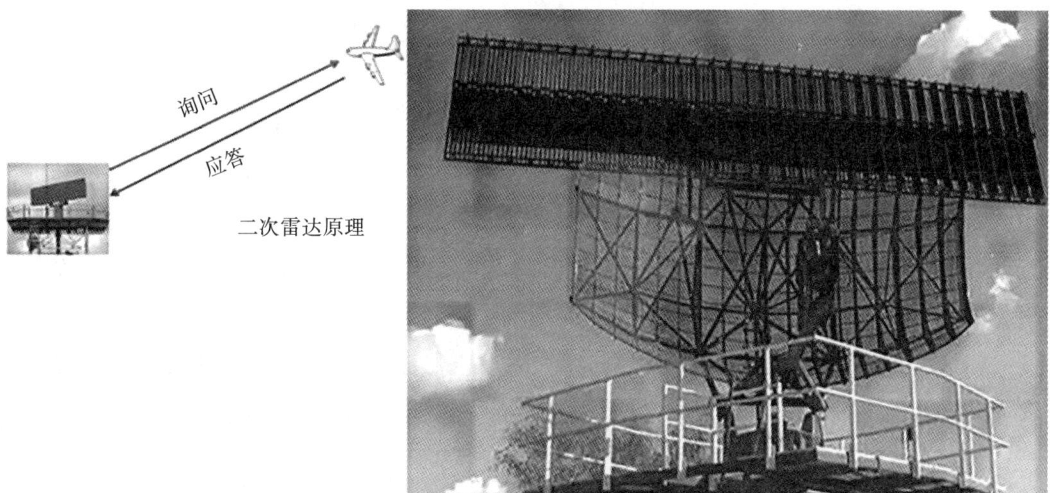

图5-3-3 二次雷达原理图

2 雷达识别

雷达识别是将某一特定的雷达目标或雷达位置符号与某一特定航空器相关联的过程。在向航空器提供雷达管制服务前，雷达管制员应当对航空器进行识别确认，并保持该识别直至雷达管制服务终止。失去识别的，应当立即通知相关航空器，并重新识别或终止雷达管制服务。首次建立对航空器的雷达识别或暂时失去目标后重新建立对航空器的识别的，应当向航空器通报其已被识别。当观察到两个或多个雷达位置指示符相近，或观察到指示符在同时做相似的移动，以及遇到其他引起对目标怀疑的情况时，雷达管制员应当采用两种以上识别方法进行识别，直至确认为止，也可终止雷达管制服务。

3 雷达管制移交

雷达管制移交应当建立在雷达识别的基础上，或者按照移交双方的具体协议进行，使接收方能够在与航空器建立无线电联系时立即完成识别。进行雷达管制移交时，被移交航空器的间隔应当符合接收方所认可的最低间隔，同时移交方还应当将指定给航空器的高度及有关引导指令通知接收方。在管制单位内部或者管制单位之间进行的雷达识别的移交，应当在雷达有效监视范围内进行，若技术上无法实施，则应当在管制移交协议中进行说明，或者按规定提前进行管制移交。实施移交时，移交方应当遵守以下规定。

(1) 在航空器进入接收方所辖区域前完成雷达管制移交。

(2) 除非另有规定，在改变已被移交的航空器的航行诸元或标牌数据前，应当得到接收方的同意。

(3) 与航空器脱离联络前，应当保证本区域内潜在的飞行冲突和不利影响已得到正确处理，必要的协调已完成，并保证间隔的有关飞行限制已通知接收方。

(4) 除非另有协调，应当按照接收方的限制实施移交。

(5) 在雷达识别的转换被接受后，及时与航空器脱离联络。

(6) 除非在协议和指令中已经提及，否则应当将标牌或飞行进程单上没有的指定航向、空速限制、发出的高度信息、观察到的航迹和上一航段飞行情况、不同于正常使用的或预先协调的应答机编码等信息通知接收方。

(7) 保持标牌与相应的目标相关。

(8) 在管制员给定的导航设备作用距离之外飞行的航空器，应当通知接收方对其进行雷达监控。

(9) 管制移交前，为保证被移交航空器与本区域其他航空器的间隔，应当向接收方发出必要的飞行限制。

(10) 接收方口头证实或自动移交时，如果航空器已被接收方识别，则可认为已经完成移交。

4 雷达管制最低间隔

飞机之间的间隔分为纵向间隔、横向间隔、垂直间隔，如图 5-3-4 所示。

图 5-3-4 飞机间隔示意图

雷达管制的最低间隔(以下简称雷达间隔)适用于所有被雷达识别的航空器之间,或一架正在起飞并在跑道端 2 km 内将被识别的航空器与另一架被识别的航空器之间。等待航线上的航空器之间不得使用雷达间隔。雷达间隔应当符合如下规定。

(1) 进近管制不得小于 6 km,区域管制不得小于 10 km。

(2) 在相邻管制区使用雷达间隔时,雷达管制的航空器与管制区边界线之间的间隔在未经协调前,进近管制不得小于 3 km,区域管制不得小于 5 km。

(3) 在相邻管制区使用非雷达间隔时,雷达管制的航空器与管制区边界线之间的间隔在未经协调前,进近管制不得小于 6 km,区域管制不得小于 10 km。

无论是程序管制还是雷达管制,飞机垂直间隔都应按照如图 5-3-5 所示的飞行高度层来配备,遵循"东单西双"的原则:航向向东飞行的航空器,米制高度层为单数;航向向西飞行的航空器,米制高度层为双数。

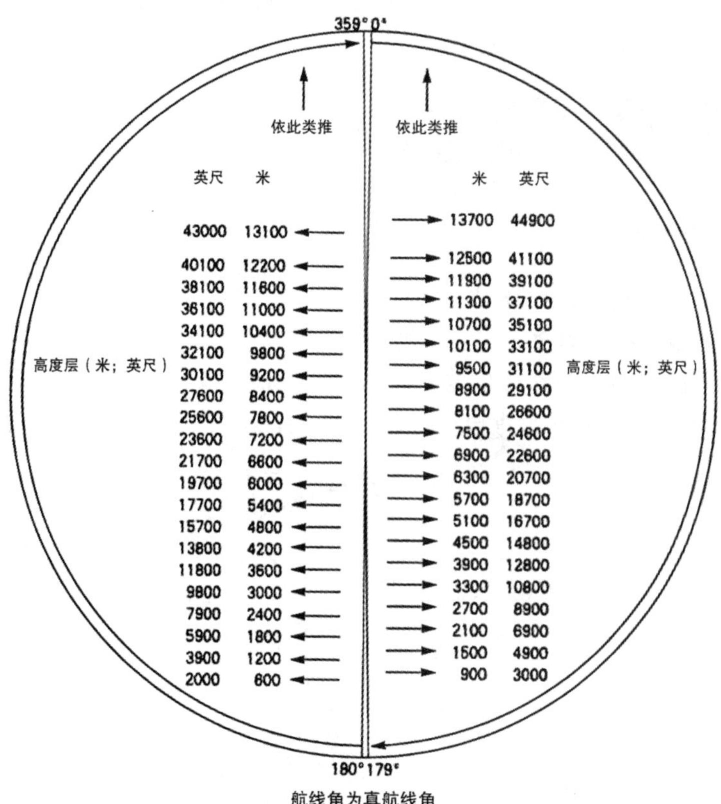

注:英尺为百位整数,百位以下数字四舍五入。用英尺高度表的航空器必须按表中相应的英尺制高度飞行。

图 5-3-5 飞行高度层(飞机垂直间隔)配备示意图

5 雷达引导

雷达引导是指在使用雷达的基础上，以特定的形式向航空器提供航行引导。雷达管制员应当通过指定航空器的应飞航向实施雷达引导，在实施雷达引导时，应当引导航空器尽可能沿便于航空器驾驶员利用地面设备检查自身位置及恢复自主领航的路线飞行，避开已知危险天气。

雷达管制员在对离场航空器进行引导时，应当尽可能遵循标准离场航线和规定高度。

在航空器起飞前，雷达管制员应当指定航空器应飞的起始航向。

在航空器起飞后，雷达管制员应立即对航空器实施雷达引导，引导其按仪表飞行规则飞行。

当航空器偏离标准离场航线时，雷达管制员应当确保航空器在飞越地面障碍物时，有不低于300 m的超越障碍的余度。

雷达管制员在对进场航空器进行引导时，应当利用雷达引导航空器迅速地由航路阶段过渡到可进入最后仪表进近、目视进近或雷达进近的某点；雷达管制员引导航空器进行起始进近和中间进近时，还可以向航空器提供监视雷达进近和精密雷达进近。雷达管制员引导航空器切入最后进近时，应当确保切入点距外指点标或最后进近定位点不少于4 km；除非气象条件适于做目视进近，而且航空器驾驶员有要求时，航空器高度不得低于精密进近的下滑道或公布的非精密进近程序的下降高度；引导航空器穿越最后进近航道时，雷达管制员应当在穿越前通知航空器驾驶员并说明理由。

二、按照飞机运行阶段划分 

（一）机场管制服务

机场管制服务是指向在机场机动区内运行的航空器以及在附近飞行且接收进近和区域管制以外的航空器提供的空中交通管制服务。机场机动区是指机场上供航空器起飞、着陆、滑行使用的部分，但不包括停机坪。机场附近包括起落航线（如图5-3-6所示）、FAF点之后的航段，以及从第一等待高度层（含）以下至地球表面的空间。

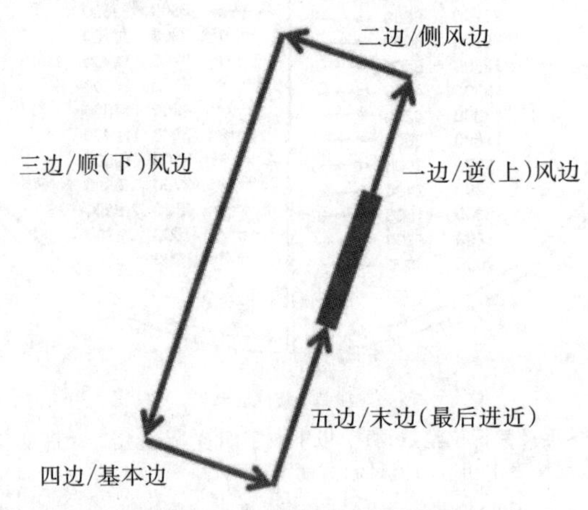

图5-3-6 机场起落航线

机场管制服务由机场管制塔台提供，因此管制员也称为“塔台管制员”。他们在塔台的高层，一般靠目视来管理飞机在机场上空和地面的运行。在飞行架次较多的大型机场（如广州白云国际机场等）一般装有机场地面监视雷达，通过使用机场地面监视雷达，管制员的工作质量和效率有很大的提升。

机场管制服务的范围包括：管制航空器在机场交通管制区的空中飞行；管制航空器的起飞和降落；管制航空器在机坪上的运动；防止飞机在运动中与地面车辆和地面障碍物碰撞。由此，可以把机场管制服务的范围分成两类：一类是空中的，另一类是地面的。因此，较大的机场塔台将机场管制服务分为两部分，分别由机场地面交通管制员和机场空中交通管制员负责。但在不太繁忙的机场，通常只有一个塔台管制员负责管制整个机场从空中到地面的全部航空器的运动。

机场地面交通管制员负责控制在跑道之外的机场地面（包括滑行道和机坪）上的所有航空器的运动。在繁忙机场的机坪上可能同时有几架飞机在运动，此外还有行人和各种车辆在移动。机场地面交通管制员负责给出飞机的发动机启动许可、进入滑行道许可。对于到达的飞机，当飞机滑出跑道、进入滑行道后，由机场地面交通管制员安排飞机运行至机坪或候机楼。

机场空中交通管制员负责管制飞机进入跑道后的运动，以及在机场的起落航线上按目视飞行规则进行飞行的交通管制。机场空中交通管制员的任务是给出起飞或着陆许可，以及引导在起落航线上飞行的起飞或着陆的飞机。机场空中交通管制员要安排飞机的起降顺序以及飞机放行间隔，以保证飞行安全。在一条跑道既用于起飞又用于着陆的情况下，机场空中交通管制员需要安排好起飞的飞机和着陆的飞机的时间表。

为了向航空器提供及时且正确的空中交通管制服务，塔台管制员应当了解跑道、滑行道的道面情况，并掌握跑道、滑行道上航空器、车辆、行人的活动情况以及附近的施工情况。塔台管制员选择使用跑道时，除了考虑机型和地面风向、风速，还应当考虑机场进离场程序，起落航线，跑道布局，跑道长度、宽度、坡度，净空条件，以及着陆地带的导航设备。为了调配间隔，在起飞方向上的空域被占用时，塔台管制员可以指示将要起飞或在地面滑行的航空器在跑道或跑道外等待，并将理由通知相关航空器。

（二）进近管制服务

进近管制服务是指向进场、进近或者离场飞行阶段接受管制的航空器提供空中交通管制服务。进近管制员负责向所在管制扇区内受管制的航空器提供空中交通管制服务。一般由进近管制室（Approach，APP）或终端管制中心（Terminal Control Center，TCC）提供进近管制服务，其通常负责1个及以上的机场的进近管制服务、进近管制扇区。

进近管制服务涉及上述三种飞行阶段——进场阶段、进近阶段、离场阶段的飞行程序。进近管制是塔台管制和航路管制的中间环节，是保证飞行安全的重要部分，因此，进近管制必须做好与航路管制的衔接，进近管制室一般设在塔台管制室下部，便于与塔台管制室进行协调。管制协调和移交应当遵守以下规定。

① 塔台管制室应当及时向进近管制室或区域管制室通知离场航空器的起飞时间。

② 进近管制室和区域管制室对离场航空器实施流量控制，有其他调配的，应当尽早通

知塔台管制室安排离场航空器在地面或空中等待。

③ 航空器飞离塔台管制室责任区时，塔台管制室应当按规定与进近管制室或区域管制室进行移交。进场管制中，应当及时交换进场航空器的管制情报，区域管制室应当将进场航空器的有关情报，在该航空器预计飞越管制移交点前10分钟通知进近管制室，情报内容包括航空器呼号、航空器机型、进近管制移交点及预计飞越时间、预定高度、管制业务移交等。离场管制中，塔台管制室根据批准的飞行计划和机场、航路情况以及有关空中交通管制单位的情报，对离场航空器发出放行许可。放行许可内容包括航空器呼号、管制许可的界线(定位点或目的地)、批准的离场程序、飞行航路(航线)、飞行高度、应答机编码，以及其他必要的内容。为保证飞行安全，航空器在进场或离场过程中必须保持规定的高度差和一定的间隔标准。

依据民用航空空中交通管理规则，在塔台和进近管制区空域内，仪表飞行航空器之间的最低纵向间隔标准应当符合以下规定。

① 顺向飞行且符合下列条件的航空器，其最低间隔为5分钟。

② 逆向飞行时必须保持规定的高度差，只有证实航空器已彼此飞越后，方可准许相互占用或穿越高度层。

③ 无空中走廊时，在同巡航高度仪表飞行进入塔台管制区空域的航空器，不论其航向如何，其到达导航设备上空的时间间隔不得少于10分钟。进近管制区空域内，仪表飞行航空器离场放行的最低间隔标准包括：同航迹、同巡航高度飞行的，为10分钟间隔；跨海洋飞行的，为20分钟间隔；同航迹、不同巡航高度飞行的，为5分钟间隔。

为提高管制服务的质量和效率，执行不同任务的航空器或者不同机型的航空器同时飞行时，管制员应当根据具体情况妥善安排航空器起飞的顺序。通常情况下，应当允许执行紧急或者重要任务的航空器、定期航班、转场飞行或速度大的航空器优先起飞。

当进近着陆的飞机较多，而又几乎在同一时间到达时，为了保持飞机的间隔，必须由管制员“制造”出间隔，以保证飞机有序降落。这要依靠等待航线来实现——飞机在等待航线上飞行，以便按照管制员的安排有序着陆。等待航线位于机场控制区的保留空域内，在地面设有无线电信标，飞机会围绕信标在其上方分层盘旋飞行，每层之间的高度间隔为300 m。飞机从航线下降，若是遇到前方空域不够的情况，就要进入等待航线，管制员应在保证安全的前提下，尽量缩短等待飞行时间，按照相关要求来安排飞机的进近着陆。

(三) 区域管制服务

区域管制服务，也称“航路管制服务”，是指对航路管制区内受管制的航空器提供空中交通管制服务。区域管制中心负责为在航路上飞行的航空器提供区域管制服务。区域管制中心的管制范围为高空管制区以及中低空管制区。

区域管制工作由区域管制单位承担，航空器在航路上的飞行由区域管制中心提供空中交通管制服务，每一个区域管制中心负责一定区域上空的航路、航线网的空中交通的管理。区域管制所提供的服务主要是针对在6000 m以上的大范围内运行的航空器。这些航空器绝大多数是喷气式飞机。在繁忙的空域，区域管制中心会把空域分成几个扇区，每个扇面只负责特定部分空域或特定的几条航路上的管制。区域管制员依靠空地通信和远程雷达设备来确定飞机的位置，按照规定的程序调度飞机，保持飞行的间隔和顺序。截至2024年，我国有8个区域管制中心，分别位于北京、沈阳、上海、广州、三亚、成都、西安以及乌鲁木齐，每个管制中心主要负责所在区域内的空中交通管制。例如，北京区域管制中心主要负责整个华北上空的管制服务。但随着管制工作思路的调整，有些管制中心也会承担非本区域的管制任务，如汕头的空域是由上海区域管制中心进行管理的。

区域管制员根据飞机的飞行计划，批准飞机在其管制区域内的飞行，保证飞行间隔，然后把飞机移交到相邻区域管制中心，或把到达目的地的飞机移交给进近管制。全航路或部分航路中的各空中交通管制单位之间应当进行协调，以便向航空器发出自起飞地点到预定着陆地点的全航路放行许可。若资料或协调方面出现问题，导致不能全航路放行而只能放行到某一点时，管制员应当通知航空器的驾驶员。未经双方管制区协调，不得放行航空器进入另一管制区。

各管制室之间进行管制移交时，移交单位应当在航空器飞越管制移交点前10分钟（短程航线为5分钟）与接收单位进行管制移交。管制移交的内容应当包括航空器呼号、航空器机型、飞行高度、速度、移交点、预计飞越移交点的时间，以及管制业务必需的其他情报。管制移交应当通过直通管制电话进行。没有直通管制电话的管制室之间，通过对空话台、调度电话、业务电话、电报进行。已经接受管制移交的航空器，在预计进入管制空域边界的时间后仍未建立联系的，值班管制员应当立即询问有关管制室，同时采取措施进行联络。区域管制室和进近管制室应当于航空器起飞前或进入本责任区前30分钟，发出允许进入本责任区的航路放行许可，并通过有关空中交通管制单位通知航空器的驾驶员。航路放行许可的内容包括航空器呼号或识别标志、管制许可的界线（如定位点或目的地等）、放行航路（航线）、全航路或其中一部分的飞行高度层和需要时高度层的改变，以及其他必要的指示和资料。

区域管制室和进近管制室应当随时了解本责任区内的天气情况和飞行活动情况，确切掌握航空器的飞行条件和飞行位置；正确配备管制间隔，合理调配飞行冲突；妥善安排航空器等待，及时调整航空器飞行航线，加速和维持有秩序的空中交通流动。航空器在预计飞越报告点3分钟后仍未报告的，值班管制员应当立即查问情况并设法取得位置报告。

任务实施

○ 课堂活动

学生以两人为一组，进行组内互动：一方依次提问机场（塔台）管制、进近管制、区域管制的概念和内容，另一方作答；一方依次提问程序管制、雷达管制、飞行进程单、飞行计划、一次雷达及二次雷达的概念，另一方作答；一方拿出一张航图，提问对方航图所示的阶段归属哪个管制室管理，另一方作答。一轮互动结束后，组内双方身份对调，再进行一轮互动。在每轮互动结束后，须对作答方的回答情况进行打分。

要求：

（1）分清机场（塔台）管制室、进近管制室、区域管制室的管辖范围和权责，注意三者之间的区别与联系。

(2) 了解程序管制、飞行计划、飞行进程单、一次雷达、二次雷达、雷达管制的相关概念。

(3) 能够通过航图来判断该阶段归属哪个管制室管理。

任务评价

评价标准	标准分值	自评得分	互评得分	师评得分
小组成员合作良好、分工明确，遵守课堂纪律	50分			
能掌握机场(塔台)管制室、进近管制室、区域管制室的管辖范围和权责，注意三者之间的区别与联系	15分			
能掌握程序管制、飞行计划和飞行进程单的概念，了解一次雷达、二次雷达以及雷达管制的相关概念	20分			
能够通过航图来判断该阶段归属哪个管制室管理	15分			
得分合计	100分			
总评(自评×20%+互评×20%+师评×60%)				

任务拓展

请利用网络查询雷达管制模式下的机场管制、进近管制、区域管制的陆空通话样例。

任务四　空域管理与空中交通流量管理

任务描述

本任务主要引导学生理解并掌握我国最新空域划分，以及空中交通流量管理的相关概念和内容。

知识储备

一、空域

(一) 空域概念

空域是指一个国家在其领土(包括领陆及领水)之上所控制的空气空间的任何具体三维部分。一个国家“对其领土之上的空气空间具有完全的和排他的主权”，其中，“领土”包括领海，即距离一个国家的海岸线12海里(约22.2千米)以内的海域。不属于任何国家领土范围内的空域被视为国际空域,类似于海商法中的“公海”。

为了满足不同空域用户的不同需求,如公共航空运输飞行、通用航空飞行,以及军用航空器相关需求等,全世界可用于空中航行的空域被划分为多个三维空间,每个空间又被指定为一个特定的类型并规定了一系列的准入条件。

大多数国家都遵守国际民用航空组织(ICAO)于1990年通过并实行的空中交通服务空域分类方案,尽管这些国家可能只采用该方案的部分空域定义,并且可能会对具体的规则和要求做出大幅度的修改。

(二) 国际民用航空组织制定的空中交通服务空域分类方案

1990年3月12日,国际民用航空组织(International Civil Aviation Organization,ICAO)通过了空中交通服务空域分类方案。该方案对某一划定范围的空域以字母为代号进行命名,在此空域内可以进行指定类型的飞行,并且须遵循相关空中交通服务和运行规则。

国际民用航空组织将空中交通服务类空域分为七类,即A类至G类。

A类至E类空域被称为“管制空域”,在这些空域内提供空中交通管制服务,并且从A类至E类逐步放松空中交通管制。F类和G类空域是非管制空域,在这些空域内空中交通管制服务被认为是不必要的,或者由于实际原因不能提供。各国应当根据实际情况选择符合他们需求的空域类型。

(三) 中国空中交通服务空域分类方案

中国空域分类示意图

中国依据航空器飞行规则和性能要求、空域环境、空管服务内容等要素,将空域划分为A类、B类、C类、D类、E类、G类、W类七类,其中,A类至E类为管制空域,G类、W类为非管制空域。中国空域分类示意图请扫码查看。

❶ A类空域

(1) 划设地域及范围:通常为标准气压高度6000 m(含)至标准气压高度20000 m(含)。

(2) 服务内容:为所有飞行提供空中交通管制服务,并配备间隔。

(3) 飞行要求:通常仅允许仪表飞行;航空器与空中交通管理部门之间必须保持双向无线电通信;航空器必须安装二次雷达应答机(同等性能的监视设备);飞行计划经过审批,即航空器进入前须获得空中交通管理部门的许可;航空器驾驶员应具备仪表飞行能力及相应资质。

❷ B类空域

(1) 划设地域及范围:划设在民用运输机场上空。

① 民用三跑道(含)以上机场,通常划设半径20 km、40 km、60 km的3环阶梯结构,高度分别为跑道道面至机场标高900 m(含)、机场标高900 m至机场标高1800 m(含)、机场标高1800 m至标准气压高度6000 m。

② 民用双跑道机场,通常划设半径15 km、30 km的2环阶梯结构,高度分别为跑道道面至机场标高600 m(含)、机场标高600 m至机场标高3600 m(含),顶层最高至A类空域下限。

③ 民用单跑道机场，通常划设半径12 km、跑道道面至机场标高600 m(含)的单环结构。

(2) 服务内容：为所有飞行提供空中交通管制服务，并配备间隔。

(3) 飞行要求：允许仪表和目视飞行；航空器与空中交通管理部门之间必须保持双向无线电通信；航空器必须安装二次雷达应答机(同等性能的监视设备)；飞行计划经过审批，航空器进入前须获得空中交通管理部门许可；航空器驾驶员应具备仪表或目视飞行能力及相应资质。

3 C类空域

(1) 划设地域及范围：划设在建有塔台的通用航空机场上空，通常为半径5 km、跑道道面至机场标高600 m(含)的单环结构。

(2) 服务内容：为所有飞行提供空中交通管制服务。为仪表和仪表、仪表和目视飞行之间配备间隔；为目视和目视飞行之间提供交通信息，并根据要求提供交通避让建议。

(3) 飞行要求：允许仪表和目视飞行；平均海平面高度3000 m以下，目视飞行指示空速不大于450 km/h；航空器与空中交通管理部门之间必须保持双向无线电通信；航空器必须安装二次雷达应答机或其他可被监视的设备；飞行计划经过审批，即航空器进入前须获得空中交通管理部门许可；航空器驾驶员应具备仪表或目视飞行能力及相应资质。

4 D类或E类空域

(1) 划设地域及范围：标准气压高度高于20000 m的为D类空域；在A类、B类、C类、G类空域以外，可根据运行需求和安全要求选择划设D类或E类空域。

(2) 服务内容。

① D类空域：为所有飞行提供空中交通管制服务。为仪表和仪表飞行之间配备间隔，为仪表飞行提供关于目视飞行的交通信息，并根据要求提供交通避让建议；为目视飞行提供关于仪表和目视飞行的交通信息，并根据要求提供交通避让建议。

② E类空域：仅为仪表飞行提供空中交通管制服务。为仪表和仪表飞行之间配备间隔，为仪表飞行尽可能提供关于目视飞行的交通信息；为目视飞行尽可能提供关于仪表和目视飞行的交通信息。

(3) 共性飞行要求：允许仪表和目视飞行；平均海平面高度3000 m以下，指示空速不大于450 km/h；航空器在平均海平面高度3000 m以上飞行必须安装二次雷达应答机(同等性能的监视设备)，在平均海平面高度低于3000 m飞行必须安装其他可被监视的设备；必须报备飞行计划；航空器驾驶员应具备仪表或目视飞行能力及相应资质。

(4) 特殊飞行要求。

① D类空域：仪表、目视飞行的航空器进入前均须获得空中交通管理部门许可，并保持双向无线电通信。

② E类空域：仪表飞行的航空器进入前，须获得空中交通管理部门许可，并保持持续双向无线电通信；目视飞行的航空器不需要空中交通管理部门许可，但进入前必须报告，并在规定通信频率上保持守听。

5 G类空域

(1) 划设地域及范围：B类、C类空域以外真高300 m以下空域(W类空域除外)；平均海平面高度低于6000 m、对民航公共运输飞行无影响的空域。

(2) 服务内容：仅提供飞行信息服务，不提供空中交通管制服务。

(3) 飞行要求：允许仪表和目视飞行；平均海平面高度3000 m以下，指示空速不大于450 km/h；仪表飞行的航空器与空中交通管理部门之间必须保持双向无线电通信，目视飞行在规定通信频率上保持守听；航空器必须安装或携带可被监视的设备；必须报备飞行计划；航空器驾驶员应具备仪表或目视飞行能力及相应资质。

6 W类空域

(1) 划设地域及范围：G类空域内真高120 m以下的部分空域。

(2) 飞行要求：微型、轻型、小型无人驾驶航空器飞行；飞行过程中应当广播式自动发送识别信息；小型无人驾驶航空器的操控员应取得操控员执照。

7 其他要求

(1) A类、B类、C类、D类、E类空域应当实现通信和监视覆盖，G类空域应当实现监视覆盖。

(2) 经空中交通管理部门特别批准，航空器可按照目视飞行规则在A类空域飞行，超过限制速度的在C类、D类、E类、G类空域飞行。

(3) 难以满足飞行要求时，航空用户可申请划设隔离空域并对外公布。

(4) B类、C类空域范围可根据实际情况进行调整，可描述为不规则的多边形。

(5) A类、B类、C类、D类、E类、G类空域明确的飞行要求适用于有人驾驶航空器，无人驾驶航空器进入按照《无人驾驶航空器飞行管理暂行条例》中的明确要求执行。

(6) 各类空域目视飞行气象条件：平均海平面高度3000 m以上，能见度不小于8000 m、距云水平距离不小于1500 m、垂直距离不小于300 m；当平均海平面高度900 m或真高300 m二者取较高值至平均海平面高度3000 m时，能见度不小于5000 m、距云水平距离不小于1500 m、垂直距离不小于300 m；当平均海平面高度900 m以下或真高300 m以下二者取较高值时，能见度不小于5 km、云外飞行。

(7) 特殊任务类飞行，按照起降机场开放条件和执飞机组起降标准执行。

国家空域基础分类方法见表5-4-1。

表5-4-1 国家空域基础分类方法

空域种类	飞行类别	提供的服务	速度限制	通信要求	ATC许可	监视设备
A	仪表	ATC服务，配备间隔	不适用	持续双向	是	二次雷达应答机(同等性能的监视设备)
B	仪表	ATC服务，配备间隔	不适用	持续双向	是	二次雷达应答机(同等性能的监视设备)

续表

空域种类	飞行类别	提供的服务	速度限制	通信要求	ATC许可	监视设备
B	目视	ATC服务，配备间隔	不适用	持续双向	是	二次雷达应答机(同等性能的监视设备)
C	仪表	ATC服务，为仪表和仪表、仪表和目视飞行之间配备间隔	不适用	持续双向	是	二次雷达应答机或可被监视的设备
	目视	ATC服务，为目视和目视飞行之间提供交通信息，根据要求提供交通避让建议	AMSL 3000 m以下，IAS不大于450 km/h	持续双向	是	二次雷达应答机或可被监视的设备
D	仪表	ATC服务，为仪表和仪表飞行之间配备间隔，提供关于目视飞行的交通信息，根据要求提供交通避让建议	AMSL 3000 m以下，IAS不大于450 km/h	持续双向	是	AMSL 3000 m以上，安装二次雷达应答机(同等性能的监视设备)；低于3000 m，安装可被监视的设备
	目视	ATC服务，提供关于仪表和目视飞行的交通信息，根据要求提供交通避让建议	AMSL 3000 m以下，IAS不大于450 km/h	持续双向	是	AMSL 3000 m以上，安装二次雷达应答机(同等性能的监视设备)；低于3000 m，安装可被监视的设备
E	仪表	ATC服务，为仪表和仪表飞行之间配备间隔，尽可能提供关于目视飞行的交通信息	AMSL 3000 m以下，IAS不大于450 km/h	持续双向	是	AMSL 3000 m以上，安装二次雷达应答机(同等性能的监视设备)；低于3000 m，安装可被监视的设备
	目视	尽可能提供关于仪表和目视飞行的交通信息	AMSL 3000 m以下，IAS不大于450 km/h	保持守听	否，进入报告	AMSL 3000 m以上，安装二次雷达应答机(同等性能的监视设备)；低于3000 m，安装可被监视的设备
G	仪表	飞行信息服务	AMSL 3000 m以下，IAS不大于450 km/h	持续双向	否	安装或携带可被监视的设备
	目视	飞行信息服务	AMSL 3000 m以下，IAS不大于450 km/h	保持守听	否	安装或携带可被监视的设备
W	—	—	机型设计速度	—	否	自动发送识别信息

注：①ATC为空中交通管制，AMSL为平均海平面高度，IAS为指示空速的英文缩写。

②当过渡高(高度)低于AMSL 3000 m时，应当采用飞行高度层3000 m代替AMSL 3000 m。

二、空中交通流量管理

1 空中交通流量管理的概念

空中交通流量管理(Air Traffic Flow Management,ATFM)是空中交通管理的重要组成部分。只要有两架以上的航空器在空中飞行,就会存在如何管理的问题。管理的目的是使得航空器飞得安全顺畅。

航空器在空中飞行的方向、速率、高度,以及在单位时间、空间范围内的航空器的飞行数量称为“空中交通流量”。我国空中交通流量管理机构分为中国民航局空中交通流量管理单位和民航地区管理局空中交通流量管理单位两级。

2 空中交通流量管理的相关规定

空中交通管制属于动态管制。在实际管制工作中经常会遇到这种情况:在某一时段、某一扇区内,若干架航空器正在本扇区内飞行,又有几架航空器将要进入本扇区,还有几架航空器将要飞出本扇区。这时要想在保证安全的前提下,让管制区内航空器流畅地通过本管制区,就必须根据有关规定和当时的具体情况合理地管理流量,使得单位时间本管制区内的航空器的数量不超过一定的限度,从而避免出现超负荷运转现象。

管制员在同一管制空域内同时管制航空器的数量的规定可以分为程序管制和雷达管制两类。

(1)程序管制。结合我国民航业的发展现状,通常情况下,程序管制员在同一管制空域内同时管制的航空器的数量的规定包括:塔台管制不多于4架;进近管制不多于6架;塔台和进近合并管制时,不多于8架;区域管制不多于8架。

(2)雷达管制。雷达管制在同一扇区内同时管制的航空器的数量的规定包括:区域管制区不多于12架;进近管制区不多于8架。

3 空中交通流量管理的分类

空中交通流量管理分为先期流量管理、飞行前流量管理、实时流量管理。

(1)先期流量管理,包括对全国和地区航线结构的合理调整、制定班期时刻表、飞行前对非定期航班的飞行时刻进行协调,目的是防止航空器在某一地区或机场过于集中或出现超负荷载量,若出现此类情况,会危及飞行安全,影响航班正常飞行、运营。

(2)飞行前流量管理,是指当出现恶劣天气、通信导航雷达设施故障、预计扇区或区域流量超负荷等情况时,通过采取改变航线,改变航空器开车、起飞时刻等方法,疏导空中交通、维持正常飞行秩序。

(3)实时流量管理,是指当在飞行中发现或者按照飞行预报将要在某一段航路、某一区域或某一机场出现空中交通流量超过限额时,通过采取改变航段、增开扇区、限制起飞着陆时刻、限制进入管制区时刻或者限制通过某一导航设备上空的时刻、安排航空器空中等待、调整航空器速度等方法,控制航空器按照规定间隔有序地运行。

4 空中交通流量管理的方法

(1) 航空公司在制定班期时刻表(航班计划)并提交给中国民航局批准之前,应先征得有关管制室的同意。

(2) 妥善安排非定期航班的飞行时刻。

(3) 限制航空器开车、滑行、起飞时刻。

(4) 限制航空器进入管制区或者通过某一导航设备上空的时刻。

(5) 限制航空器到达着陆站的时刻。

(6) 安排航空器在航线的某一等待航线上或着陆机场等待空域等待飞行。

(7) 改变航空器飞行航线。

(8) 调整航空器飞行速度。

5 空中交通流量管理的原则

空中交通流量管理以先期流量管理和飞行前流量管理为主,以实时流量管理为辅。

任务实施

○ 课堂活动

学生以两人为一组,进行组内互动:一方提问中国空域分类,另一方回答;一方提问空中流量管理概念、方法和原则,另一方回答。一轮互动结束后,组内双方身份对调,再进行一轮互动。在每轮互动结束后,须对作答方的回答情况进行打分。

要求:

(1) 分清中国空域分类及划分区域。

(2) 理解并掌握空中交通流量管理的概念、方法、原则。

任务评价

评价标准	标准分值	自评得分	互评得分	师评得分
小组成员合作良好、分工明确,遵守课堂纪律	50分			
能够分清中国空域分类及划分区域	25分			
能够理解并掌握空中交通流量管理的概念、方法、原则	25分			
得分合计	100分			
总评(自评×20%+互评×20%+师评×60%)				

任务拓展

请通过网络搜索、查看空域管理和空中交通流量管理的相关视频,并探讨其对航班运行的影响。

任务五　航行情报服务

任务描述

本任务主要引导学生了解并掌握航行情报服务的内容，包括航图、航行资料、气象情报等。

知识储备

为了保证航行安全，民航当局要向驾驶员和有关航行系统提供准确的飞行前和飞行中所需要的情报，这个任务被称为“航行情报服务”(Flight Information Service)。航行情报服务的目的是向航行中的航空器提供有益于安全和有效实施航行的建议和情报。提供航空情报服务的组织机构可以分为总局情报中心、地区管理局情报中心、航行情报室。

航行情报服务由航行情报中心提供。航行情报相关部门共同构成了一个全面而综合的系统，通过与空中交通管制部门紧密协作，确保航空飞行的安全与效率。为了便于对在中国境内和经国际民航组织批准由我国管理的境外空域内飞行的航空器提供空中交通管制服务，全国共划分为沈阳、北京、上海、广州、昆明、武汉、兰州、乌鲁木齐、香港和台北十大飞行情报区。我国民航局设有全国性的情报中心，我国各大机场设有航行情报服务人员或航行情报室，此外，各大飞行情报区设有飞行情报中心，定期或连续向外发布飞行情报。飞行情报服务系统不控制空中交通，它只是一个提供信息的网络体系，它把各飞行情报单位联系起来，把整个航路上的各种信息提供给管制员和驾驶员，保证驾驶员可以在飞行情报区覆盖范围内通过电信得到需要的航行情报。

航行情报主要包括航图、航行资料和气象情报。年起降超过30000架次的机场，为了减轻空中交通管制甚高频陆空通信波道的通信负荷，一般都设立了机场自动终端情报服务系统，为进场、离场航空器提供服务。机场自动终端情报服务通告的播发应当在一个单独的频率上进行。

一、航图

航图是把各种与航行有关的地形、导航设施、机场标准、限制以及其他数据全部标出来的地图。它分为两大类：一类是标出地形和航行情况的航空地图；另一类是以无线电导航标志和局部的细致地形图供专门使用的特种航图。

(一) 航空地图

航空地图主要用于目视空中领航及制订飞行计划，按照所表示的范围，可以分为世界航图、区域航图和航空计划地图。

（二）特种航图

特种航图主要包括航路图、仪表进近图、机场图、机场障碍物图等。

航路图主要向机组提供有空中交通服务的航路的航行资料，图上包括航路上的所有无线电导航信息。航路图中的方位、航迹以磁北为基准，并标出了航路上的所有报告点的位置，驾驶员经过报告点时，须向管制员报告飞机的参数和位置。

仪表进近图主要为进近和仪表着陆使用，它的比例尺较大，详细标出了进近时的路线和导航设施的位置及频率，供飞机在机场区域按规定航线和高度安全有序地飞行，避免与其他航空器或障碍物相撞。

机场图和机场障碍物图标明了机场附近的航行情况和限制以及障碍物的情况，有助于驾驶员详细了解所降落的机场。

二、航行资料

航行资料主要包括电子航行资料汇编、航行通告、航线资料通告、飞行员资料手册等。

电子航行资料汇编（eAIP）是关于一个国家或地区在航行方面的基本资料和数据，为国际航线所用，如图5-5-1所示。电子航行资料汇编按要求提供民航当局认可的机场、气象、空中规则、导航设施、服务程序等方面的信息，驾驶员在飞行中可以得到的服务和设施的基本情况，以及发布国的民航程序和各种建议及规定的判别。

PART 1 — GENERAL (GEN)

- GEN 0.
- GEN 1. 国家法规和要求 NATIONAL REGULATIONS AND REQUIREMENTS
- GEN 2. 表格和代码 TABLES AND CODES
- GEN 3. 服务 SERVICES
- GEN 4. 机场/直升机场和空中航行服务收费 CHARGES FOR AERODROMES/HELIPORTS AND AIR NAVIGATION SERVICES

PART 2 — EN-ROUTE (ENR)

- ENR 0.
- ENR 1. 总则和程序 GENERAL RULES AND PROCEDURES
- ENR 2. 空中交通服务空域 AIR TRAFFIC SERVICE AIRSPACE
- ENR 3. 空中交通服务航路 ATS ROUTES
- ENR 4. 无线电导航设施/系统 RADIO NAVIGATION AIDS/SYSTEMS
- ENR 5. 航行警告 NAVIGATION WARNINGS
- ENR 6. 航路图 EN-ROUTE CHART

PART 3 — AERODROMES (AD)

- AD 0.
- AD 1. 机场/直升机场——简介 AERODROMES/HELIPORTS-INTRODUCTION
- AD 2. 机场清单 AERODROMES

AIP AERONAUTICAL INFORMATION SERVICE（AIC）

- AIP AERONAUTICAL INFORMATION SERVICE（AIC）

AIP Supplement（SUP）

- AIP Supplement（SUP）

NOTICE TO AIRMEN（NOTAM）

- NOTICE TO AIRMEN（NOTAM）

图5-5-1　电子航行资料汇编

航行通告是航行情报服务中极为重要的航行资料。航行通告会及时向飞行有关人员通知航行设施、服务和程序的设立及状况变化，以及航路上出现的危险情况，是驾驶员及有关人员应及时了解的资料。

航线资料通告分为定期航行资料通告和航行通告，公布的信息主要与导航程序、系统的变化预测以及飞行安全有关。

飞行员资料手册主要包括关于空中交通管制的程序和飞行基本数据、机场手册（包含各机场的进近、离场程序，航行情报中心和气象服务中心的电话号码等）、操作数据，以及有关航行通告、航图和补充材料等。

三、气象情报

气象预报是指对某一特定的区域或部分空域，在特定时刻或特定期间的、预期的气象情况的叙述。鉴于气象会对航空活动产生重要影响，各国的民航当局和气象部门都会及时地为航行部门、空中交通管制部门及航空器驾驶员提供准确的气象信息以保证飞行安全。我国的航空气象服务由民航气象机构提供，民航气象机构主要由航空气象观测站、机场气象台和区域气象预报中心组成。航空气象观测站设在机场和主要航路点上，它的任务是观察和记录天气实况，并向机组和机场气象台提供相应数据。机场气象台负责收集有关航行的气象报告，编制机场和航路天气预报，与地方气象台等交换气象情报，并向机组和航务人员提供相应的服务，包括讲解天气形势、提供各种气象文件等。区域气象预报中心负责提供区域内重要的天气预报图和特定高度层上高空风的情况。此外，驾驶员要按规定向航空气象部门报告天气情况，这也是航空气象情报网的重要组成部分。

气象报告主要包括：机场气象观测报告、机场预报、起飞预报、高空风预报、航路预报、天气图、雪情通告等。空中交通管制单位向航空器和其他有关单位通报的气象情报，均以气象部门所提供的资料为准。塔台管制室可通报由航空器报告的气象情报和由塔台管制室观察到的气象情报。当气象部门所提供的气象情报与塔台管制室观察到的气象实况有差异时，塔台管制室应当将该情况通知气象部门。接到飞行中的航空器关于颠簸、结冰、风切变、雷雨等的重要气象情报时，空中交通管制单位应当及时向在相关空域内飞行的其他航空器和有关气象部门通报。向气象部门通报航空器所报气象情报时，应当一并通报该航空器的机型、位置、高度、观测时间。接到重要气象情报和特殊天气报告后，如果本区内飞行的航空器将受到该气象的影响，空中交通管制单位应当在除紧急频率外的频率上通播。

机场天气报告（METAR）：按固定时间间隔在指定地点观测到的气象情况报告。METAR实例如图5-5-2所示。

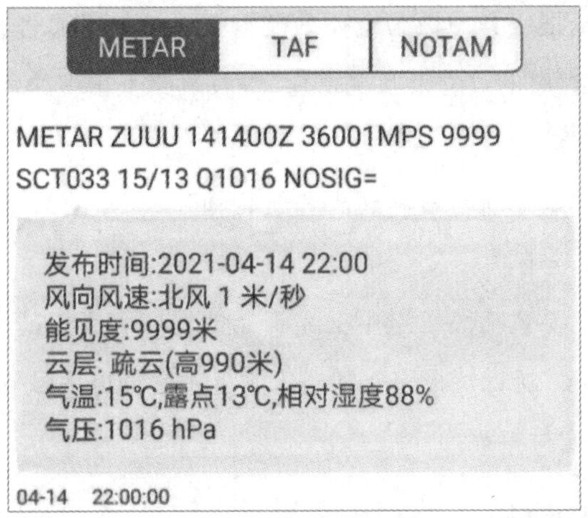

图 5-5-2　METAR 实例

航站天气预报(TAF):每6小时发布一次,9小时的航站天气预报适用于在4小时之内的短距离飞行,24小时的航站天气预报适用于飞行时间超过4小时的长途飞行。发布对象是所有距起飞机场和备降机场1小时航程内的航空器。航站天气预报应包含报头、机场、有效时间、地面风向、风速、能见度、天气现象、云量、云状、云高、结冰状况、颠簸情况、天气要素变化情况等内容。TAF实例如图5-5-3所示。

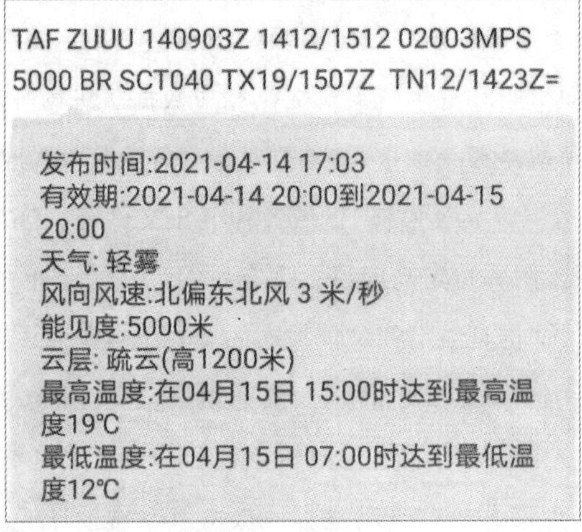

图 5-5-3　TAF 实例

任务实施

○ 课堂活动

学生以两人为一组,进行组内互动:一方提问航图的类别,另一方回答;一方提问航行资料的内容,另一方回答;一方提问气象情报的内容,另一方回答。一轮互动结束后,组内双方身份对调,再进行一轮互动。在每轮互动结束后,须对作答方的回答情况进行打分。

要求:

(1) 理解并掌握航图的类别。

(2)理解并掌握航行资料的相关内容。

(3)了解气象情报的相关内容。

任务评价

评价标准	标准分值	自评得分	互评得分	师评得分
小组成员合作良好、分工明确,遵守课堂纪律	50分			
理解并掌握航图的类别	15分			
理解并掌握航行资料的相关内容	20分			
了解气象情报的相关内容	15分			
得分合计	100分			
总评(自评×20%+互评×20%+师评×60%)				

任务拓展

请自行查阅最新版的《中国民航国内航空资料汇编(NAIP)》,了解其基本内容。

线上答题:项目五

项目六　通用航空

项目目标

○ 知识目标

(1) 了解通用航空的发展现状及其主要业务,掌握通用航空器的类别。

(2) 了解通用航空的管理体制和法治环境,以及通用航空器的运行区域。

(3) 熟悉通用航空的运行流程、保障机构及其工作内容。

○ 能力目标

(1) 能够准确分辨通用航空活动的业务类别,识别不同类型的通用航空器。

(2) 能够说出通用航空器的运行区域、通用航空的基本法治要求。

(3) 能够说出通用航空的主要运行流程,以及各保障机构的工作内容。

○ 素质目标

(1) 培养为新时代通用航空高质量发展贡献力量的信心和决心。

(2) 牢固树立"人民至上、生命至上"的从业理念。

(3) 培养"敬畏生命、敬畏规章、敬畏职责"的精神。

知识导图

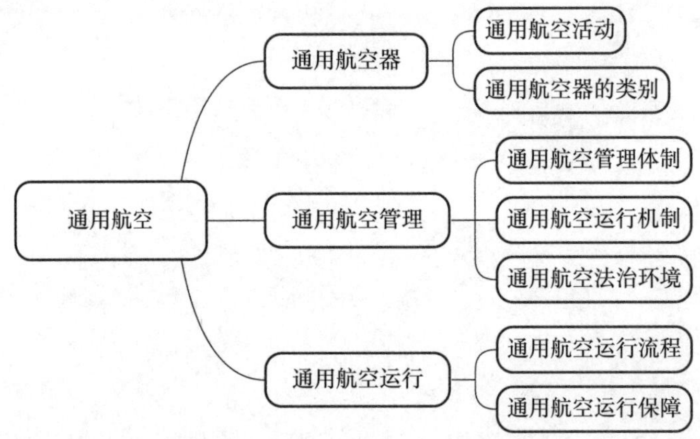

任务一　通用航空器

任务描述

本任务主要讲解通用航空活动的定义、分类、主要业务、总体发展情况,以及通用航空

器的类别。学生通过本任务的学习，能够进一步增强民族自信心和自豪感，坚定为新时代通用航空高质量发展贡献力量的决心。

教学视频：通用航空管理

一、通用航空活动

通用航空活动是指使用民用航空器从事公共航空运输以外的民用航空活动，包括从事工业、农业、林业、渔业和建筑业的作业飞行，以及医疗卫生、抢险救灾、气象探测、海洋监测、科学实验、教育训练、文化体育等方面的飞行活动。一般来说，通用航空活动的范围是除了定期航班飞行以外的民用航空活动。

通用航空活动的应用范围十分广泛，可以按照经营项目、业务类别进行分类。

（一）按照经营项目分类

依据《通用航空经营许可管理规定》，经营性通用航空活动可以分为载客类、载人类、其他类三大类。

1 载客类经营性通用航空活动

载客类经营性通用航空活动，是指通用航空企业使用符合中国民航局规定的民用航空器从事旅客运输的经营性飞行服务活动。

2 载人类经营性通用航空活动

载人类经营性通用航空活动，是指通用航空企业使用符合中国民航局规定的民用航空器搭载除机组成员以及飞行活动必需人员以外的其他人员，从事载客类以外的经营性飞行服务活动。

3 其他类经营性通用航空活动

其他类经营性通用航空活动，是指通用航空企业使用符合中国民航局规定的民用航空器从事载客类、载人类以外的经营性飞行服务活动。

载客类经营性通用航空活动的主要类型包括通用航空短途运输类和通用航空包机飞行类。载人类、其他类经营性通用航空活动的主要类型由中国民航局另行规定。

（二）按照业务类别分类

1 作业航空活动

（1）工业航空活动。

工业航空活动包括使用航空器进行与工矿业有关的各种活动，如航空摄影、航空遥感、航空探矿、航空吊装、海上航空采油、航空环境监测等，如图 6-1-1 所示。

(a) (b)

图6-1-1 工业航空活动

(2) 农业航空活动。

农业航空活动包括为农业、林业、牧业、渔业等各行业服务的航空活动，如航空护林、飞播造林、农林业病虫害的监测与防治、航空渔情观测等，如图6-1-2所示。

(a) (b)

图6-1-2 农业航空活动

(3) 管网巡查航空活动。

管网巡查航空活动是指利用航空器对国家电网、油气管道等网络区域进行航空巡查，如图6-1-3所示。

图6-1-3 管网巡查航空活动

(4) 航空科研和探险活动。

航空科研和探险活动包括飞行新技术的验证、新航空器的试飞以及利用航空器进行的气象天文观测或探险活动等，如图6-1-4所示。

图 6-1-4 航空科研和探险活动[①]

(5) 其他作业航空活动。

其他作业航空活动包括使用航空器服务于其他领域或行业的航空活动,如航空器搜寻救援、航空医疗救护等,如图 6-1-5 所示。

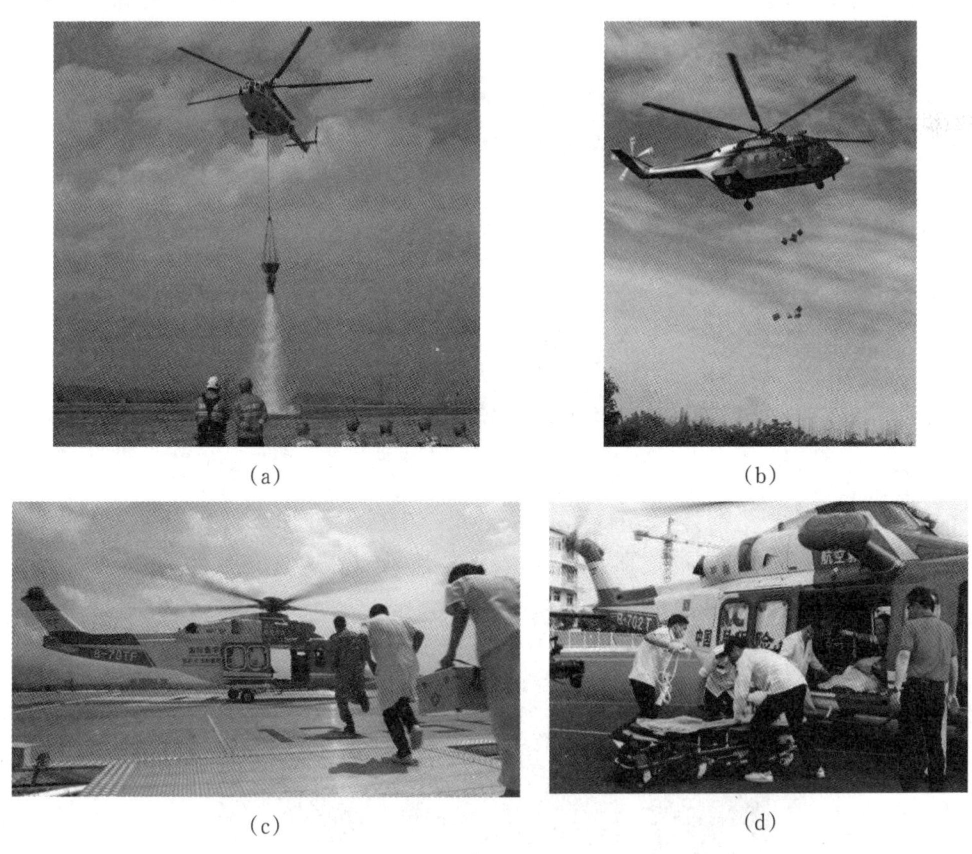

(a) (b) (c) (d)

图 6-1-5 其他作业航空活动

2 消费航空活动

(1) 飞行训练。

飞行训练是指培养各类飞行人员(空军驾驶员除外)的学校和俱乐部组织的飞行活动,如图 6-1-6 所示。

①图片来源:https://www.163.com/dy/article/F811HSUG0530WJTO.html。

图6-1-6　飞行训练

(2) 航空体育运动。

航空体育运动是指利用各类航空器开展的体育活动,如跳伞、滑翔机、热气球以及航空模型运动,如图6-1-7所示。

图6-1-7　航空体育运动

(3) 空中游览。

空中游览是指通过乘坐航空器,在空中观赏自然景观等的航空活动,如图6-1-8所示。

图6-1-8　空中游览

(4) 公务航空活动和私人航空活动。

公务航空活动是指利用单位(企业或事业单位)自备的航空器进行为单位本身业务服务的航空活动,私人航空活动是指利用私人航空器开展的航空活动,如图6-1-9所示。

图 6-1-9 私人航空活动

3 其他航空活动

其他航空活动是指使用航空器进行的非营运性质的飞行活动，如机场校验飞行等。

除了上述类别，无人机技术在传统农业服务、工业应用、物流配送等方面正逐步替代有人机，得到了更广泛的应用。随着5G、人工智能等关键技术的不断发展，无人机不仅提高了第一产业的生产效率，同时也改变了第二产业的作业模式，另外第三产业也出现了以无人机服务为代表的机器服务。

据国际民航组织预测，无人航空运行量将很快超过有人航空。随着无人驾驶航空业的快速发展、迭代演进，我国通用航空产业在发展规模等方面将达到前所未有的成就。在我国民航业大众化、多样化发展的大背景下，通用航空产业作为我国"战略性新兴产业"，对促进地区经济结构转型、扩大内需、保障民生将起到非常重要的作用，其也是在经济新常态和供给侧结构性改革大背景下，国家经济转型升级的重要选项。

二、通用航空器的类别

根据获得升力的原理的不同，可以将通用航空器分为两大类，即轻于空气的航空器和重于空气的航空器。轻于空气的航空器，其总体比重轻于空气，可以依靠空气静浮力升空，并结合驱动在空中进行运动。重于空气的航空器，需要依靠自身与空气之间的相对运动所产生的空气动力克服重力来升空。航空器的分类如图6-1-10所示。

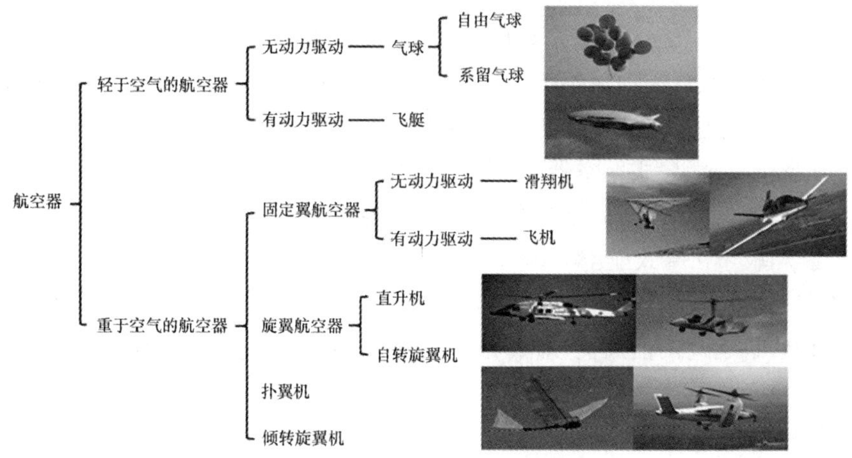

图 6-1-10 航空器的分类

1 轻于空气的航空器

轻于空气的航空器，其主体是一个巨大的气囊，充满了密度比空气小得多的气体(如氢气、氦气或热空气等)，主要利用大气的浮力将自身升到空中。气球和飞艇都属于这一类别，但由于有无动力装置的区别，前者只能随风飘移或被系留在固定位置，而后者却可以通过发动机、安定面、操纵面等装置，来控制飞行方向及路线。

2 重于空气的航空器

重于空气的航空器，其升力是由自身与空气之间的相对运动产生的，可以进一步分为以下几类。

(1) 固定翼航空器。

固定翼航空器(见图 6-1-11)是指机翼与航空器机身固定连接，在飞行过程中机翼与航空器机身不会发生相对运动，由固定机翼与空气之间的相对运动产生升力。根据有无动力驱动，可以将固定翼航空器分为滑翔机和飞机。滑翔机升高后依靠自身重力在空中进行滑翔，有的滑翔机会通过安装小型发动机来获得滑翔前的初始高度，有的滑翔机会安装操纵设备以控制飞行期间的方向。飞机则是最主要的、应用范围最广的固定翼航空器，也是日常生活中较为常见的一种固定翼航空器。飞机上装有各类动力装置和操纵面，以获得飞行所需的动力、升力、方向控制等。

(a)

(b)

图 6-1-11　固定翼航空器

一般来说，通用航空活动使用的固定翼航空器以中小型航空器为主，主要执行大型飞机公共航空运输公司运营的固定航线以外的航空运输活动，载客人数通常在 30 人以下，多使用活塞式航空器或涡桨式航空器，其中，公务机多为喷气式航空器或涡桨式航空器。目前，通用航空机队多使用活塞式航空器，这是因为活塞式航空器体型较小，更为灵活机动，且价格便宜。相较于活塞式航空器，涡桨式航空器体型更大、价格更高，但也有着更快的飞行速度。喷气式航空器在各类通用航空器中有着更胜一筹的飞行速度、更远的航程，因此这类航空器的售价也高于前两类，对飞行人员的专业技术要求也更为严格，目前多用于公务飞行。

(2) 旋翼航空器。

旋翼航空器(见图 6-1-12)的机身上方有一组巨大的机翼，通过旋转的机翼提供动力。

旋翼航空器的机翼(旋翼)本身是没有动力驱动的,但在发动机等动力装置的作用下,其机翼可以像风车一样通过气流进行转动,继而获得升力。有的旋翼航空器会在机身前方装上螺旋桨,通过动力驱动螺旋桨来让机身向前运动。

(a)

(b)

图6-1-12　旋翼航空器

直升机是旋翼航空器中的典型代表,能够垂直起飞和降落。直升机可以通过向某个方向倾斜旋翼来控制飞行方向。直升机一般使用活塞式发动机或涡轴式发动机,目前活塞式发动机只应用于轻型直升机,其他类型直升机多使用涡轴式发动机。

(3)扑翼机。

扑翼机(如图6-1-13所示),又称"振翼机",通过模仿鸟类振动翅膀的过程来产生飞行所需的升力及拉力,继而完成飞行。这类航空器仅出现在试验样机中,由于人们对于鸟类的飞行原理还没有完全掌握,加上机翼材料、结构分析等方面的问题,扑翼机目前仍处于研制试飞阶段。

图6-1-13　扑翼机

(4)倾转旋翼机。

倾转旋翼机(如图6-1-14所示),又称"可倾斜旋翼机",这类飞机同时安装有旋翼和固定翼,旋翼安装在两侧固定翼翼梢处,这一组旋翼可以在水平方向和垂直方向进行转动。当引擎旋转到垂直位置时,倾转旋翼机就相当于横列式直升机,可以同直升机一样进行垂直起降和空中悬停;当引擎旋转至水平位置时,倾转旋翼机就相当于螺旋桨式航空器,飞行速度比直升机更快。

图6-1-14　倾转旋翼机

从以上内容可以看出，通用航空活动应用的航空器的种类繁多，可以按照机翼类型、发动机类型及发动机数量等进行分类，不同类别的航空器的构型、特点也不尽相同。

任务实施

○ 课堂活动1

航空器的用途决定了其设计和制造的方向，不同类型的航空器承担着不同的工作任务，请简述当前通用航空器的用途。

○ 课堂活动2

请根据所学知识，对图6-1-15、图6-1-16所示的通用航空器进行分类。同时，收集相关资料，分别简述这两类航空器目前运行的1—2个主流机型及其优势。

图6-1-15　通用航空器1

图6-1-16　通用航空器2

○ **课堂活动3**

请查阅中国民航局印发的《“十四五”通用航空发展专项规划》的附件内容(部分地区航空应急救援和医疗救护、航空消费业态、通用航空运输发展重点),以小组为单位,对我国通用航空产业在重点业务领域的发展现状和发展趋势进行讨论分析。

任务评价

评价标准	标准分值	自评得分	互评得分	师评得分
遵守课堂纪律,按要求完成课堂活动	20分			
在课堂活动1中,能够准确描述当前通用航空器的用途	10分			
在课堂活动2中,能够准确识别航空器的类别	10分			
在课堂活动2中,能够通过查阅相关资料完成汇报任务	30分			
在课堂活动3中,能够认真阅读相关文件,完成小组讨论任务	30分			
得分合计	100分			
总评(自评×20%+互评×20%+师评×60%)				

任务拓展

请查阅相关资料,了解全球著名通用航空公司制造商及其代表产品的型号和用途,对比分析各代表机型的主要优势。

任务二 通用航空管理

任务描述

本任务主要介绍通用航空的管理体制、通用航空的运行机制、通用航空相关法律法规及行业规范,培养学生的底线思维与红线意识,使学生牢固树立“人民至上、生命至上”的从业理念。

知识储备

一、通用航空管理体制

与民航运输系统相同,我国通用航空产业也由我国民航局归口管理。目前,我国通用

航空产业在航空器供应、通航运营、飞行培训、机场建设保障及法律监管等各个环节都有了对应部门或企业,产业链已具雏形。

一般来说,通用航空管理体制主要包括政策制定、监管、运营和保障四个部分。政策制定部分主要负责制定通用航空的发展规划、政策法规等;监管部分主要负责对通用航空的安全、运营等方面进行监督和管理;运营部分主要负责通用航空的日常工作和运行;保障部分主要负责为通用航空提供必要的服务和支持。

通用航空管理体制的特点主要包括:一是多元化,通用航空管理主体不仅包括政府部门,还包括企业、社会组织等,体现为多方参与;二是灵活性,在管理体制方面,需要根据通用航空的发展情况,灵活调整管理策略和方法;三是开放性,体制的制定与优化需要借鉴国际先进的管理经验,从而不断提高管理水平,进而推动通用航空产业的高质量发展。

在通用航空产业方面,发展较为领先的国家的管理体制主要有以下几个特点。

(一)完善便利的空域管理体系

良好的空域管理体系是促进通用航空产业蓬勃发展的关键。通用航空产业发达的国家都建立了完善便利的空域管理体系。美国、加拿大通过对空域进行划分,留出充足的空域让通用航空器的活动能够较为便利。以美国为例,美国空域分为A类、B类、C类、D类、E类、G类六个类型,其中E类为绝大部分低于5500 m的空域,G类主要是指海拔为230—400 m的空域。美国对E类和G类空域采取负面清单管理,只要不是明确管制的空域,都可以自由飞行。E类和G类空域的划分极大地促进了通用航空产业的发展。此外,通航审批程序的简化让美国的通用航空器从申请到起飞最快只要15分钟,此举极大提升了通用航空产业的商业价值。美国空域分类示意图如图6-2-1所示。

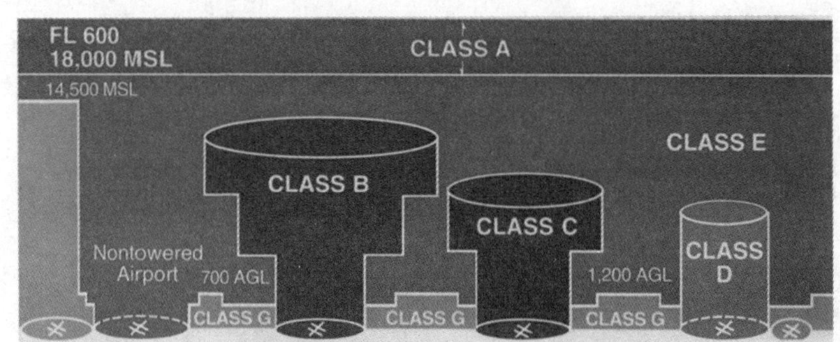

图6-2-1　美国空域分类示意图

巴西的空域管理体制与我国类似,主要由空军管理,但是巴西空军和民航各派出人员共同建立了联席办公室,从人员的早期培训开始,加强双方的理解和配合,建立了比较有效的军民协同空域共管方式,确保了巴西通用航空运营中对空域的有效使用和高效管理。

(二)国家层面统筹发展规划

1 统筹布局通用航空基础设施

通用航空产业发展领先的国家均有发达的通用机场网络以及完备的服务保障体系,实

现了空域雷达全覆盖，对于起飞后的航空器，做到能监测、受控制、有保障。例如，美国多次制定国家综合机场系统规划（National Plan of Integrated Airport Systems，NPIAS）等顶层文件，将绝大部分通用机场纳入国家机场体系，并为其提供机场发展项目的资金和政策扶持。

此外，美国国家航空航天局牵头，与美国联邦航空管理局、头部制造企业、研究机构联合建立了“小型航空器运输系统”，将公务飞行、私人飞行、包机飞行等活动统一纳入国家运输体系规划，大大促进了通用航空的商业化，提升了通用航空器的使用率。澳大利亚于1958年制定了机场属地化计划（Aerodrome Local Ownership Plan，ALOP），各类机场可以按照等级划分，在不同阶段获得比例不一的政府资金补贴，对于支线机场，通过对其提供资金与技术赞助，来实现航空网络的整体平稳运作。

2 鼓励发展通用航空制造业

巴西政府通过采购、税收优惠以及资金支持等方式，向巴西航空工业公司提供了关键性扶持，并于20世纪90年代末促成了该公司的私有化，最终打造了世界级的航空器制造企业。美国发布了一系列产业发展规划以及投资计划，如历次联邦投资计划、1994年的通用航空实验飞行计划（Advanced General Aviation Transport Experiments，AGATE）、2000年的空中高速路计划（Highway Initiative System，HIIS）、2001年的小飞机运输计划（Small Aircraft Transportation System，SATS）等，通过刺激需求、鼓励研发等方式推动通用航空制造业的蓬勃发展。澳大利亚通过鼓励个人制造，规定业余人员建造的航空器能够获得实验型适航性证书，认可航空器制造人全权负责航空器的适航性并给予其航空器维护权，促进了当地小型航空器制造业的加速发展。

3 应用场景丰富多元

丰富多元的应用场景可以带来大量的通用航空服务需求，是通用航空产业持续发展的必要条件。根据美国GIS（Global Insight Services）公司于2024年发布的《通用航空市场分析和预测》报告，在2023年全球通用航空服务时长结构中，大约60%的通航应用场景为私人飞行活动，其主要类型包括商务出行、运动娱乐、观光旅游、医疗救援等。以澳大利亚为例，2018—2020年澳大利亚飞行时长居前四位的通用航空活动分别是高空作业、教学飞行、运动飞行（非注册航空器），以及运动和娱乐飞行，其中，2020年这四类通用航空活动的飞行总时长超137万小时。2018—2020年澳大利亚通用航空飞行小时结构图请扫码查看。

2018—2020年澳大利亚通用航空飞行小时结构图

二、通用航空运行机制

参考民用航空运行，通用航空运行内容主要包括：一是飞行管理，包括飞行计划的制订、飞行路线的选择、飞行时间的安排等；二是安全管理，包括飞行员的培训、航空器的维护、飞行安全规则的制定和执行等；三是服务管理，包括客户服务、行李处理、餐饮服务等；四是运营管理，包括航班调度、机场运营、航线开发等。

我国遵循国际民航组织空域分类建议，将国内空域分为飞行情报区、管制区、限制区、危险区和禁区。但基于各类原因，民用航空管制空域分类仍存在诸多问题。例如，之前所有空域都是管制空域，没有按照空域性质进行分类管理和立体分层，使得空域闲置现象严重，空域资源利用率低。同时，由于缺乏非管制空域，所有飞行都必须获得管制许可，而飞行计划的申报和审批程序复杂、周期长，这些都在一定程度上制约了通用航空的发展。

一般来说，通用航空器主要在1000 m以下的低空空域内运行。随着通用航空的蓬勃发展，从2013年起，我国航空管制放松，低空空域全面放开。为了充分利用国家空域资源，规范空域划设和管理使用，2023年12月我国民航局发布了《国家空域基础分类方法》，将我国空域细分为7类，明确了管制空域与非管制空域及不同类别空域所对应的划设地域和范围、服务内容、飞行要求等。这一文件的发布，对于推动我国空域的精细化管理、激发通用航空的发展潜力、助力“大交通”系统的持续发展有着重要的意义。

三、通用航空法治环境

通用航空的产业链条长、服务领域广，因此需要围绕全链条建立完善的法律法规及行业规范。营造良好的法治环境能够有效预防和减少事故的发生，保障飞行安全。同时，通用航空市场竞争激烈，良好的法治环境能够规范市场主体行为，维护公平竞争的市场秩序。此外，良好的法治环境能够为通用航空企业提供稳定的经营环境，吸引更多的投资和人才，推动行业持续健康发展。

建立适应通用航空发展需要的法治环境需要注意以下几点。

1 完善法律法规体系

围绕近年蓬勃发展的无人机市场，中国政府已公布了《无人驾驶航空器飞行管理暂行条例》，制定了《民用无人驾驶航空器运行安全管理规则》及配套规范性文件等，从规章制度层面为通用航空的发展提供明确依据。

2 加大监管执法力度

建立健全通用航空产业监管机构，通过加大对通用航空企业的监管执法力度，确保企业依法经营，进而提高行业整体的合规水平。

3 提升飞行人员或操控人员素质

加强对航空器飞行人员及无人机操控人员的培训和管理，通过提高相关人员的专业素质和实操技能，来确保通用航空的飞行安全。

任务实施

○ **课堂活动1**

请参考《国家空域基础分类方法》，梳理通用航空器的主要运行空域。

○ **课堂活动2**

请结合在中国民航局官网查阅的信息，罗列出3个与通用航空产业密切相关的法律法规或行业规范。

○ 课堂活动3

请根据图6-2-2中对通用航空产业链的划分，结合中国民航局官网中显示的内设机构，尝试对产业链内各项工作的职责归属进行划分。

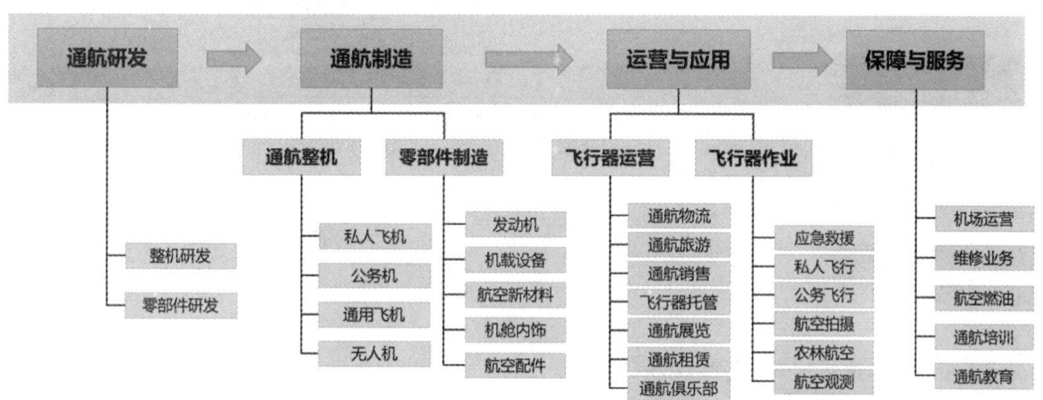

图6-2-2　通用航空产业链划分

任务评价

评价标准	标准分值	自评得分	互评得分	师评得分
遵守课堂纪律，按要求完成课堂活动	20分			
在课堂活动1中，能够准确描述通用航空器的运行空域	20分			
在课堂活动2中，能够正确搜索相关文件，并做好信息整理工作	30分			
在课堂活动3中，能够结合中国民航局各机构的职责，准确划分出通用航空产业链中各项工作的管理部门	30分			
得分合计	100分			
总评（自评×20%＋互评×20%＋师评×60%）				

任务拓展

请查阅相关资料，结合通用航空产业居于领先发展地位的国家的发展经验，尝试从空管领域改革、通用航空制造业、通用航空基础设施以及通用航空服务四个层面，谈谈这些发展经验对我国发展通用航空产业的启示。

任务三　通用航空运行

任务描述

本任务主要对通用航空运行流程和保障进行讲解，培养学生“敬畏生命、敬畏规章、敬畏职责”的民航职业理念。

知识储备

一、通用航空运行流程

根据国际民航组织的界定，通用航空运行是指除商业航空运输或航空作业运营之外的航空器运营。通用航空运行是指通用航空运行机构为用户提供飞行运行服务的全过程解决方案，具体分为业务管理、服务管理、飞行运行管理和基础保障要素管理。在通用航空运行分层框架（如图6-3-1所示）中，飞行运行管理是基础保障要素管理和服务管理之间重要的集成部分，其基本功能是从支持它的基础保障要素管理系统中收集信息、集成信息并使用信息。

图6-3-1　通用航空运行分层框架

需要从事通用航空飞行活动的单位或个人，在实施飞行前，应按照批准权限向当地飞行管制部门提出飞行计划申请，经批准后方可实施。

飞行计划申请的内容包括：飞行单位；飞行任务性质；机长（飞行员）姓名、代号（呼号）和空勤组人数；航空器型别和架数；通信联络方法和二次雷达应答机代码；起飞、降落机场和备降场；预计飞行开始时间、结束时间；飞行气象条件；航线、飞行高度和飞行范围；其他特殊保障需求。

飞行计划申请应当在拟飞行前1天的15时前提出；飞行管制部门应当在拟飞行前1天的21时前做出批准或者不予批准的决定，并通知申请人。执行紧急救护、抢险救灾、人工影响天气或者其他紧急任务的，可以提出临时飞行计划申请。临时飞行计划申请最迟应当在拟飞行1小时前提出；飞行管制部门应当在拟起飞时刻15分钟前做出批准或者不予批准的决定，并通知申请人。

通信部门、导航部门、雷达部门、气象部门、航行情报部门和其他飞行保障部门应认真履行职责，密切协同、统筹兼顾、合理安排，提高飞行空域和时间的利用率，保障通用航空飞行顺利实施。对于紧急救护、抢险救灾、人工影响天气等突发性任务的飞行，上述部门应当优先予以安排。

运行期间，需要对航空器进行全面检查，确保各项设备正常运行，此外还需要准备好飞行所需的各类文档和资料。机场管理机构、油料航材供应单位、地面保障服务部门等应为通用航空器的运行提供必要的服务与支持。

飞行结束后，需要对航空器进行再次检查，确保所有设备已关闭。同时，还需要将飞行数据报告给相关部门，以便于相关部门进行飞行安全管理。

二、通用航空运行保障 

1 飞行培训

根据《"十四五"通用航空发展专项规划》中提出的发展目标，到2025年，我国私用、运动驾驶员执照持有数要达到8200人，民用无人机驾驶员执照持有数要达到22万人。这些数据表明我国飞行培训市场发展空间巨大。因此，飞行培训机构需要结合行业发展需要，开展不同类别的执照培训。

(1) 理论学习。

理论学习的内容涉及航空规章条例、航空器的一般知识、航空器性能、计划和装载、人的因素、气象学、领航、操作程序、飞行原理、无线通话等方面。

(2) 理论考试。

理论考试的内容涉及航空法律法规、飞行前准备、气象学、空气动力学、领航、航空器运行、重量和平衡、飞行性能、人的因素、无线电通信程序等方面。

(3) 飞行训练课程。

飞行训练课程共包括三个阶段，至少53课时，内容包括起飞着陆数据计算、装载和配平计算、天气信息的获得和分析、飞行计划及导航记录单的准备、飞行计划的申报、航行通告的解读、机场各种标志和灯光系统的学习等。

(4) 飞行训练时长。

私用驾驶员执照飞行训练（如图6-3-2所示）总时长要求至少为40小时，包括3小时仪表训练，以及带飞训练时间经历要求和单飞训练时间经历要求等。

图 6-3-2　飞行训练[①]

2 空中交通服务

空中交通服务由空中交通管制服务、飞行情报服务和告警服务三部分组成。

(1) 空中交通管制服务。

空中交通管制服务是空中交通服务的核心部分,又可细分为三部分:区域管制服务,是对航路飞行实施的管制;进近管制服务,是对离场和进场飞行实施的管制;机场管制服务,是对机场区域活动实施的管制。

(2) 飞行情报服务。

飞行情报服务通常由区域管制单位兼任,但在有些地区,考虑到飞行量大、飞行组成复杂等现实情况,可成立专门的机构,由专人从事该项工作。极为常见的情报提供方式是航站终端自动情报通播。

(3) 告警服务。

当航空器处于搜寻救援状态时,涉及向有关单位发出通知,并给予协助的服务,即告警服务。当航空器出现紧急状况时,如发动机故障、无线电通信系统失效、空中非法劫持或座舱失压等,由当事管制单位直接提供该项服务。

3 通用机场及固定运营基地(Fixed Base Operator,FBO)

通用机场(见图 6-3-3)是通用航空的服务区,其功能主要包括:为通用航空器安全起降提供必要场地;为通用航空器停驻提供固定区域;为通用航空器维修提供必要的技术支撑;为驻场单位提供所需的设施和保障。

固定运营基地(见图 6-3-4)作为机场为通用航空器提供停靠、加油、航前航后检修维护等服务的基地服务商,是通用航空服务保障体系中不可或缺的组成部分。固定运营基地能够将通用航空器的空中服务与地面服务有效衔接起来,为旅客和机组人员提供专业的基础保障服务及其他延伸服务。一方面,固定运营基地是综合设施及建筑;另一方面,固定运营基地为通用航空飞行活动提供停机服务、航空器及旅客的地面保障服务、加油服务、机组航务及签派服务、航空器航线服务及维修定检服务。作为通用航空服务保障体系的重要组成部分,固定运营基地是通用航空发展的基础保障。

①图片来源:http://cn.ttfly.com/com/xagj/sell/itemid-11082.html。

图 6-3-3 通用机场

图 6-3-4 固定运营基地

4 通用航空器维修

通用航空器维修(见图 6-3-5)是对通用航空器或通用航空器部件所进行的维护、修理、检查、更换、改装和排放,以确保航空器和旅客、机组成员的安全。通用航空器维修包括航线维修、定期维修、特种维修。

图 6-3-5 通用航空器维修

5 其他地面配套服务

其他地面配套服务包括航油保障企业提供的油料配送服务，综合保障服务商提供的自主维修、航材共享服务等，如图6-3-6所示。

(a)

(b)

图6-3-6 其他地面配套服务

任务实施

○ **课堂活动1**

请从运行保障的角度简要分析通用机场与固定运营基地的异同。

○ **课堂活动2**

请查阅《无人驾驶航空器飞行管理暂行条例》，简要梳理开展一次无人机飞行活动所需进行的准备工作。

○ **课堂活动3**

请以小组合作的形式，整理近五年出台的关于通用航空运行的新规范，分析哪些工作主体的要求发生了改变。

任务评价

评价标准	标准分值	自评得分	互评得分	师评得分
遵守课堂纪律，按要求完成课堂活动	20分			
在课堂活动1中，能够掌握通用机场与固定运营基地的异同	20分			
在课堂活动2中，能够准确梳理出无人机飞行活动前的准备工作内容	30分			
在课堂活动3中，能够结合所收集的信息，准确分析相关政策文件对工作主体的要求的变化	30分			

续表

评价标准	标准分值	自评得分	互评得分	师评得分
得分合计	100分			
总评(自评×20%+互评×20%+师评×60%)				

任务拓展

无人机作为通用航空产业中的新兴业态,已经有了一定程度的发展,请查阅相关资料,简要概括目前无人机的应用行业,以及无人机的运行保障相较于传统通用航空器的运行保障的优势。

线上答题:项目六

项目七 航空运行环境

项目目标

○ **知识目标**

(1) 了解大气的分层及飞机的飞行空间，掌握各种航空气象要素以及天气现象对飞行活动的影响。

(2) 了解各种航空气象服务的内容。

(3) 了解航空通信业务的概念内涵和分类；了解民航导航系统的作用和功能，掌握民航导航系统的分类。

(4) 掌握航空运行监视系统的主要类别和基本技术原理。

○ **能力目标**

(1) 能在实际工作中应用各种航空气象服务知识。

(2) 能在遭遇恶劣天气时，应用航空气象要素知识，对旅客做出准确的安全提示。

(3) 能够说出航空运行监视系统的主要功能。

○ **素质目标**

(1) 感悟航空气象服务的发展，及其对飞行活动的重要影响。

(2) 感悟航空通信业务的发展，及其对民航安全的重要性和意义。

(3) 树立“安全第一”的工作理念，增强责任感与使命感。

知识导图

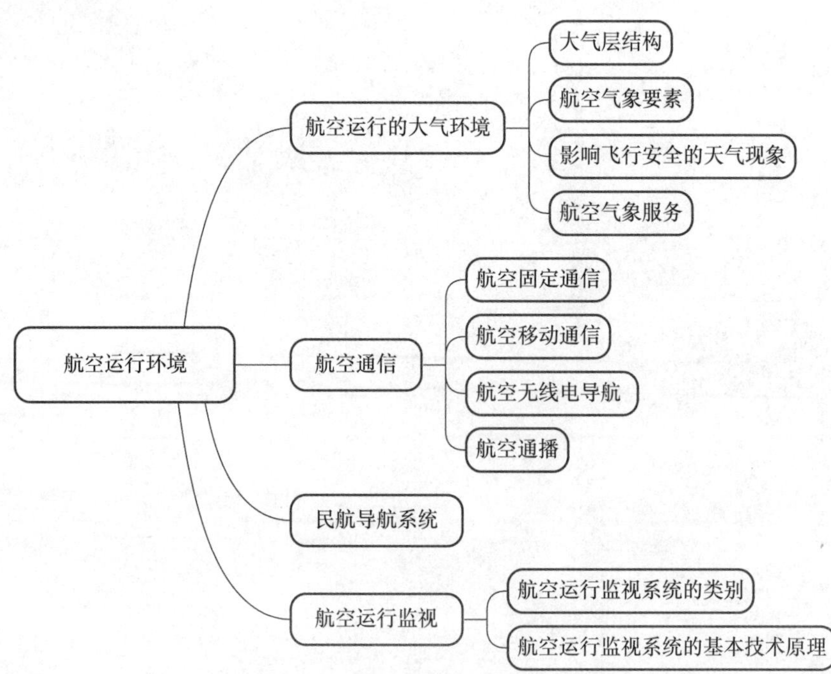

任务一 航空运行的大气环境

任务描述

地表上方有一层成分复杂且随时变化的大气层，民航飞机在大气层中飞行会受到大气变化带来的影响，大气环境包含哪些要素，会对飞行活动产生什么样的影响？天气现象又是如何影响飞行活动的？民航人是如何获取气象信息的？本任务对航空运行的大气环境的相关知识进行重点讲解。

知识储备

大气层无明显的上限，它的各种特性在铅垂方向上的差异非常明显，如空气密度随高度增加而很快趋于稀薄。大气层对飞行有很大影响，恶劣的天气条件会危及飞行安全，大气层的不同属性（如温度、压力、湿度、风向、风速等）对飞机飞行性能和飞行航迹会产生不同程度的影响。

一、大气层结构

以大气层中温度随高度的分布为主要依据，可将大气层划分为对流层、平流层、中间层、热层和散逸层（外大气层）五个层次，如图7-1-1所示。航空器的大气层飞行环境是对流层和平流层。

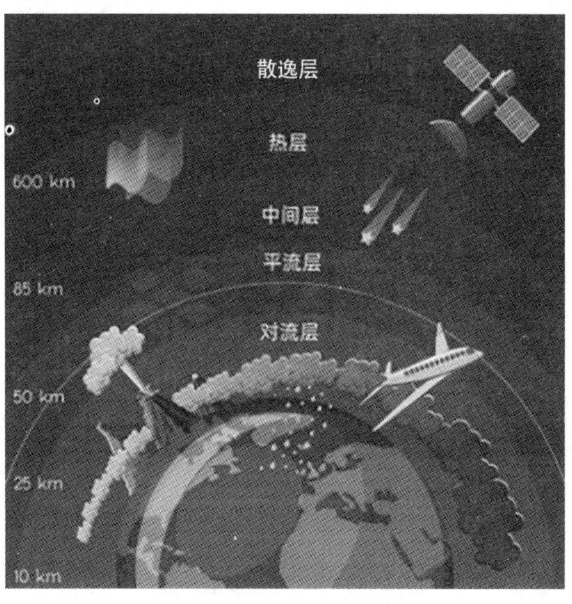

图7-1-1 大气分层

（一）对流层

对流层位于大气层的最低层，从地球表面开始向高空伸展。对流层的平均厚度约为12 km，其厚度在地球两极上空为8 km，在赤道上空为17 km，是大气层中最稠密的一层，集中了约75%的大气质量和90%以上的水汽质量，温度随高度的增加而降低，是天气变化最复杂的层次，也是对飞行产生最为重要影响的层次。飞行中所遇到的各种重要天气现象几乎都出现在这一层中，如雷暴、浓雾、低云幕、雨、雪、大气湍流、风切变等。

（二）平流层

平流层位于对流层顶之上，其顶界伸展到50—55 km。在平流层内，最初随着高度的增加，气温保持不变或微有上升，到25 km以上，随着高度的增加，气温升速较快，到了平流层顶，气温升至270—290 K。在平流层中，空气的垂直运动远比对流层弱，水汽和尘粒含量也较少，因而气流比较平缓，能见度较佳。对于飞行来说，平流层中气流平稳、空气阻力小，这些属于有利的一面，但因空气稀薄，航空器的稳定性和操纵性恶化，这些属于不利的一面。高性能的现代歼击机和侦察机都能在平流层中飞行。随着飞机最大飞行高度值逐渐提升，以及火箭、导弹的发展，对平流层的研究日趋重要。

（三）中间层

中间层是指自平流层顶到85 km之间的大气层。该层温度垂直递减率很大，对流运动强盛，中间层顶附近的温度约为190 K。

（四）热层

热层的范围是从中间层顶伸展至约800 km高度。这一层的空气密度很小，声波也难以传播。热层的特征包括：气温随高度增加而上升，空气处于高度电离状态。热层在电离层范围内，电离层的变化会影响航空器的无线电通信。

（五）散逸层

散逸层又称“外层”，其下界距离地表800 km以上，而顶界的高度为2000—3000 km，是地球大气层的最外层，逃逸层空气极为稀薄，其密度几乎与太空密度相同，温度随高度增加而略有增加，受地球的引力作用较小，因而大气分子不断地向星际空间逃逸。航天器脱离这一层后便进入太空飞行。

二、航空气象要素

气象要素是指一系列表明大气物理状态、物理现象的要素，包括大气温度、大气压强、大气湿度、大气密度、风、雾、云、降水、日辐射特性、大气电特性等多种要素。航空气象要素是这些要素中会对航空活动造成影响的部分要素的统称，包括大气温度、大气压强、大气湿

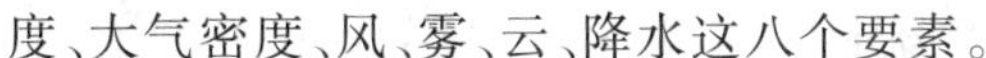

度、大气密度、风、雾、云、降水这八个要素。

(一) 大气温度(以下简称气温)

1 气温的定义

气温是表示空气冷热程度的物理量,它实质上是空气分子平均动能大小的宏观表现。

2 气温的量度

气温通常使用三种温标:摄氏温标(℃)、华氏温标(℉)、绝对温标(K)。这三种温标的关系如图7-1-2所示。

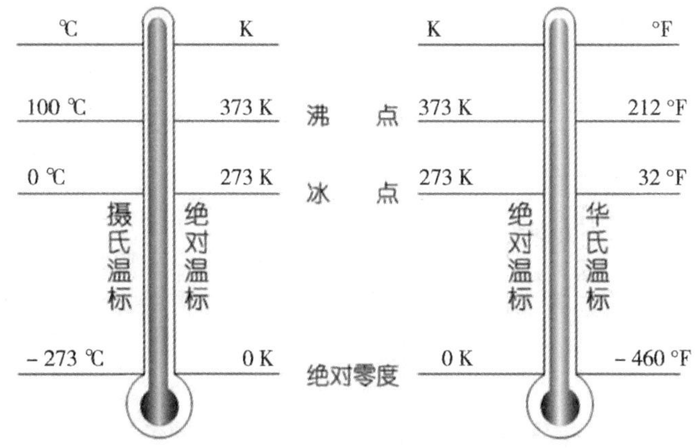

图7-1-2 三种温标的关系

摄氏温标:将标准状况下纯水的冰点定为0 ℃,沸点定为100 ℃,其间分为100等份,每一等份为1 ℃。

华氏温标:将纯水的冰点定为32 ℉,沸点定为212 ℉,其间分为180等份,每一等份为1 ℉。

绝对温标:又称"开尔文温标",简称"开氏温标",是热力学和统计物理学中的重要参数。一般所说的"绝对零度"指的便是0 K,对应−273.15 ℃。

摄氏温标与华氏温标的换算公式:

$$F=\frac{9}{5}C+32$$

$$C=\frac{5}{9}(F-32)$$

摄氏温标与绝对温标的换算公式:

$$K=C+273.15$$

3 气温变化的基本方式

实际大气中,气温变化的基本方式有以下两种。

(1) 气温的非绝热变化:空气块通过与外界的热量交换产生的温度变化。

气温的非绝热变化主要有以下四种情况:

① 辐射:物体以电磁波的形式向外放射热量。

② 乱流：空气无规则地做小范围涡旋运动，乱流使空气微团产生混合，气块间热量也随之得到交换。

③ 水相变化：水的状态变化。水通过相变释放热量或吸收热量，引起气温变化。

④ 传导：依靠分子的热运动将热量从高温物体直接传递给低温物体。

(2) 气温的绝热变化：空气块与外界没有热量交换，仅由于其自身内能增减而引起温度变化。

① 干绝热过程：在绝热过程中，气块内部没有水相的变化，即干空气或未饱和空气的绝热过程。干绝热直减率$\gamma d \approx 1$ ℃/100 m。

② 湿绝热过程：在绝热过程中，气块内部存在水相变化。湿绝热直减率$\gamma m=(0.4\sim 0.7)$℃/100 m。

实际大气中，当气块做水平运动或静止不动时，非绝热变化是主要的，当气块作垂直运动时，绝热变化是主要的。气块做干绝热运动时温度的变化见图7-1-3。

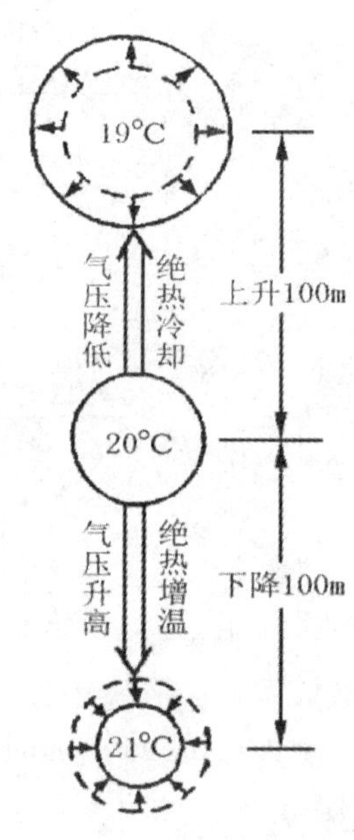

图7-1-3 气块做干绝热运动时温度的变化

4 气温变化对飞行活动的影响

气温变化会导致大气密度发生变化，大气密度的变化又会导致单位体积内大气的数量发生变化，进而影响飞机的飞行活动。

气温升高时，大气密度降低，发动机推力减小、升力减小，进而使得飞机的滑跑距离增加；气温降低时，情况则正好相反。飞机上空速表、高度表是根据标准大气压设计的，因此当实际气温与标准气温不一致时，空速表、高度表的精准度会受到影响。

5 气温的测量

气温测量设备的安装点位于距跑道中心线不超过120 m、跑道头向内300 m附近的观测场内。其中，温湿度传感器安装在自动气象站安装杆的横臂百叶箱内，安装位置离地面约1.5 m，如图7-1-4所示。

图7-1-4 气温测量设备

(二)大气压强(以下简称气压)

1 气压的定义及单位

气压是指与大气相接触的面上,空气分子作用在每单位面积上的力。气压单位包括:百帕(hPa)、毫米汞柱(mmHg)、英寸汞柱(inHg)。

单位换算公式:1 标准大气压 = 1013.25 hPa = 760 mmHg = 29.92 inHg。

2 气压与高度的关系

根据静力平衡方程 $dp = -\rho g dz$,气压总是随高度升高而降低的,其中,高度越高,气压随高度降低得越慢。

3 航空上的气压

(1) 本站气压:气象台气压表直接测得的气压。由于各气象观测站所处地理位置及海拔不同,本站气压常有较大差异。

(2) 修正海平面气压:由本站气压按照标准大气条件修正到平均海平面的气压。

(3) 场面气压:着陆区(跑道入口端)最高点的气压。

(4) 标准海平面气压:大气处于标准状态下的海平面气压,其值为 1013.25 hPa(760 mmHg)。

4 飞行中常用的气压高度

(1) 场面气压高度(QFE):飞机相对于起飞或着陆机场跑道的高度。

(2) 修正海平面气压高度(QNH):以海平面气压调整高度表数值为零,上升至某一点的垂直距离。换句话说,高度表气压基准拨正在修正海平面气压值时,高度指针所指示的数值就是修正海平面气压高度。

(3) 标准海平面气压高度(QNE):相对于标准海平面(气压为 760 mmHg 或 1013.25 hPa)的高度,主要用于飞机在航线上的飞行。

图 7-1-5 为各种气压高度示意图。

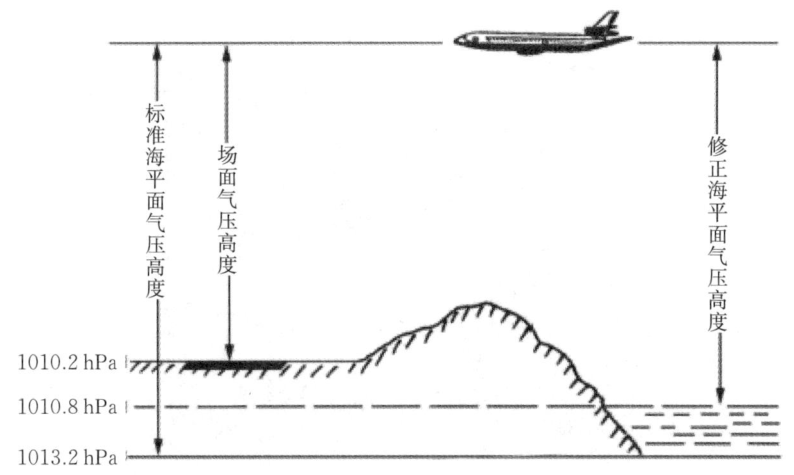

图 7-1-5 各种气压高度示意图

5 水平气压场

水平气压场是指某一水平面上的气压分布。将海拔在1500 m以下的各气象观测站推算出的海平面气压填在一张图上，绘出等压线，则可显示海平面上的气压分布。

水平气压场的基本形式包括：低压/低压槽（槽线）、高压/高压脊（脊线）和鞍形，如图7-1-6所示。

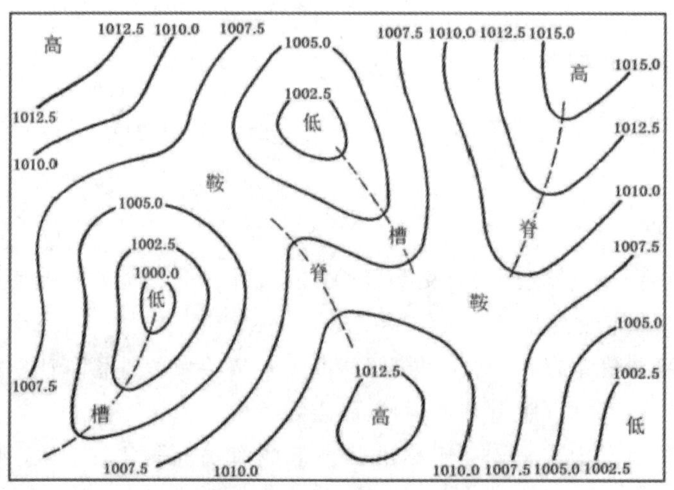

图7-1-6　水平气压场的基本形式

6 水平气压梯度

(1) 大小：计算公式为$G_N = -\Delta P/\Delta N$，其中G_N为气压梯度，ΔP为两个等压面间的气压差，ΔN为两个等压面间的垂直距离。

(2) 方向：垂直于等压线，从高压指向低压。

(3) 识别：在天气图上，等压线越密的地方，气压梯度越大。

7 气压的测量

气压的测量设备多样，图7-1-7为XDY-03型气压测量设备，是由中国太原航空仪表有限公司生产的双振筒气压仪。

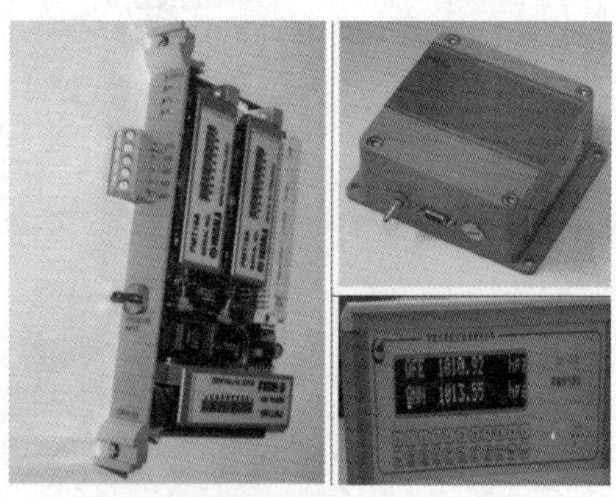

图7-1-7　XDY-03型气压测量设备

（三）大气湿度

1 大气湿度的定义

大气湿度是用来量度空气中的水汽含量的物理量。

2 大气湿度的表示方法

空气相对湿度(f)：空气中的实际水汽压(e)与同温度下的饱和水汽压(E)的百分比，即 $f=e/E\times100\%$。

水汽压是空气中的水汽所产生的那部分压力，是气压的一部分。在其他条件相同时，水汽含量越多，水汽压越大。在温度一定的情况下，单位体积空气所能容纳的水汽含量有一定的限度，如果水汽含量达到了这个限度，空气就呈饱和状态，称为“饱和空气”。饱和空气的水汽压称为“饱和水汽压”。理论和实践都证明，饱和水汽压的大小仅与气温有关，气温越高，饱和水汽压越大。因此，气温升高时，空气的饱和水汽压增大，容纳水汽的能力也增强。可见，空气相对湿度的大小直接反映了空气距离饱和状态的程度(空气的潮湿程度)。空气相对湿度越大，说明空气愈接近饱和，饱和空气的相对湿度为100%。

空气相对湿度的大小取决于两个因素：其一是空气中的水汽含量，水汽含量越多，水汽压越大，空气相对湿度越大。其二是温度，在空气水汽含量不变时，温度升高，饱和水汽压增大，空气相对湿度减小。空气相对湿度的变化主要受温度的影响，晚上和清晨时的空气相对湿度大。露点温度(Td)是指当空气中水汽含量不变且气压一定时，气温降低到使空气达到饱和时的温度，简称“露点”。气压一定时，露点的高低只与空气中水汽含量的多少有关，水汽含量越多，露点越高。

3 气温露点差($T-Td$)

当空气处于未饱和状态时，其露点低于气温，只有在空气达到饱和时，露点才与气温相等。因此，可用气温露点差来判断空气的饱和程度，气温露点差越小，空气越潮湿。

4 空气中水汽含量的变化

空气中的水汽含量与地表潮湿程度有关，地面潮湿的地方空气中的水汽含量较高。在同一地区，水汽含量与气温关系密切，当气温升高时，饱和水汽压增大，空气中的水汽含量也相应增多。对一定地区来说，水汽含量的变化规律与气温的变化规律基本相同，即白天空气中的水汽含量大于晚上，空气中的水汽含量的最高值出现在午后。在大陆上，当乱流特别强时，由于水汽迅速扩散到高空，近地面空气中的水汽含量反而有迅速减少的现象。空气中的水汽含量的年变化与气温的年变化相当吻合，空气中的水汽含量最高在7—8月，最低在1—2月。

5 空气饱和程度的变化

空气的饱和程度与气温的高低和空气中的水汽含量的多少有关，但由于气温变化比露点变化要快，空气饱和程度一般是早晨大、午后小，冬季大、夏季小。露珠一般出现在夏季的早晨，而冬季的夜间容易形成霜。夜间停放在地面上的飞机在冬季会出现表面结霜的现象，在夏季会出现油箱积水的现象，这些都与空气饱和程度的变化有关。

6 大气湿度的测量

大气湿度的测量设备一般与温度传感器安装在一起。

7 气体状态方程

气体状态方程为$P=\rho R_{比}T$，其中，ρ为空气密度，$R_{比}$为比气体常数，T为气温。

8 空气湿度对空气密度的影响

大气密度与气压成正比、与气温成反比，水汽含量越大，大气密度越小。湿度高的空气的密度小，因此飞机起飞滑跑距离变长、爬升率下降、着陆速度增大、载重量减小。

（四）大气密度

1 大气密度的定义

大气密度是指单位体积大气中含有的大气质量或分子数目。大气密度主要影响飞机的气动性能，如飞机的巡航速度、最大飞行速度、燃油消耗、载荷、升限、起飞和着陆的滑跑距离等。

2 基本气象要素变化对大气密度的影响

气温、气压和大气湿度的变化都会对飞机性能和仪表指示造成一定的影响，这种影响主要是通过它们对大气密度的影响来实现的。由气体状态方程$P=\rho R_{比}T$可得$\rho=\dfrac{P}{R_{比}T}$，可见空气密度(ρ)与气压(P)成正比，与气温(T)成反比。对局地空气而言，气温变化幅度比气压变化幅度要大得多，因此大气密度变化主要由气温变化引起。

3 密度高度

飞行中常用到密度高度的概念。密度高度是指飞行高度上的实际大气密度在标准大气中所对应的高度。在标准大气条件下，大气密度与高度的关系是确定的，但在实际大气中，某高度上的大气密度大小还会受到气温、大气湿度、气压等因素的影响。密度高度可以用来描述这种密度随高度变化的差异。如果在热天，大气受热变得暖而轻，飞机所在高度的密度值较小，相当于标准大气中较高高度的密度值，则飞机所处的密度高度为高密度高度；反之，在冷天，飞机飞行时所处的密度高度一般为低密度高度。低密度高度能提升飞机操纵的效率，而高密度高度则会降低飞机操纵的效率，且容易带来危险。

4 对飞机飞行性能的影响

飞机的飞行性能主要受大气密度的影响。例如，当实际大气密度大于标准大气密度时，一方面，空气作用于飞机上的力要加大，另一方面，发动机功率增加，推力增大。在这两方面的作用下，飞机飞行性能变好，即最大平飞速度、最大爬升率和起飞载重量会增大，而飞机起飞、着陆滑跑距离会缩短。当实际大气密度小于标准大气密度时，情况则相反。

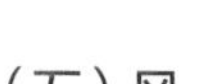

(五)风

1 风的表示

气象中的风向是指风的来向，常用360°或16个方位来表示，如图7-1-8所示。

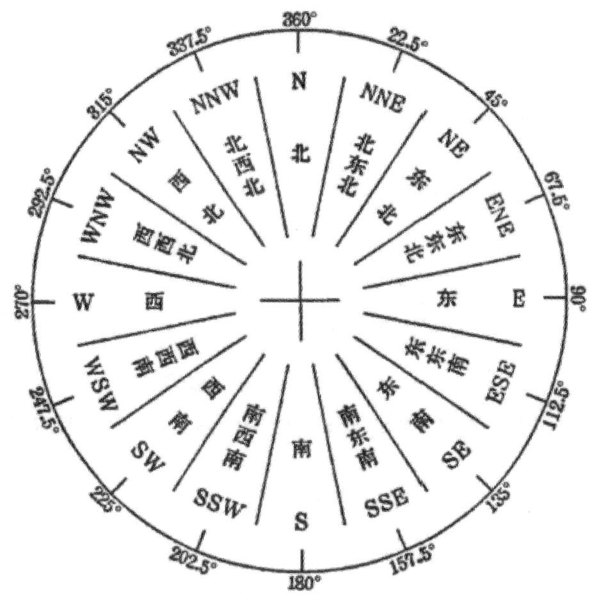

图7-1-8　风向的16个方位

2 风速

风速是指单位时间内空气微团的水平位移距离，常用的风速单位包括：米/秒(m/s)、千米/小时(km/h)、海里/小时(nm/h)、节(kn)。

3 风的测量

风的测量仪器包括：风向风速仪、测风气球、风袋(见图7-1-9)、多普勒测风雷达等。

图7-1-9　风袋

4 风的成因及其对飞行的影响

风是由大气流动引起的一种自然现象。太阳光照射在地球表面上，使得地表温度升高，地表的大气受热膨胀变轻而上升，这时低温的大气横向流入，上升的大气因为逐渐冷却变重而降落。由于地表温度较高，地表大气会继续受热膨胀、上升，这种大气的流动就产生了风。

在飞机降落时，顺风将加大飞机相对地面的飞行距离，逆风则相反，而侧风会使航迹出现偏差。

(六) 雾

悬浮于近地面气层中的水滴或冰晶，使地面能见度小于1 km的现象称为“雾”，使地面能见度为1—5 km的现象称为“轻雾”。

近地面空气由于降温或水汽含量增加而达到饱和，水汽凝结或凝华而形成雾。一般当气温露点差小于等于2 ℃时，就有可能形成雾。

根据形成过程的不同，可以将雾分为辐射雾、平流雾、上坡雾和蒸发雾。以下主要介绍辐射雾和平流雾。

1 辐射雾

(1) 辐射雾的定义。

辐射雾是指由地表辐射冷却所形成的雾。

(2) 辐射雾的形成条件。

① 晴朗的夜空(无云或少云)：近地面辐射冷却快，降温强，容易形成低空逆温层，使水汽聚集其下、不易扩散。

② 微风(一般为1—3 m/s)：乱流使水汽扩散至一定厚度的气层。

③ 近地面空气湿度大：经冷却后，空气易饱和。

(3) 辐射雾的特点。

① 季节性和日变化明显：多产生于秋冬季，下半夜至清晨。

② 地方性特点显著：多产生于潮湿的谷地、洼地和盆地。

③ 范围小、厚度小、分布不均：一般厚度200—400 m。

2 平流雾

(1) 平流雾的定义。

平流雾是指暖湿空气流到冷的下垫面，被冷却后形成的雾。

(2) 平流雾的形成条件

① 适宜的风向风速：风向应是由暖湿空气区吹向冷下垫面区，风速一般为2—7 m/s。

② 暖湿空气与冷下垫面温差显著：有利于形成平流逆温层。

③ 暖湿空气的相对湿度较大。

（七）云

1 云的定义

云是大气中的水蒸气遇冷液化成的小水滴或者凝华成的小冰晶混合组成的飘浮在空中的可见聚合物。

2 云对飞行的影响

云与飞行活动密切相关，它常常给飞行活动造成困难，甚至威胁飞行安全，云底高度很低的云层会妨碍飞机起降的视线。此外，在云中飞行时，飞机可能会出现颠簸、积冰等天气现象。

（八）降水

1 降水的定义

水汽凝结物从云中降落到地面的现象称为“降水”。雨滴在下落过程中不断蒸发、消失而在云底形成的丝缕条纹状悬垂物叫作“雨幡”。

2 降水的分类

按照形态的不同，可以将降水分为固态降水（如雪、冰雹等）和液态降水（如雨等）

按照性质的不同，可以将降水分为连续性降水，降自层状云（雨层云和高层云）；间歇性降水，降自波状云（层积云和层云）；阵性降水，降自积状云（淡积云、浓积云和积雨云）。

3 降水的形成

云滴的增长过程是指云滴的凝结或凝华增长过程，如图7-1-10所示。

云滴的碰并增长过程是指当云中出现了体积差异较大的云滴后，在气流的作用下，云滴之间发生碰撞，大云滴“吞并”小云滴，云滴体积进一步增大，进而形成降水云滴。

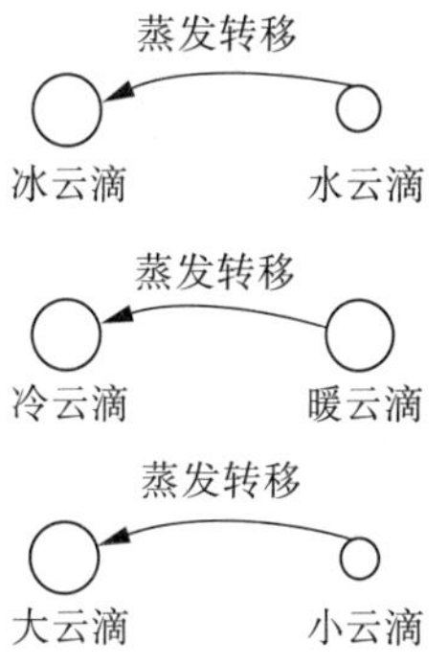

蒸发转移

冰云滴 水云滴

蒸发转移

冷云滴 暖云滴

蒸发转移

大云滴 小云滴

图7-1-10　云滴增长过程

4 不同形态降水的形成

降水的形态主要取决于云中和云下的气温。

（1）当云中和云下的气温均高于0 ℃时，形成液态降水。

（2）当云中和云下的气温均低于0 ℃时，形成固态降水或冻雨、冻毛毛雨。

（3）当云内气温低于0 ℃、云下气温高于0 ℃时，降水可以是液态的，也可以是固态的，或者是二者的混合物。

（4）冰雹的形成：冰雹是积雨云强烈发展形成的一种球状、圆锥状或其他不规则形状的降水。冰雹的形成过程如图7-1-11所示。

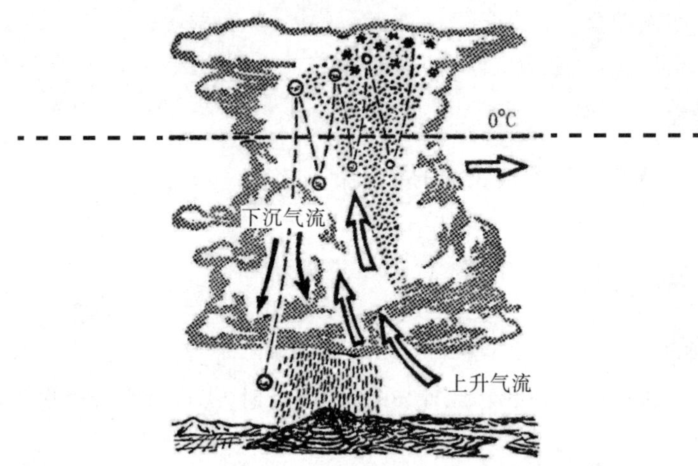

图 7-1-11　冰雹的形成过程

5 降水对飞行的影响

降水对飞行的影响包括：使能见度减小；造成飞机积冰；飞机在积雨云区及附近飞行时，可能遭雹击大雨和暴雨，使发动机熄火；大雨会恶化飞机气动性能；影响跑道的使用。

三、影响飞行安全的天气现象

教学视频：飞机如何规避航线上的危险天气

（一）低空风切变

风切变是指风速矢量或其分量沿垂直方向或某一水平方向的变化。风切变是向量值，它反映了所研究的两点之间风速和风向的变化。在航空气象学中，低空风切变通常是指近地面 600 m 高度以下的风切变。

低空风切变的形成需要一定的天气背景和环境条件。雷暴、积雨云、龙卷等天气有较强的对流，能形成强烈的垂直风切变；强下击暴流到达地面后向四周扩散的阵风，能形成强烈的水平风切变；当锋面两侧气象要素差异大时，容易产生较强的风切变。

根据飞机的运动相对于风矢量之间的不同情况，可以把风切变分为以下几类。

1 顺风切变

顺风切变指顺着飞机飞行方向顺风增大或逆风减小，以及飞机从逆风区进入无风或顺风区。顺风切变使飞机空速降低、升力下降，进而使得飞机下沉，是比较危险的一种低空风切变。图 7-1-12 为顺风切变示意图。

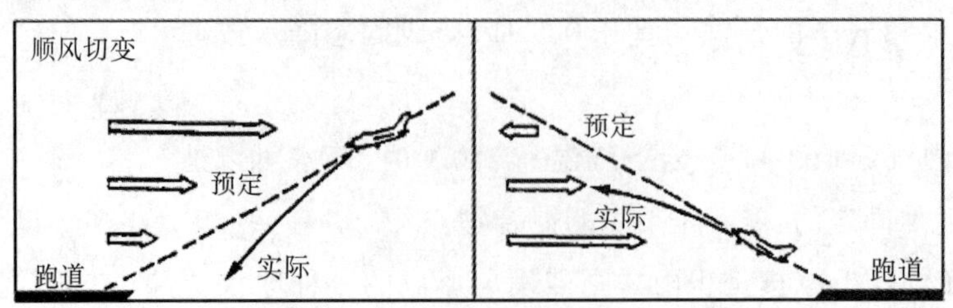

图 7-1-12　顺风切变示意图

飞机着陆过程中进入顺风切变区时(如从强逆风突然转为弱逆风,或从逆风区突然转为无风区或顺风区),指示空速会迅速降低,升力就会明显减小,从而使飞机不能保持下滑线而向下掉高度。此时的修正动作是加油门带杆使飞机增速,减小下降率,回到下滑线上后再稳杆收油门重新建立下滑姿态,但如果顺风切变的高度很低,飞行员无法做到及时修正,将会造成大的偏差。

2 逆风切变

逆风切变指顺着飞机飞行方向逆风增大或顺风减小,以及飞机从顺风区进入无风区或逆风区。逆风切变使飞机空速增加、升力增加,进而使得飞机上升,其飞行危害程度比顺风切变轻些。图 7-1-13 为逆风切变示意图。

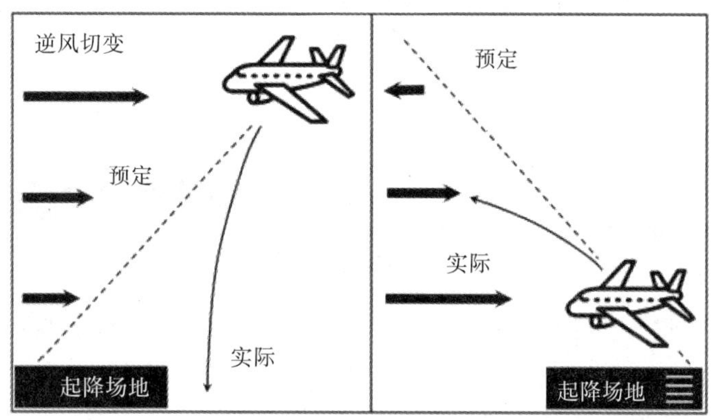

图 7-1-13 逆风切变示意图

飞机着陆下滑进入逆风切变区时(如从强的顺风,突然转为弱顺风,或从顺风突然转为无风或逆风),指示空速迅速增大,升力明显增加,飞机被抬升,脱离正常下滑线。飞行员的修正动作是收油门松杆,使飞机减速,增加下降率,回到下滑线上后再加油门带杆使飞机重新建立下滑姿态。

3 侧风切变

侧风切变是指飞机从一种侧风或无侧风状态进入另一种明显不同的侧风状态。侧风切变可使飞机发生侧滑、滚转或偏航。图 7-1-14 为侧风切变示意图。

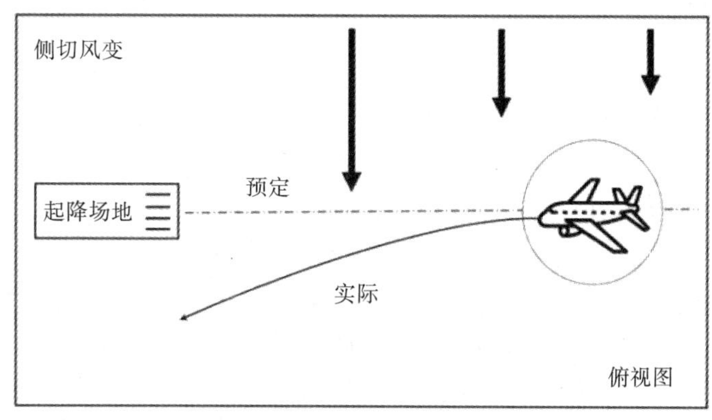

图 7-1-14 侧风切变示意图

侧风切变会使着陆过程中的飞机产生侧滑,带坡度,从而使得飞机偏离预定下滑着陆方向,造成横侧偏差。

教学视频:风切变

4 垂直风切变

垂直风切变是指飞机从无明显的升降气流区进入强烈的升降气流区的情形。图 7-1-15 为垂直风切变示意图。

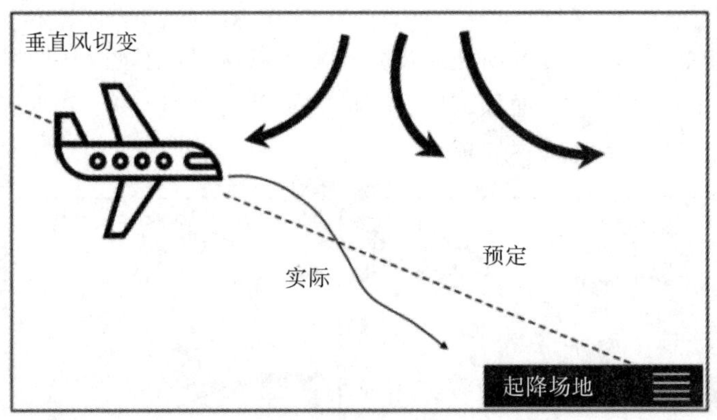

图 7-1-15　垂直风切变示意图

当飞机在着陆过程中遇到升降气流时,飞机的升力会发生变化,从而使下降率发生变化。垂直风切变对飞机着陆危害巨大,飞机在雷暴云下进近着陆时常遇到严重的下降气流,对于这种情况,飞行员能做的就是复飞。

(二) 雷暴

雷暴是夏季常见的天气现象,是由对流旺盛的积雨云所产生的,由于积雨云的强烈发展,常伴有闪电、雷鸣、暴雨、大风,有时还会出现冰雹、龙卷风、下击暴流等灾害性天气。

通常,在天气预报和对外服务工作中,人们习惯把只伴有雷声、闪电或阵雨的雷暴称为"一般雷暴"或"弱雷暴",而把伴有暴雨、大风、冰雹、龙卷风等严重的自然灾害性天气现象的雷暴称为"强雷暴"。

雷暴对飞行的影响主要表现在以下几个方面。

1 飞机颠簸

雷暴云中的上升、下降气流会对飞行造成严重威胁,特别是成熟阶段的雷暴云,最强的上升气流可达到 50—60 m/s,与台风不相上下,在雷雨区内飞行的飞机会产生严重颠簸,其飞行高度可能在几秒内升降几十米甚至几百米。严重时,会造成飞行仪表失真、飞机操纵困难甚至失控,进而导致飞行事故。

2 雹击

通常情况下,处于成熟阶段的雷暴云的高度通常为 3000—9000 m,这时形成冰雹的可能性最大。飞机在飞行中的相对速度较大,因此飞机的雷达罩、机翼、水平安定等部位易遭雹击,这会使得飞机的空气动力性能变差,加大了失速速度,容易造成飞行事故。

3 积冰

教学视频：飞机除冰

雷暴云中含有大量的过冷水滴，容易造成飞机积冰，特别是在飞机起飞、着陆阶段，往往速度较低，不易操纵，如果飞机在起飞、着陆时遇到积冰，往往会引发飞行事故。结冰往往对飞机的失速特性、起飞性能、爬升性能、续航性能、着陆性能、发动机性能、稳定性等有很大的影响。

4 雷击

当飞机在雷区内飞行时，机翼、机身等凸出部位的电场很强，容易使得飞机遭受雷击。根据有关统计分析，飞机各部位遭受雷击的概率排序体现为雷达天线>机翼>机身。外部设备（如翼尖、航行灯、风挡加热器等）的防护罩或整形罩被击穿后，闪电电流进入机舱内部会造成设备和电源的损坏，甚至危及机组和旅客的安全；闪电和闪电引起的瞬间电磁场对仪表、通信、导航及着陆系统会造成干扰或者直接中断这些设施设备的信号。另外，由于喷气式发动机的燃料蒸汽是易燃的，如果油箱被击中，有可能发生燃烧或是爆炸。

5 下洗气流

下洗气流又称为“下击暴流”，是雷暴强烈发展的产物，其水平尺度通常为4—40 km，产生的雷暴大风可达18 m/s以上，但其生命周期很短，一般只有10—16分钟（微下击暴流只有几分钟）。由于下击暴流（包括微下击暴流）中伴有强烈的下降气流和雷暴大风，对飞机的起降有极大的危害，飞机在起飞阶段遇到下击暴流时，如果处置不当，就会造成飞行事故。图7-1-16为下击暴流示意图。

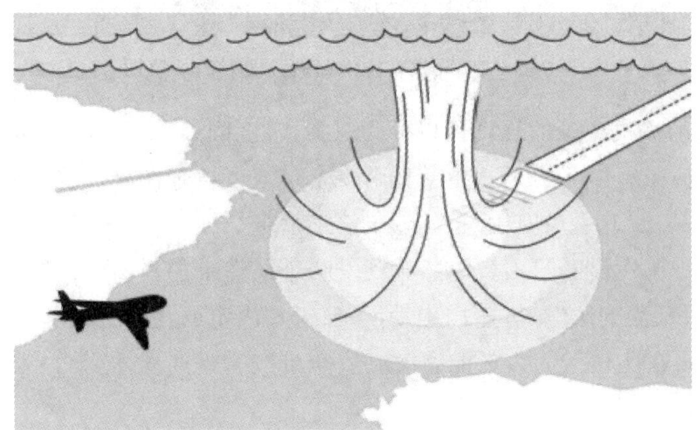

图7-1-16　下击暴流示意图

6 龙卷风

龙卷风主要在那些发展得特别强烈的雷暴云中出现，具有非常强的破坏力。

（三）乱流

“晴空乱流”最可能在2.3万英尺至3.9万英尺的高对流层空域出现，会威胁到飞行安全。乱流对飞机的影响主要体现在以下几个方面。

① 飞机速度和高度产生变化。飞机在乱流中飞行时,会经历高度的急剧变化和速度的波动,这可能导致飞机发生剧烈颠簸。

② 飞机操控困难。在乱流中飞行时,操控飞机变得困难,机翼可能会剧烈抖动。在极端情况下,飞行员甚至可能暂时失去对飞机的控制。

③ 旅客安全受威胁。乱流可能导致旅客和机内物品受到颠簸,在严重的情况下,旅客可能会被抛离座位,撞向飞机设施。

④ 飞机结构受损。在极端乱流中,飞机可能会遭受结构损伤,甚至解体。

现代民航飞机通常能够承受远超自然乱流强度的冲击力,因此,在正常情况下,乱流不会直接导致飞机坠毁或其他致命事故。然而,乱流仍然是一种需要引起重视的飞行风险,需要飞行员和空中交通管制员密切监控并采取一定的应对措施。图7-1-17为飞机在空中遭遇乱流时的示意图。

图7-1-17　飞机在空中遭遇乱流时的示意图

由乱流导致的飞机颠簸的强度可以分为三类:轻度颠簸、中度颠簸、重度颠簸。

① 轻度颠簸:在座位上的人员能感觉到安全带或者肩带的轻微受力;未被固定的物体可能被稍微移动;行走几乎没有困难,不影响客舱服务。

② 中度颠簸:在座位上的人员能感觉到安全带或肩带的受力;八成满的饮料会从杯中溅泼出来,客舱服务受到影响;客舱内走动困难,未被固定的物体会被移动。

③ 重度颠簸:在座位上的人员能感觉到安全带或肩带的猛烈受力;未被固定的物体会前后左右摆动、抛起;无法进行客舱服务。

(四) 积冰

飞机积冰是指飞机机身表面一些部位产生冰层聚积的现象,主要是由云中或降水中的过冷却云滴或雨滴碰撞机身产生冻结而形成的。较强的积冰多发生在云中温度0—10 ℃的区域内。飞机积冰会使飞机的空气动力学性能恶化,表现为升力减小、阻力增大,影响飞机的安定性和操纵性,还会对仪表和通信产生影响。飞机积冰是一种航空危险天气。图7-1-18为飞机机翼积冰示意图。

图7-1-18 飞机机翼积冰示意图

四、航空气象服务

(一)航空气象服务概述

航空气象服务是指为航空活动提供气象信息的服务。民航气象服务的基本任务是探测、收集、分析、处理气象资料和制作发布气象服务产品。我国的民航气象服务由我国民航局所属的空中交通管理局(以下简称民航局空管局)提供。民航局空管局设立民航局空管局气象中心和民航地区空管局气象中心,各民航运输机场设机场气象台,通用机场设置气象台或气象站,其中民航地区空管局气象中心可以承担机场气象台的职责。中国民航局还会在每个飞行情报区内指定一个民航地区空管局气象中心或机场气象台承担气象监视台的职责,从而形成由民航局空管局气象中心、民航地区空管局气象中心、机场气象台(站)和气象监视台组成的航空气象服务机构体系。

(二)航空气象服务产品的用户

航空气象服务产品的用户主要是航空公司、机场、空中交通管理机构、其他用户。

1 航空公司

航空气象服务机构为航空公司的运行控制部门提供气象信息,运行控制部门依据起降机场的实时天气情况、未来天气变化以及航路上的天气状况等气象情报,制订或者修改飞行计划,在燃油的携带、飞机的配载环节充分考虑气象因素,并在飞机起飞前,为机组人员提供气象服务。飞机起飞前,机组人员要依据飞行气象文件充分了解相关气象信息。飞行气象文件包括起降机场、备降机场天气实况报和预报,航路上重要天气,高空风温图等多种航空气象服务产品。

2 机场

机场是航空气象服务的重要用户。当机场受到恶劣天气威胁时，航空气象服务机构将发布机场警报，以便机场管理部门及时掌握气象信息，避免大风、冰雹、雷暴等恶劣天气对机场设施和停场飞机造成损害，确保机场的正常运行。

3 空中交通管理机构

对于空中交通管理机构而言，准确及时的气象信息可以帮助管制员更加合理地调配航班，使用空域资源，从而最大限度地保证飞行的安全和有序。管制员在提供空中交通管理服务时，必须对当前的天气状况和未来的天气变化有充分了解。安装在塔台和终端管制区的自动观测系统及气象雷达，可以为管制员提供机场地区的温度、气压、风向、风速、跑道视程、云的分布等航空气象状况。

（三）航空气象服务产品

航空气象服务产品包括机场天气报告、机场预报、区域预报、着陆预报、起飞预报、重要气象情报、低空气象情报、机场警报、风切变警报等预报产品。

1 日常气象预报

日常气象预报包括机场天气报告、机场预报、区域预报、着陆预报、起飞预报等。以下主要对机场天气报告、机场预报、区域预报进行讲解。

(1) 机场天气报告。

机场天气报告是指在特定时间和机场指定地点观测到的气象情况的报告，包括机场例行天气报告(METAR)和机场特殊天气报告(SPECI)。机场例行天气报告是指按固定时间间隔在机场指定地点观测到的气象情况的报告；机场特殊天气报告是指在两次例行观测之间，当一致或多种气象要素出现特殊变化并达到规定标准时发布的气象情况报告。

METAR报文实例：

（报头略）

METAR ZBAA 221630Z 24008MPS 1200 R18/1000U FGDZ SCT010 OVC020 17/16 Q1018 BECMG TL 1700 0800 FG BECMG AT 1800 9999 NSW =

译文：北京首都国际机场日常报告，22日16时30分(UTC)；地面风向240°，风速8 m/s；能见度1200 m，18号跑道的跑道视程为100 m，并有上升趋势，有雾和毛毛雨；疏云高300 m，满天云，云高600 m；气温17 ℃，露点温度16 ℃，修正海压1018 hPa；未来两小时趋势；到17时能见度将变为800 m，有雾，到18时能见度将大于等于10 km，无重要天气。

SPECI报文实例：

SPECI ZBAA 241115Z 05012G20MPS 0500NE DS =

译文：北京首都国际机场特殊报告，24日11时15分；地面风向50°，风速

12 m/s，阵风 20 m/s；能见度在东北方 500 m，有尘暴。

(2) 机场预报。

机场预报是指在特定时间发布的、对机场特定时间段预期气象情况的说明，是对以跑道为中心的视区范围内做出的天气预报，主要保障飞机起飞和着陆的安全。

TAF 报文实例：

(报头略)

TAF ZUGH 160514 25002MPS 2000 BR SCT030 BKN200 T07/06Z FM07 0000MPS 0500 FG BKN180 T25/10Z FM11 20004MPS 4000 SKC=

译文：航站预报，广汉，有效时间为 16 日 5 时到 14 时，风向 250°，风速 2 m/s，能见度为 2 km，有轻雾，有 3—4 个量的云，云低高 900 m，多云云高 6000 m，预报气温 6 时为 7 ℃，从 7 时开始变为静风，能见度为 500 m，有雾，多云，云高 5400 m，世界时间 10 时温度为 25 ℃，从 11 时之后，风向为 200°，风速为 4 m/s，能见度为 4 km，碧空。

(3) 区域预报。

区域预报应对飞机飞行时间和空间范围内的大气温度、风、重要天气现象及与之结合的云进行分析和说明。区域预报一般以图表形式或者其他约定的形式发布，其主要内容包括：高层、中层和低层高空风、高空温度，高层、中层和低层重要天气。图 7-1-19 为低层(FL 100 以下)重要天气图，图 7-1-20 为中层(FL 100 至 FL 250)重要天气图，图 7-1-21 为高层(FL 250 至 FL 630)重要天气图。

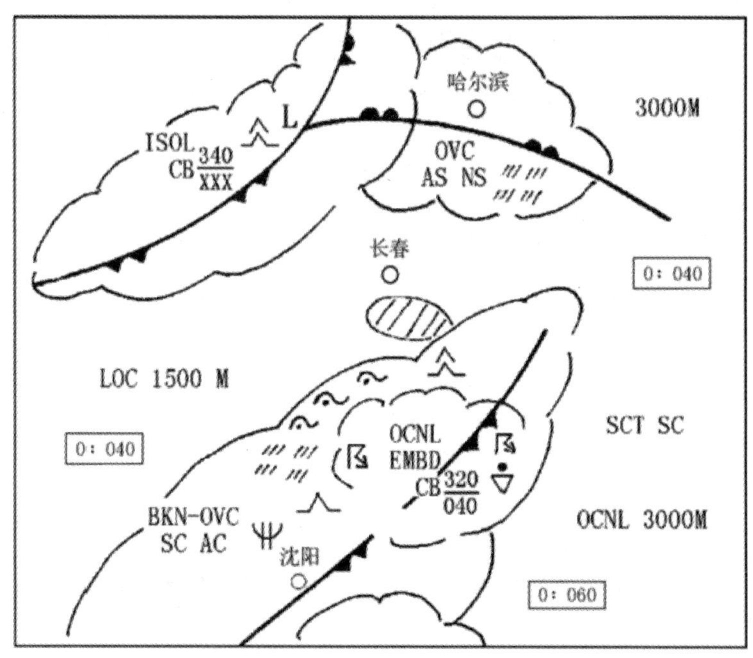

图 7-1-19　低层(FL 100 以下)重要天气图

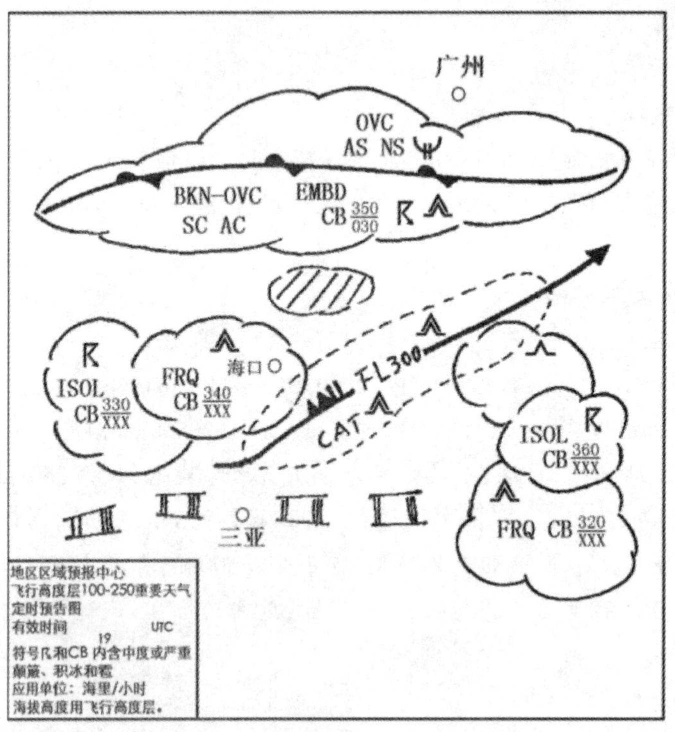

图 7-1-20　中层（FL 100 至 FL 250）重要天气图

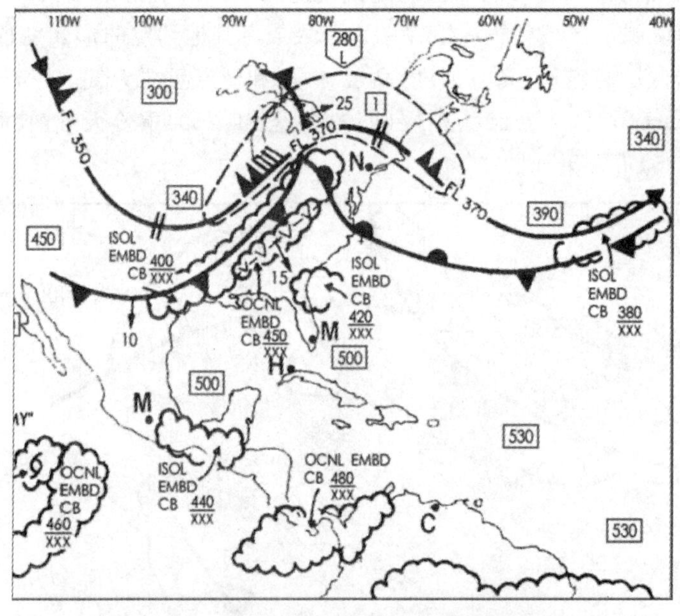

图 7-1-21　高层（FL 250 至 FL 630）重要天气图

2 特殊气象情报与警报

特殊气象情报与警报主要包括重要气象情报、低空气象情报、机场警报、风切变警报。

(1) 重要气象情报。

重要气象情报是指对有关航路上发生的或预期发生的、可能影响飞机飞行安全的天气现象以及这些天气现象在时间和空间上的发展做出的简要说明。

气象情报应当使用缩写明语编报，即使用国际民航组织批准的缩写和数值，重要气象情报应当以“SIGMET”标明。例如，用“WC-SIGMET”标示热带气旋的重要气象情报，用“WA-SIGMET”标示火山灰的重要气象情报，用“WS-SIGMET”标示热带气旋和火山灰以外的重要气象情报。

重要气象情报的有效时段应当不超过4小时，在出现热带气旋和火山灰的情况下，重要气象情报的有效时段可以延长到6小时。

当有关的重要天气现象在该地区不再出现或预期不再出现时，应当发布一份重要气象情报，以取消相应的重要气象情报。

(2) 低空气象情报。

低空气象情报是指对未包括在已发布的低空飞行区域预报中的、有关航路上可能影响低空飞行安全的天气现象以及这些现象在时间和空间上的发展的简要说明。

低空气象情报应当以“AIRMET”标明，有效时段应当不超过4小时。

当有关的天气现象在该地区不再出现或预期不再出现时，应当发布一份低空气象情报以取消相应的低空气象情报。

(3) 机场警报。

机场警报是指对可能严重影响到地面航空器和机场设备设施安全的气象情况做出的简要说明。

(4) 风切变警报。

风切变警报是指对观测到的或者预期出现的可能严重影响跑道道面及其上空500 m以下的处于着陆滑跑或起飞滑跑、进近着陆、起飞爬升的飞机的风切变做出的简要说明。

任务实施

○ 课堂活动1

请根据图7-1-22所示的气象雷达图解读天气情况。

扫码看彩图

图7-1-22 飞机机载雷达图

○ **课堂活动2**

2006年6月3日16时，两架飞机飞入安徽省广德市上空，飞机发出异常的声音。突然，其中一架飞机以极高的下降率向地面俯冲，高度损失很多后又猛然抬头爬升，最后消失在半山腰深处，紧接着传来了剧烈的爆炸声。不久后，当地的警卫人员迅速赶来，经过仔细搜寻，他们在现场发现40多具骸骨。经查证，该飞机为正在执行试验任务的空警-200，它是我国在运-8基础上研发出的第二代空中预警机。

事发后，我国立即组织人员对此次空难进行了调查，经多番查证，最终确认空难发生的直接原因是飞机结冰。飞机在穿过广德市上空的高空云层时，云中的过冷水滴在飞机的表面发生了冰层聚集，同时，飞机的除冰系统出现了故障。机翼上的结冰直接破坏了机翼的气动外形，导致飞机动力配置效率低下，飞机结冰还导致飞机重心位置发生改变，机体难以维持稳定。最终，层层原因叠加造成了此次悲剧的发生。

请查阅广德“6•3”空难事故的相关资料，围绕积冰对飞行的影响以及相关防护措施进行讨论分析。

○ **课堂活动3**

以小组为单位，自行分配角色，对于在遭遇飞机颠簸时，机组人员对旅客进行解释，并采取相关措施来保障旅客安全的情景进行模拟。

任务评价

评价标准	标准分值	自评得分	互评得分	师评得分
遵守课堂纪律，按要求完成课堂活动	30分			
在课堂活动1中，能够利用气象雷达图正确解读天气情况	25分			
在课堂活动2中，能够认真分析案例，围绕积冰对飞行的影响以及相关防护措施进行讨论分析	20分			
在课堂活动3中，能够通过小组合作完成角色扮演任务	25分			
得分合计	100分			
总评(自评20%＋互评20%＋师评60%)				

任务拓展

登录中国民航局官网，查阅《民用航空气象预报规范》和《民用航空气象地面观测规范》文件。

任务二 航空通信

任务描述

本任务主要讲解航空固定通信、航空移动通信、航空无线电导航、航空通播，加深学生对航空通信业务的发展历程的了解，引导学生感悟航空通信对民航安全的重要性和意义。

知识储备

教学视频：飞机通信系统

航空通信是指航空部门之间利用电信设备进行联系，以传递飞机飞行动态、空中交通管制指示、气象情报和航空运输业务信息等的一种飞行保障业务。早期的航空通信方式主要为电报，之后逐渐发展了电话、电传打字、传真、电视、数据传输等多种方式。

早期的航空移动通信业务包括近距离的甚高频(VHF)通信、远距离的高频(HF)通信，以及全球性的航空卫星移动业务。通信方式主要有话音和键控电报两种。话音业务主要用于近距离、终端区和应急通信，而数据业务则用于航路上的例行通信，包括飞机位置报告的下传和气象、航行情报的上传。随着技术的发展，数据业务除了利用VHF、HF和卫星通信，还可利用S模式数据链等先进技术，以提高通信的自动化和安全性。

航空通信主要包括航空固定通信、航空移动通信、航空无线电导航、航空通播等业务。国际电信联盟为航空通信的各种业务规定了相应的专用频段，以避免通信相互干扰。

一、航空固定通信

航空固定通信又称"平面通信"，在固定点之间进行，只接受与航空安全直接有关的通信业务，在世界范围已形成航空固定通信网。此外，许多航空运输企业还另建有用于旅客服务、客货运输、订座电报的通信网络，并由多家企业联合组成专用通信网。国际航空通信协会的通信网居世界之首，几乎通达全球各大城市，向各会员航空公司供应有关飞行动态、飞行保安、旅客订座、追查行李等方面的专业性资料。

二、航空移动通信

航空移动通信又称"陆空通信"，主要是机载电台与地面对空电台之间的通信，飞机电台之间必要时也可利用航空移动通信网通信。航空移动通信业务主要包括飞机险情通信和航务管理通信，前者是指飞机遇到和解除危险、紧急状态时的通信，后者是指飞机与航空运输企业之间交换飞机飞行情况的通信。

三、航空无线电导航

航空无线电导航通过地面无线电设施为飞机提供方位、距离等信息，以便确定飞机位置，引导飞机飞行。

四、航空通播

航空通播按特定频率或通信频率，以定时广播的方式发送气象情况、机场着陆条件、进场条件等方面的航行资料。

2017年中国航空电子通信系统市场规模为12.09亿元，2022年中国航空电子通信系统市场规模增长至21.83亿元。我国航空电子通信系统已经实现了民用类飞行、军用类飞行等多类航空飞行过程中的高清晰度语音通话、高分辨率且快速的图像传递，以及各类航空运行数据和多媒体信息的处理等，确保了航空电子通信系统高效、安全、稳定运行。

任务实施

○ 课堂活动1

请根据所学内容，说出我国主要的航空通信业务。

○ 课堂活动2

2021年，中国民航局发布了《中国民航新一代航空宽带通信技术路线图》，新一代航空宽带通信技术在民航领域主要有以下四类典型应用场景：一是机场空侧场面区域面向航空器、车辆的移动通信应用，需要利用AeroMACS（航空机场场面宽带移动通信系统）这一航空专用通信网络解决；二是机场陆侧航站楼区域面向旅客的移动通信应用，可以利用公共网络解决；三是航路飞行阶段航空器与地面进行数据通信的空地数据链路，需要利用LDACS（L频段数字航空通信系统）这一航空专用通信网络解决；四是航路飞行阶段面向航空器后舱的空中互联网应用及面向航空器前舱的辅助管理应用，可以利用运营商等提供的ATG网络解决。

上述四类场景基本覆盖了民航机场、空中交通管理、航空器运行的全阶段、全流程，但相关通信技术均处于前期研究和验证阶段，由于国际民航技术领域相对的滞后性，尚未铺开部署应用。业务类型不同，各场景对通信技术的安全等级要求也不同，但均具备5G化的可行性与基本条件，通过合理设置各类应用场景的技术演进路线与过渡方案，建立我国主导的5G AeroMACS、5G LDACS、5G ATG和5G公共网络的民航技术标准体系和设备研发应用体系，能够提供5G公网与专网相结合、安全通信与非安全通信相结合的解决方案，占据新一代航空宽带通信技术应用的国际高点。

中国民航局高度重视5G这一我国优势通信技术在中国民航业落地生根。当前，5G通

信技术在我国民航领域已经有所应用。在民用机场陆侧,我国民航业面向旅客出行率先应用了基于5G通信技术的智慧服务,包括航站楼内旅客信息提醒、安检、视频监控、身份证识别、室内定位、行李监控等,既提高了机场运行效率,同时也让旅客享受到了智能化出行的便捷;在机场飞行区范围,中国民航局正在同工业界合作开展航空宽带通信硬件和终端的技术研究。接下来,"一张脸"出行、VR/AR技术、智能安检、智能数字化塔台、智能调度平台等方面的创新服务将逐一成为现实,让航班更安全、运行更顺畅、出行更便捷,助力智慧民航发展壮大。

请思考:《中国民航新一代航空宽带通信技术路线图》的出台,对我国民航业的发展有何意义?

○ 课堂活动3

长久以来,飞行过程中的通信问题一直是困扰航空业和旅客的难题。由于客舱内没有移动网络信号覆盖,旅客在飞行途中往往处于"失联"状态,无法拨打电话或发送短信。虽然一些飞机提供了舱内Wi-Fi,让旅客可以在空中接入互联网,但这仍然无法满足所有通信需求。特别是在遇到紧急情况时,通信的重要性更加凸显。

2024年1月,中国电信卫星公司联合中国国际航空,在中国国际航空地面机载仿真环境中成功完成了"机上网络平台VoWiFi项目"的课题验收。这一创新项目利用与民航客机完全一致的仿真环境,验证了普通手机终端在飞行模式下,通过机上互联网环境实现手机鉴权、三网语音、短信互通、视频通话等功能的可行性。不仅测试结果符合预期,而且用户体验与地面5G网络一致,效果优异。中国电信"卫星+VoWiFi"产品体系如图7-2-1所示。

图7-2-1 中国电信"卫星+VoWiFi"产品体系

通过卫星与VoWiFi技术的融合,即使在万米高空,旅客也能享受到与地面无异的通信服务。这不仅提升了旅客的飞行体验,也为航空业带来了新的发展机遇。同时,航空VoWiFi技术还有助于航空公司开展更多增值服务,如空中购物、空中预订等,增加了航空公司的收入来源。对于航空公司来说，航空 VoWiFi 无须额外加装机上设备，硬件成本为零，适航取证时间也大大缩短，这意味着航空公司可以在不增加成本的情况下，提升机上通信服务能力；对于旅客来说，航空 VoWiFi 的使用也非常便捷，只需订购中国电信5G套餐便可使用。

“卫星＋VoWiFi”技术的突破为航空业和旅客带来了前所未有的便利和机遇，不仅解决了飞行过程中的通信难题，还提升了旅客的飞行体验和航空公司的服务质量。

请你结合上述材料，谈谈对于航空通信新发展的感悟。

任务评价

评价标准	标准分值	自评得分	互评得分	师评得分
遵守课堂纪律，按要求完成课堂活动	30分			
在课堂活动1中，能够根据所学内容，说出我国主要的航空通信业务	20分			
在课堂活动2中，能够准确、全面地分析《中国民航新一代航空宽带通信技术路线图》的出台对于我国民航业发展的意义	20分			
在课堂活动3中，能够准确、全面地分析航空通信新发展的意义	30分			
得分合计	100			
总评（自评20%＋互评20%＋师评60%）				

任务拓展

请根据飞机起降的全过程，分析其中涉及哪些航空通信业务。

任务三　民航导航系统

任务描述

本任务主要讲解民航导航系统的作用、功能、分类，增进学生对智慧民航的建设和发展的理解。

知识储备

民航导航系统是确保飞机在飞行过程中能够准确、安全地沿着预定航线飞行的关键技

术体系，它为飞行员提供了飞机的位置、速度、航向等重要信息，帮助飞行员在各种天气条件和飞行环境下做出正确的决策。航空导航系统界面如图 7-3-1 所示。

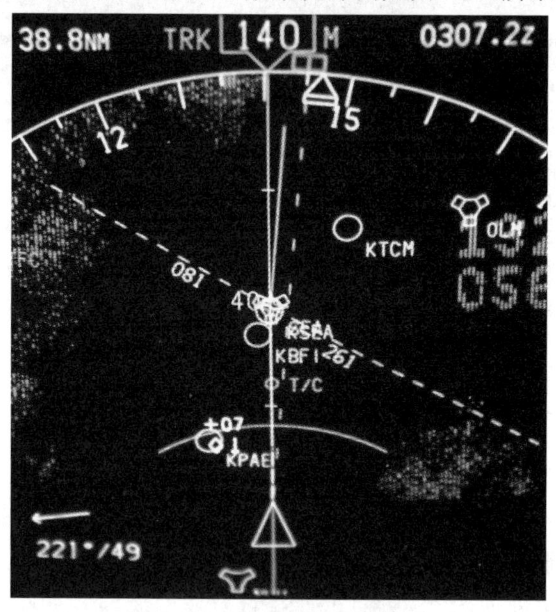

图 7-3-1　航空导航系统界面

民航导航系统主要分为陆基导航系统、星基导航系统、惯性导航系统(INS)、无线电导航系统等，以及由多种导航系统组合而成的组合导航系统。

1 陆基导航系统

(1) 甚高频全向信标(VOR)。

甚高频全向信标通过地面台发射特定频率的信号，飞机上的接收设备可以测量出飞机与地面台之间的相对方位角。飞行员根据这个方位角信息，结合飞机的磁航向，就能够确定飞机的飞行方向。其广泛应用于国内的主要航线，帮助飞行员在飞行过程中保持正确的航向。例如，在飞往某个机场的过程中，飞行员可以根据沿途的多个甚高频全向信标台确定飞机的位置和方向，逐步接近目的地机场。

(2) 测距仪(DME)。

测距仪通常与甚高频全向信标配合使用，测距仪地面台会向飞机发射脉冲信号，飞机接收到信号后通过测量信号的往返时间来计算飞机与地面台之间的直线距离，常用于航路导航和进近阶段。例如，在飞机进近着陆时，测距仪可以帮助飞行员更精确地掌握飞机与跑道入口的距离，确保安全着陆。

(3) 无方向信标(NDB)。

无方向信标是一种简单的中低频导航设备，它向外发射无方向性的无线电信号，飞机上的接收设备通过接收信号的强度和相位来确定飞机相对于地面台的大致方位。随着技术的发展，无方向信标逐渐被更先进的导航系统所取代，不过，无方向信标仍可能作为备份导航设备在一些特定区域中使用。

2 星基导航系统

(1) 全球定位系统(GPS)。

全球定位系统由一组卫星组成，这些卫星在太空中不断发送包含时间和位置信息的信号。飞机上的GPS接收器接收来自多颗卫星的信号，并通过测量信号的传输时间来计算飞机与卫星之间的距离。然后，利用三角测量原理或其他定位算法，确定飞机在地球上的精确位置、速度和时间。其在航路导航、终端区引导、进场/着陆等各个飞行阶段都有应用。例如，在长途国际航班中，GPS可以帮助飞行员更精确地规划航线，避开恶劣天气和空域限制；在进近着陆阶段，GPS结合其他增强系统，可以实现更精确的着陆引导。

(2) 北斗卫星导航系统。

北斗卫星导航系统与GPS类似，也是通过卫星发送信号来实现定位、导航、授时等功能。其在民航领域逐渐得到应用，为飞机提供了更多的导航选择和保障。北斗卫星导航系统与其他导航系统配合使用，可以提高导航的准确性和可靠性，增强我国在航空导航领域的自主性和安全性。

3 惯性导航系统(INS)

惯性导航系统(INS)是利用惯性测量单元(IMU)中的加速度计和陀螺仪来测量飞机的加速度和角速度。加速度计测量飞机在三个相互垂直方向上的加速度，通过对加速度进行积分计算，可以得到飞机在这三个方向上的速度变化；陀螺仪则测量飞机的角速度，用于确定飞机的姿态(航向、俯仰和滚转角度)。通过对速度的进一步积分，可以得到飞机的位置信息，但存在误差积累问题，随着时间的推移，位置和速度的误差会逐渐增大。因此，通常需要定期进行校准或与其他导航系统(如GPS等)组合使用，以修正误差并提高导航精度。例如，在飞机飞行过程中，INS可以在短时间内提供较为准确的导航信息，而当GPS信号可用时，结合GPS数据，可以修正INS的误差，从而获得更精确和可靠的导航结果。

4 无线电导航系统

无线电导航系统是接收地面无线电台发射的中波或短波信号，通过环形天线的方向性接收特性，确定飞机与电台的相对方位。由于精度相对较低，其在现代民用航空中的应用逐渐减少，更多地作为一种备用或辅助导航手段。

这些不同类型的导航系统在民用航空中各自发挥着重要作用，它们相互配合、互为补充，共同保障了飞机在飞行过程中的准确导航和安全运行。在实际应用中，飞机会根据不同的飞行阶段、任务需求和环境条件，综合使用多种导航系统，以获取更精确、可靠的导航信息。

我国民用航空导航技术发展总体战略目标包括：完善陆基导航网络，合理推进卫星导航系统，形成陆基导航系统、星基导航系统和航空器自主导航并存发展的综合导航体制，积极推行“自由飞行”概念，具备满足不同用户使用需求的能力，提供旨在保证安全、提高效益的导航政策、技术标准、运行要求和设施装备。

任务实施

○ **课堂活动1**

请根据所学内容，描述民航导航系统的作用和功能，描述民航导航系统的分类，并进行小组间自评与互评。

○ 课堂活动2

国际航空咨询机构飞行运营集团发布的报告显示，截至2023年11月上旬，涉及“GPS欺骗”的报告近50份，一种名为“GPS欺骗”的网络攻击手段激增，攻击者向飞机飞行管理系统发送虚假GPS信号，而飞机无法辨别真伪，导致飞机导航系统出现偏差，飞机偏离航线。若多架飞机偏离航线，不仅可能导致飞机之间的碰撞，还有可能威胁到地面上的人员和设施的安全。

请根据上述材料和所学内容，思考导航系统受到攻击的原因是什么？这一事件对航空安全和民航业有何影响？这一事件对国际民航和航空通信技术的发展有何启示？

○ 课堂活动3

2023年11月，包含北斗卫星导航系统(以下简称“北斗系统”)标准和建议措施的《国际民用航空公约》附件10最新修订版正式生效。这标志着北斗系统正式加入国际民航组织(ICAO)标准，成为全球民航通用的卫星导航系统。这充分证明了北斗有能力在各个行业提供全球导航服务。

中国民航局空管行业管理办公室相关负责人表示，这是中国民航首次以自身团队为核心，成功推进我国自主创新的北斗系统纳入ICAO标准，对于推动民航高质量发展和交通强国建设具有重要意义，有利于推进北斗系统在民航领域的市场化、产业化、国际化应用，相关国际标准化工作也为中国民航培养了一支专业、精准、高效的工作团队，为后续持续推进我国自主知识产权技术的标准制定积累了丰富经验。

“北斗系统正式加入ICAO标准，成为全球民航通用的卫星导航系统。一方面，北斗系统高精度、可靠的定位和导航服务，可以进一步提高飞行安全；另一方面，北斗系统能提供更精确的航线规划和可靠的航空交通管制，使民航运行更顺畅高效，提高了运行效率。”中国交通运输协会新技术促进分会专家委员解筱文说。

请根据上述材料，谈谈你的感悟。

任务评价

评价标准	标准分值	自评得分	互评得分	师评得分
遵守课堂纪律，按要求完成课堂活动	30分			
在课堂活动1中，能够根据所学内容，描述民航导航系统的作用、分类	20分			
在课堂活动2中，能够根据所学内容，较为全面地分析材料的相关内容	20分			
在课堂活动3中，能够较为全面地分析新技术对民航导航的意义	30分			
得分合计	100分			
总评(自评20%＋互评20%＋师评60%)				

任务拓展

请查阅相关资料，分析民航导航系统的发展趋势。

任务四 航空运行监视

任务描述

本任务主要讲解航空运行监视系统的类别和基本技术原理，加深学生对目前应用于空中交通管制的监视系统的了解，引导学生梳理航空运行监视的发展历程，体悟航空运行监视的发展意义。

知识储备

航空运行监视是指用于空中交通管制的监视系统，通过对空中运行的航空器等飞行目标进行实时的跟踪和监视，确保航空器的持续运行安全。应用于空中交通管制的监视系统的功能主要包括雷达探测、飞行目标跟踪、航空器识别、交通管制指挥，这些功能的应用及其提供的信息，有助于管制员进行高效、安全的交通管制。

一般来说，空管监视系统由雷达设备、数据处理设备、显示终端等设施设备共同组成，各部分共同协作，实现对空中飞行目标的全面监控。空管监视系统通常采用分布式结构，通过雷达站、数据处理中心、显示终端等设备的运行，让各部分设备通过网络进行连接，最终实现飞行目标的数据共享和信息交互；通过监视系统，结合通信系统、导航系统内的各类设施设备，最终实现航空器的全流程、全过程运行保障。通信、导航及监视系统的组织架构如图7-4-1所示。

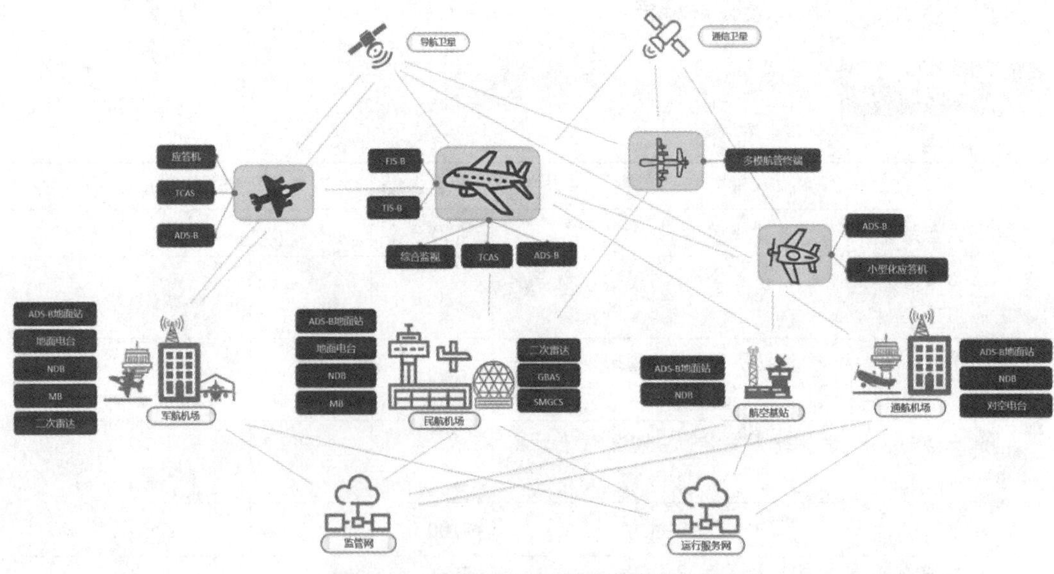

图7-4-1 通信、导航及监视系统组织架构

一、航空运行监视系统的类别

目前，应用于航空运行的监视系统主要包括一次监视雷达、二次监视雷达和广播式自动相关监视系统。

（一）一次监视雷达（Primary Surveillance Radar，PSR）

一次监视雷达是指通过电磁波的发射与接收来监视空中飞行目标的雷达系统。此类雷达会自发地发射电磁波，由接收端检测飞行目标反射回的电磁波，并据此对空中飞行目标进行定位。一次监视雷达不需要被监视者（飞行目标）的配合，仅需监视者（各管制单位）就可独立完成测量和定位工作，因此一次监视雷达又称"独立监视"。

当前主流的一次监视雷达根据其使用场景主要被分为三类。第一类是机场监视雷达（Airport Surveillance Radar，ASR），此类监视雷达的作用距离为100海里，主要由塔台管制员或进近管制员使用。第二类是航路监视雷达（Air Route Surveillance Radar，ARSR），这类监视雷达设置在航管控制中心或相应的航路点上，其探测范围在250海里以上，高度可达13000米，这类监视雷达的功率比机场监视雷达大，因此可以在航空器运行区域将雷达监测范围覆盖至整个航路，管制员根据航路监视雷达提供的信息对在航路上飞行的航空器实施雷达间隔。第三类是机场地面探测设备（Airport Surface Detection，ASD），这类设备的功率较小，作用距离一般仅为1英里，主要用于特别繁忙的机场的地面监控，塔台管制员可以通过机场地面探测设备监控在地面运行的所有航空器和各类车辆，并控制起降航空器和地面车辆的运行安全，在机场能见度较低的时候，这类设备的作用和优势更为显著。

由于一次监视雷达只能探测出空中飞行目标的方位和距离，无法获得该目标的飞行高度及其性质，因此一次监视雷达只用于监控，只有将其与二次监视雷达配套使用才能完全实现空中交通管制的雷达管制。

（二）二次监视雷达（Secondary Surveillance Radar，SSR）

二次监视雷达又称"空管雷达信标系统"，这一系统最初应用于让雷达识别敌我双方飞机的空战当中，后经发展也用在了民航空中交通管制中，即目前所说的"二次监视雷达"。二次监视雷达利用配对的询问应答模式来对飞行目标实现实时定位：二次监视雷达对地面设备发射约定模式的询问信号，航空器机载应答机对信号进行接收、响应询问后发送应答信号，地面设备在对应答信号进行接收处理后，即可获得航空器的编号、飞行高度及航向等参数信息，二次监视雷达因此成为空中交通管制的有效手段。区别于一次监视雷达仅需监视者就可独立完成测量和定位工作，二次监视雷达需要监视者与被监视者共同协作，才能完成对飞行目标的测量和定位，最终实现对航空器的实时监视。

二次监视雷达一般由天线、发射机、接收机、录取器、雷达显示终端等组成，主天线安装在一次监视雷达的上方，通过与一次监视雷达同步旋转来共同工作。二次监视雷达的询问频率为1030 MHz，应答频率为1090 MHz，每组脉冲之间的时间间隔是固定的，这个时间间隔也决定了二次监视雷达的询问模式。根据国际民航组织的相关规范要求，二次监视雷达的询问模式共分为六种，分别是1模式、2模式、3/A模式、B模式、C模式、D模式。其中，1模式、2模式专用于军事用途的识别询问；3/A模式用于军用识别和民用识别询问；B模式仅用于民用识别询问；C模式用于高度询问；D模式为备用询问模式。

在民航日常运行监视中，通常采用A模式、C模式两种询问模式。询问信号由二次监视雷达的地面发射机发出，由航空器装载的应答机在收到相应信号后，自动发出不同形式的编码信号作为应答。当采用A模式时，机载应答机的应答码代表识别码，共有4096个，识别编码由航空器驾驶员通过编码器输入；当采用C模式时，机载应答机的自动应答码代表航空器的高度码，由机上的大气数据计算机自动输入。机载应答机在做出回复后，地面二次监视雷达的天线会对信号进行接收，经过处理后会在一次监视雷达的屏幕上显示出这架航空器的识别号和飞行高度，便于管制员直观掌握航空器的飞行信息。此外，机载应答机还具有识别功能，在管制员有需求时，航空器驾驶员可以按下识别键，这时应答机在A模式的回答编码后4.35微秒发出一个特别位置识别脉冲，这个脉冲使地面站屏幕上的亮点变宽，以区别于屏幕上的其他亮点，这可以让管制员迅速确定航空器的具体位置，提高管制工作效率。

（三）广播式自动相关监视系统（Automatic Dependent Surveillance-Broadcast，ADS-B）

广播式自动相关监视系统由卫星导航、空地数据链、地面处理和显示系统组成。与一次监视雷达、二次监视雷达这类地面设备主动监视的雷达不同，广播式自动相关监视系统无须人工操作或者询问，由航空器直接进行位置报告，属于一种被动监视方式。航空器装载的电子设备（如卫星导航或惯性导航等）会自动将导出的位置数据通过1090兆赫扩展电文（1090ES）数据链形式传送至地面，继而在自动相关监视终端（新航行系统工作站）上形成航空器的位置、高度、速度、航向、识别号等飞行状态及空中交通信息，并在屏幕上显示出来，便于管制员的监控。

广播式自动相关监视系统由航空器自主发送数据信息，因此该系统相较于前两类监视系统具有以下优点：一是航空器的位置报告可以减少航空器监视位置数据的误差，进一步提升监视的精确性，同时该系统也可以用于对非雷达空域的监视，提升了管制效率；二是管制员可以基于航空器提供的位置信息，帮助飞行员选择更为合适的巡航高度，提升航空器运行的灵活性，通过减少燃油消耗节约运行成本；三是航空器在将数据信息传送给地面的同时，会将其广播给其他在空中运行的航空器，使得航空器之间具备相互监视的能力，空中交通的透明度也进一步提高，有助于减少飞行冲突，提高飞行安全。

二、航空运行监视系统的基本技术原理

航空运行监视系统主要包括雷达技术、通信技术、数据库技术和显示技术，这些技术主要应用于机场塔台管制部门、进近管制部门、区域管制部门和机场运行控制中心等部门。

雷达技术是航空运行监视系统的重要组成部分，一般用于探测和跟踪航空器的飞行位置、速度、高度等信息。通常情况下，雷达通过发射无线电波并接收反射回来的信号来获取航空器的各类位置、速度、高度等数据，这些数据在被处理后用于监视和调整航空器的运

行。雷达技术的应用范围比较广泛，且具有物理覆盖范围广、数据信息精度高等优点，但其也存在一定局限性，如实时天气的变化和地形条件会对雷达技术产生较大影响。

通信技术是航空运行监视系统中实现各类信息传递的关键技术之一。通过通信技术，机场塔台管制部门、进近管制部门和区域管制部门等部门的管制员可以与航空器进行实时数据交换，数据类别主要包括飞行计划、航行指令、气象信息等。通信技术应具备较高的可靠性、实时性和保密性，以确保飞行安全和防止信息泄露。

数据库技术是存储和管理航空运行监视系统数据的主要技术。数据库中主要包括航空器的运行数据、运行区域的气象数据、航路信息等，这些数据会被实时存储、检索和分析，以支持空管部门对航空器进行实时监视，并根据实际情况做出各类决策。数据库技术本身要求高并发访问、数据具备一致性和完整性，以确保数据的准确性和可靠性，这也是其用于支持监视系统的原因之一。

显示技术将航空运行监视系统所需的信息以图像或文字的形式展示给管制员，便于管制员情景意识的形成。显示界面一般较为清晰、直观、简洁，便于管制员快速获取航空器的相关信息并尽快做出决策。随着显示技术的不断发展，包括三维显示、虚拟现实等在内的新型显示方式使显示技术提供的各类信息更具可视化和交互性的特点。

此外，人工智能技术的不断发展也为航空运行监视系统持续赋能。基于人工智能算法，航空运行监视系统可以自动识别和跟踪航空器，还能为管制员制定决策提供辅助，在减轻管制员工作负担的同时，进一步提升监视效率。在融合人工智能技术后，航空运行监视系统也可实现航空器运行实时告警和预警功能，及时发现潜在的安全隐患，提高空中交通管制工作的科学性和准确性。

通过上述设备的正常运行以及相应技术的支撑，空中交通管制员可以实时跟踪和监控空中的所有飞行目标，及时发现潜在的飞行冲突和安全隐患，并通过合理规避来进一步提升飞行安全性。同时，通过航空运行监视系统，空中交通管制员也可以全面了解空中交通状况，合理安排航空器的飞行计划和航路飞行高度，提升空中交通管制效率。作为航空运输的重要保障系统之一，航空运行监视系统是确保航空器按照预定计划顺利起飞、巡航和降落的核心，为航空运输的顺利运行提供了有力的技术支持。

任务实施

○ 课堂活动1

请简述以上三类监视系统的工作方式的区别，以及各自的特点。

○ 课堂活动2

请简述航空运行监视系统是基于哪些技术发展而成的。

任务评价

评价标准	标准分值	自评得分	互评得分	师评得分
遵守课堂纪律,按要求完成课堂活动	30分			
在课堂活动1中,能够根据所学内容,正确分析三类监视系统在工作方式上的区别,以及其各自的特点	35分			
在课堂活动2中,能够根据所学内容,正确分析航空运行监视系统所应用的技术	35分			
得分合计	100分			
总评(自评20%+互评20%+师评60%)	100分			

任务拓展

除了一次、二次监视雷达以及广播式自动相关监视系统,多点定位系统也逐渐应用于航空器运行监视中。请查阅相关资料,分析多点定位系统的工作原理。

线上答题:项目七

项目八　民航法规

项目目标

○ 知识目标

(1) 了解民用航空法的产生、定义、特征、调整对象。

(2) 了解国际民用航空法的体制结构。

(3) 了解中国民用航空法的体制结构。

○ 能力目标

(1) 熟悉国内外民用航空法的体制结构。

(2) 初步具备民航法治观念,认可并维护法律的权威性。

○ 素质目标

培养民航法律意识和规则意识,自觉弘扬社会主义法治精神。

知识导图

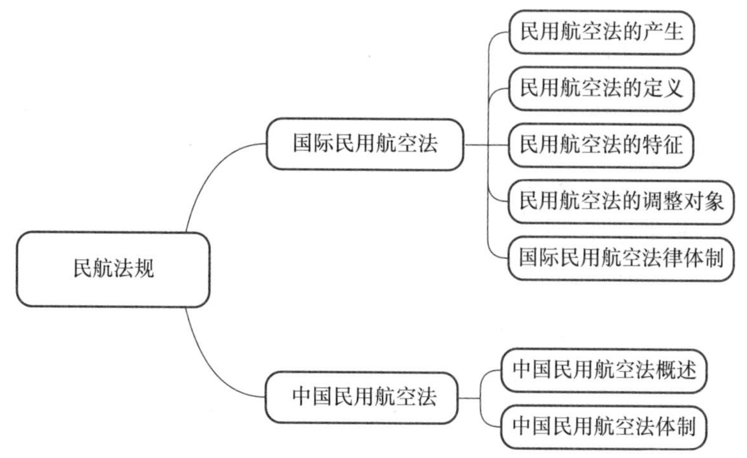

任务一　国际民用航空法

任务描述

本任务重点讲解民用航空法的产生、定义、特征、调整对象,以及国际民用航空法律体制,加深学生对国际民用航空法的理解。

知识储备

一、民用航空法的产生

航空法是20世纪初随着飞机的发明和航空科学技术的发展而逐渐形成的。民用航空，就其本质和内容而言，是一种经济活动，相关科学技术以及与之配套的各企业构成了一国经济中的重要门类。经济活动需要法律规范，民航法学应运而生，并依据各国民航法学的需要，发展出一些共同的规则和标准。

自第一次世界大战结束以来，诞生了一系列有关民用航空的国际公约、国际组织和规章制度，这些共同构成国际民用航空法。

二、民用航空法的定义

民用航空法，是规定领空主权及管理民用航空活动的法律规范的总称，主要用来调整民用航空活动中所产生的各种社会关系。

三、民用航空法的特征

1 民用航空法的国际性

航空活动的国际性规定了民用航空法的国际性。如果不使用国际统一的法律规范，各国千差万别的国内法，会使航空活动寸步难行，进而干扰、阻碍航空活动的发展。

民用航空法的国际性要求国际上有统一的航空技术标准和统一的航空法律规范。如果没有统一的航空技术标准，国际民用航空活动的安全就难以得到保障。如果没有统一的航空法律规范，国际民用航空活动就会处处遇到阻碍。民用航空活动的国际性对各国国内法律制度提出了许多新的课题，涉及口岸、海关制度等领域。

2 民用航空法的综合性

民用航空法的综合性是指因调整民用航空活动而产生的社会关系的各种法律手段纵横交错，法律调整方法多样。

民用航空法包括航空公法与航空私法。航空公法解决的是主权、领土、国籍、国家关系等方面的问题，如1919年在巴黎签订的《空中航行管理公约》，1944年在芝加哥签订的《国际民用航空公约》(《芝加哥公约》)，1963年在东京签订的《关于在航空器内的犯罪和其他某些行为的公约》(《东京公约》)，1970年在海牙签订的《制止非法劫持航空器的公约》(《海牙公约》)，1971年在蒙特利尔签订的《制止危害民用航空安全的非法行为的公约》(《蒙特利尔公约》)。航空私法解决的是财产权利、航空运输合同、侵权行为等方面的问题，如1929年在华沙签订的《统一国际航空运输某些规则的公约》，1999年在蒙特利尔签订的《统一国际航空运输某些规则的公约》。

3 民用航空法是平时法

民用航空法是平时法，是指民用航空法仅调整和平时期民用航空活动及其相关领域所产生的社会关系。如遇战争或国家处于紧急状态，则民用航空受战时法令或紧急状态下的非常法的约束。在平时，任何航空行为都必须遵守统一的空中规则，以维持空中交通的正常秩序，保障飞行安全，但在国防需要的紧急情况下，军用航空器有优先通过权，以保障军用航空保卫国家领空不受侵犯的需要。在战时或在国家宣布处于紧急状态的情况下，民用航空法并不妨碍受战争影响的交战国和中立国的行动自由，可以不受约束地采取一切必要的行动。例如，1944年签订的《国际民用航空公约》的第八十九条明确规定："如遇战争，本公约的规定不妨碍受战争影响的任一缔约国的行动自由，无论其为交战国或中立国。如遇任何缔约国宣布其处于紧急状态，并将此事通知理事会，上述原则同样适用。"

4 民用航空法的独立性

民用航空法的独立性是指民用航空法自成一类，形成一个独立的法律部门，但其独立性是相对的，并不是孤立于一般法律原则之外的，也不是脱离其他法律部门而独立存在的，而是指其作为一般法律的个性。在整个民航运输活动中，民用航空法作为特别法，当其中有特别规定时，有优先于其他一般法律文件(如《中华人民共和国消费者权益保护法》《中华人民共和国民法典》等)适用的特点。但是，在民用航空活动中，民用航空法没有专门规定的内容，可以适用一般法律文件的规定。

民用航空法既是对国际法一般理论、原则、规则和方法的延伸和运用，又是根据航空活动的特性实践，逐步演化、形成适应其特性的具体原则、规则和方法。民用航空法深受海商法和海洋法的影响，在国际航空法设立初期，许多规则是对海洋法或海商法的类推或引入。随着航空航天飞机的出现和空间活动的商业化，以及利用空间技术为航空器导航和定位等情况的出现，民用航空法与外层空间法之间的关系越来越密切。

四、民用航空法的调整对象

航空法的调整对象主要是民用航空活动所产生的各种社会关系，其范围十分广泛。凡与航空器、航空器的正常状态、航空器的操作、航空器所有权及其正常转移、机场、信标、航空客货运输及其国际通航、民用航空活动可能造成的损害责任、民用航空活动保险有关的问题，都在航空法的调整范围之内，受航空法的约束。

同时，航空法也用来协调民用航空与非民用航空，特别是协调民用航空与军用航空的关系，原因包括：航空法关于领空主权的规定，是一切航空活动都须遵守的规则；在同一空域中同时进行各种航空活动时，为了保障飞行安全，民用航空活动和军用航空活动都必须接受统一的空中交通管制，遵守统一的空中交通规则；非民用航空部门参与民用航空活动时，必须受航空法有关规定的约束。

五、国际民用航空法律体制 

国际民用航空法律体制由三大序列构成：以1944年的《芝加哥公约》为主体的国际民用航空基本体制，也称“芝加哥公约体制”；以1929年的《华沙公约》为主体的国际民用航空损害赔偿体制，也称“华沙公约体制”；以1963年的《东京公约》、1970年的《海牙公约》和1971年的《蒙特利尔公约》为主体的国际民用航空安全体制。

1 国际民用航空基本体制

(1) 1919年的《巴黎公约》。

1919年的《巴黎公约》是1944年的《芝加哥公约》的前身。1919年10月23日，26个国家在巴黎签署了《巴黎公约》，这是人类历史上第一个关于航空的国际公约，对于国际航空法的建立和发展具有重要的意义和作用。该公约确立了领空主权原则、航空器的国籍规则、允许缔约国保留“国内两地间空运”的权利。

1919年的《巴黎公约》的重要意义和作用，使得许多国家随后纷纷加入，至1933年，已有55个国家成为《巴黎公约》的缔约国，还有很多国家根据《巴黎公约》订立了双边航空条约。

(2) 1928年的《泛美航空公约》。

1919年《巴黎公约》签订后，美国及一些南美洲国家拒绝参与，认为这是欧洲的航空公约，美洲必须有自己的航空公约。于是，1928年3月20日，在古巴首都哈瓦那签署了美洲国家之间的《泛美航空公约》。第二次世界大战以前，1919年的《巴黎公约》和1928年的《泛美航空公约》是同时存在的两个国际航空公约，二者为1944年《芝加哥公约》的签订奠定了基础。

(3) 1944年的《芝加哥公约》。

随着航空技术的不断发展及航空活动内容的日益丰富，1919年的《巴黎公约》已经不能很好地适应国际社会航空活动的需要。1944年11月1日至12月7日，53个国家在美国芝加哥召开了国际民用航空会议，会后签署了《芝加哥公约》，从而取代了1919年的《巴黎公约》。《芝加哥公约》于1947年4月4日生效，我国于1974年2月15日承认《芝加哥公约》。

1944年的《芝加哥公约》是现行有关国际民用航空的重要法律文件，它确立了有关现代国际航空的基本原则和规则，主要表现为以下几点：进一步明确了领空主权原则和领土国的权利；明确了航空器及其国籍等方面的规定；规定了飞行权利和飞行规则。

(4)《国际航空运输协定》和《国际航班过境协定》。

在1944年的国际民用航空会议上，与会国除了签署《芝加哥公约》，还签署了《国际航空运输协定》和《国际航班过境协定》，签署这两个协定的目的是解决缔约国之间的国际定期航班的运营权利问题。

(5) 其他多边、双边航空运输协定。

多边、双边航空运输协定是指两个或两个以上主权国家为了在国家间建立航空运输关系而签订的协定，是国家间通航的主要法律依据。中华人民共和国成立后，中国政府与外

国政府签订了大量的双边航空运输协定。

(6) 国际民航组织。

国际民航组织是根据1944年的《芝加哥公约》建立的全球首个有关民用航空的国际组织,因而它也是现行国际民用航空基本体制的组成部分。

2 国际民用航空损害赔偿体制

以1929年的《华沙公约》为主体的国际民用航空损害赔偿体制是对1929年的《华沙公约》,以及后续修改该公约并且附属于该公约名下的一系列议定书的总称。

(1) 1929年的《华沙公约》。

1929年10月12日在华沙签订、1933年2月13日生效的《华沙公约》,是世界上第一个有关航空承运人的损害赔偿责任的国际公约,也是国际上第一部重要的航空私法公约。

(2) 1955年的《海牙议定书》对1929年的《华沙公约》的修改。

1955年9月28日,各国在荷兰海牙签署了《海牙议定书》,于1963年8月1日生效。1955年的《海牙议定书》为适应国际航空运输业迅速发展的需要,对1929年的《华沙公约》中的一些条文进行了修正。经《海牙议定书》修正后的《华沙公约》,具有普遍效力。

(3) 1952年的《罗马公约》。

《罗马公约》于1952年在罗马签订、于1958年2月4日生效,这是第一个有关航空器对地面第三人造成损害的赔偿责任的公约。

1978年,国际民航组织理事会在蒙特利尔召开修改1952年的《罗马公约》的国际航空会议,并签订了《蒙特利尔议定书》,使《罗马公约》的适用范围扩大,并提高了《罗马公约》规定的损害赔偿限额。

除了以上三个重要的国际公约,国际民用航空损害赔偿体制还包括后来的一系列国际公约和协定,主要有1961年签订的《瓜达拉哈拉公约》、1966年签订的《蒙特利尔协议》、1971年签订的《危地马拉城议定书》、1975年在蒙特利尔签订的第1号、第2号、第3号、第4号《关于修改＜统一国际航空运输某些规则的公约＞的附加议定书》、1995年签订的《国际航空运输协会关于旅客责任的承运人间协议》,以及于1999年为发展华沙体制而签订的《蒙特利尔公约》等。

3 国际民用航空安全体制

为保障民用航空安全,有效防止利用航空器犯罪,国际上制定了一系列相关的国际公约和议定书。

(1) 反劫机公约。

1963年签订的《东京公约》在国际法上第一次明确了航空器登记国的管辖权。

1970年签订的《海牙公约》,通常也称为“反劫机公约”。该公约第一次明确了劫持航空器罪和或引渡或起诉原则。

1971年签订的《蒙特利尔公约》,又称“反破坏公约”。该公约主要针对破坏航空器、破坏机场上正在使用中的航空器及其航行设施等犯罪行为。

(2)“国际民用航空安全四公约”。

1991年签订《关于注标塑性炸药以便探测的公约》,该公约禁止生产、储存和运输非标注塑性炸药，以防止恐怖分子利用难以探测的塑性炸药来进行危害国际民用航空安全的恐怖活动。

上述三个反劫机公约与《关于注标塑性炸药以便探测的公约》一起组成了“国际民用航空安全四公约”。

任务实施

○ 课堂活动1

查阅国际民航组织于1944年签订的宪章性法规《芝加哥公约》的主要内容，结合当时的世界政治、经济环境，讨论分析《芝加哥公约》在制定后产生的重要影响。

○ 课堂活动2

对比分析世界民航法中与中国民航法相关或相似的法规，讨论分析民航法的国际性特征。

○ 课堂活动3

一对到欧洲探亲的老夫妇乘机返程时，行李被航空公司弄丢了。按照相关规定，航空公司只需要进行限额赔偿。这对老夫妇在办理索赔手续时得知，如果他们事先办理了保价托运手续，现在就可以获得较高的赔付金额。于是，这对老夫妇质问航空公司的工作人员为什么当时不将这一信息告诉他们。航空公司的工作人员却回答道：“机票上都写着呢！”两位老人查看了机票上的信息，却没有找到这样的内容。最后，相关工作人员说：“这项信息是用英文标注的，没有做相应的中文标注。”

航空公司没有用中文和英文两种语言同时告知旅客注意事项，进而导致不懂英文的老夫妇未办理保价托运手续，这是航空公司的责任。民航有关方面认为，虽然《中华人民共和国消费者权益保护法》规定应告知消费者的注意事项必须用中文进行标注，但《中华人民共和国民用航空法》作为特别法，没有这项规定。所以，依据“特别法优于一般法”的原则，航空公司在处理上述纠纷时应优先适用《中华人民共和国民用航空法》。

请结合以上材料，思考：如何快速区分特别法与一般法？如何正确使用“特别法优于一般法”原则？

任务评价

评价标准	标准分值	自评得分	互评得分	师评得分
遵守课堂纪律，按要求完成课堂活动	30分			
在课堂活动1中，能够准确下载相关文件，完成讨论分析任务	20分			
在课堂活动2中，能够搜集并分析相关文件，完成讨论分析任务	20分			
在课堂活动3中，能够仔细阅读材料，完成思考任务	30分			

续表

评价标准	标准分值	自评得分	互评得分	师评得分
得分合计	100分			
总评(自评×20%+互评×20%+师评×60%)				

任务拓展

请查阅相关资料,列出中国加入的多边条约,并简述相关条约的主要内容。

任务二　中国民用航空法

任务描述

本任务重点讲解中国民用航空法的体制结构。

知识储备

一、中国民用航空法概述

在我国,民航法律、法规及规章共同构成了比较完善的民航法律制度和规范体系,使民用航空活动的开展在各个领域和各个方面都有法可依,为全面实行依法治航、顺利进行航空改革提供了制度保障。关于民航立法,在国内方面,我国颁布了《中华人民共和国民用航空法》和以该法为核心的一系列民用航空法律、法规和规章;在国际方面,我国先后签署、批准20多个国际公约和议定书,与多个国家签订了双边航空运输协定。这些法律法规、公约及协定初步形成了我国的民用航空法律体系。

二、中国民用航空法体制

1 《中华人民共和国民用航空法》

《中华人民共和国民用航空法》于1995年10月30日经第八届全国人民代表大会常务委员会第十六次会议通过,自1996年3月1日起实施。2021年4月29日第十三届全国人民代表大会常务委员会第二十八次会议对其进行了第六次修正。《中华人民共和国民用航空法》是中国颁布的第一部全面规范民用航空活动的法律,包括总则、民用航空器国籍、民用航空器权利、民用航空器适航管理、航空人员、民用机场、空中航行、公共航空运输企业、公共航空运输、通用航空、搜寻援救和事故调查、对地面第三人损害的赔偿责任、对外国民用航空器的特别规定、涉外关系的法律适用、法律责任、附则。

《中华人民共和国民用航空法》以维护国家的领空主权和民用航空权利,保障民用航空活动安全有序地进行,保护民用航空活动各方当事人的合法权益,促进民用航空事业的发展为立法宗旨;以适应社会主义市场经济体制需要、适应改革开放实际需要、确保民用航空活动安全有序进行为立法原则。

2 国务院发布的有关民用航空的行政法规

自中华人民共和国成立以后,为规范和管理我国日渐发展的民航事业,国务院制定发布了一系列民航行政法规,包括:1987年5月4日发布《中华人民共和国民用航空器适航管理条例》;1989年3月2日发布《民用航空运输不定期飞行管理暂行规定》;1992年12月28日发布《中华人民共和国搜寻援救民用航空器规定》;1995年6月29日发布《中华人民共和国国际货物运输代理业管理规定》;1996年7月6日发布《中华人民共和国民用航空安全保卫条例》(2011年1月8日修订);2000年7月24日发布《中华人民共和国飞行基本规则》(2007年10月18日第二次修订);2002年12月1日发布《外商投资国际货物运输代理企业管理办法》;2003年1月10日发布《通用航空飞行管制条例》;2006年2月28日发布《国内航空运输承运人赔偿责任限额规定》;2009年4月13日发布《民用机场管理条例》等。

3 民用航空规章

民用航空规章主要是指中国民航局、交通运输部制定和发布的一系列关于民用航空的部门规章,如《中国民用航空货物国内运输规则》《公共航空运输旅客服务管理规定》《民航国内航空运输价格改革方案》《民用航空安全管理规定》《民用航空器维修单位合格审定规则》《民用航空器飞行事故应急反应和家属援助规定》,以及关于规定的说明等。交通运输部于2016年9月2日发布、自2017年1月1日起实施的《民用航空安全检查规则》也属于民用航空规章之列。

4 关于航空法的立法、司法和行政解释

国务院授权中国民航局对有关的行政法规进行的解释,以及中国民航局在其权限范围内对中国民用航空规章进行的解释等,都属于行政解释。例如,关于《中国民用航空货物国内运输规则》的说明,自2017年1月1日起实施的《民航旅客禁止随身携带和托运物品目录》等。

任务实施

○ **课堂活动1**

请查阅《中华人民共和国民用航空法》,结合我国社会发展现状和我国民航法体制特征,围绕如何进一步修改和完善我国民用航空法体制进行讨论分析。

○ **课堂活动2**

《中华人民共和国民用航空法》是我国第一部全面规范民用航空活动的法律,是我国民

航发展史上的重要里程碑。请查阅该法律的相关资料及与之相关的典型案例，结合相关案例写一篇分析报告，分析《中华人民共和国民用航空法》在民航法治建设中的重要作用。

○ **课堂活动3**

2021年6月19日上午，旅客兰某在海口美兰国际机场一安检通道过检，安检员发现该旅客行李的过检图像中存在一枚疑似子弹的物品。于是，安检员立即对其行李进行开包检查，查获未击发手枪子弹一发。在确认无疑后，安检员将该旅客及其行李物品一并交给机场公安处理。随后，机场派出所没收了该旅客携带的违禁物品，并对该旅客进行了拘留处理。

请结合上述材料，思考：该旅客的行为违反了哪些法律规定？机场公安的处理是否合理？处理方案依据了哪些法律法规？

任务评价

评价标准	标准分值	自评得分	互评得分	师评得分
遵守课堂纪律，按要求完成课堂活动	10分			
在课堂活动1中，能够准确下载相关文件，完成讨论分析任务	30分			
在课堂活动2中，能够依据所收集的资料，完成分析报告	30分			
在课堂活动3中，能够仔细阅读材料，完成思考任务	30分			
得分合计	100分			
总评（自评×20%＋互评×20%＋师评×60%）				

任务拓展

请收集民用航空活动中我国民航法规与国际民航法规发生冲突的案例，围绕如何有效避免这种情况的发生进行讨论分析。

线上答题：项目八

参考文献

[1] 李永.民航基础知识教程[M].北京:中国民航出版社,2005.

[2] 黄永宁,张晓明.民航概论[M].北京:旅游教育出版社,2009.

[3] 李国.民用航空服务与运营管理实用手册[M].合肥:安徽文化影像出版社,2004.

[4] 吴巧洋,丁小伟.民航概论[M].北京:北京理工大学出版社,2021.

[5] 江群,陈卓.民航概论[M].北京:电子工业出版社,2019.

[6] 潘卫军.空中交通管理基础[M].成都:西南交通大学出版社,2013.

[7] 卢娜,张亮.通用航空概论[M].北京:中国民航出版社,2017.

[8] 刘得一,张兆宁,杨新涅.民航概论[M].北京:中国民航出版社,2011.

[9] 马春婷.民航法规基础教程[M].北京:科学出版社,2017.

[10] 聂文俊.民航法律法规[M].北京:航空工业出版社,2023.

教学支持说明

高等职业学校“十四五”规划民航服务类系列教材系华中科技大学出版社“十四五”期间重点规划教材。

为了改善教学效果，提高教材的使用效率，满足高校授课教师的教学需求，本套教材备有与纸质教材配套的教学课件(PPT 电子教案)和拓展资源(案例库、习题库等)。

为保证本教学课件及相关教学资料仅为教材使用者所用，我们将向使用本套教材的高校授课教师赠送教学课件或相关教学资料，烦请授课教师通过电话、邮件或加入民航专家俱乐部QQ群等方式与我们联系，获取“教学课件资源申请表”文档，准确填写后发给我们，我们的联系方式如下：

地址：湖北省武汉市东湖新技术开发区华工科技园华工园六路

邮编：430223

电话：027-81321911

传真：027-81321917

E-mail：lyzjjlb@163.com

民航专家俱乐部QQ群号：799420527

民航专家俱乐部QQ群二维码：

教学课件资源申请表

填表时间：________年____月____日

1. 以下内容请教师按实际情况填写，★为必填项。
2. 学生根据个人情况如实填写，相关内容可以酌情调整提交。

<table>
<tr><td rowspan="2">★姓名</td><td rowspan="2"></td><td rowspan="2">★性别</td><td rowspan="2">□男 □女</td><td rowspan="2">出生
年月</td><td rowspan="2"></td><td>★ 职务</td><td></td></tr>
<tr><td>★ 职称</td><td>□教授 □副教授
□讲师 □助教</td></tr>
<tr><td>★学校</td><td colspan="3"></td><td>★院/系</td><td colspan="3"></td></tr>
<tr><td>★教研室</td><td colspan="3"></td><td>★专业</td><td colspan="3"></td></tr>
<tr><td>★办公电话</td><td colspan="2"></td><td>家庭电话</td><td colspan="2"></td><td>★移动电话</td><td></td></tr>
<tr><td>★E-mail
（请填写清晰）</td><td colspan="5"></td><td>★QQ 号/微信号</td><td></td></tr>
<tr><td>★联系地址</td><td colspan="5"></td><td>★邮编</td><td></td></tr>
</table>

★现在主授课程情况		学生人数	教材所属出版社	教材满意度
课程一				□满意 □一般 □不满意
课程二				□满意 □一般 □不满意
课程三				□满意 □一般 □不满意
其　他				□满意 □一般 □不满意

教材出版信息		
方向一		□准备写 □写作中 □已成稿 □已出版待修订 □有讲义
方向二		□准备写 □写作中 □已成稿 □已出版待修订 □有讲义
方向三		□准备写 □写作中 □已成稿 □已出版待修订 □有讲义

请教师认真填写表格下列内容，提供索取课件配套教材的相关信息，我社将根据每位教师/学生填表信息的完整性、授课情况与索取课件的相关性，以及教材使用的情况赠送教材的配套课件及相关教学资源。

ISBN（书号）	书名	作者	索取课件简要说明	学生人数 （如选作教材）
			□教学 □参考	
			□教学 □参考	

★您对与课件配套的纸质教材的意见和建议，希望提供哪些配套教学资源：